JN261992

気象と地球の環境科学

改訂3版

二宮 洸三 [著]

Ohmsha

本書を発行するにあたって，内容に誤りのないようできる限りの注意を払いましたが，本書の内容を適用した結果生じたこと，また，適用できなかった結果について，著者，出版社とも一切の責任を負いませんのでご了承ください．

　本書は，「著作権法」によって，著作権等の権利が保護されている著作物です．本書の複製権・翻訳権・上映権・譲渡権・公衆送信権（送信可能化権を含む）は著作権者が保有しています．本書の全部または一部につき，無断で転載，複写複製，電子的装置への入力等をされると，著作権等の権利侵害となる場合があります．また，代行業者等の第三者によるスキャンやデジタル化は，たとえ個人や家庭内での利用であっても著作権法上認められておりませんので，ご注意ください．
　本書の無断複写は，著作権法上の制限事項を除き，禁じられています．本書の複写複製を希望される場合は，そのつど事前に下記へ連絡して許諾を得てください．

出版者著作権管理機構
（電話 03-5244-5088，FAX 03-5244-5089，e-mail: info@jcopy.or.jp）

JCOPY ＜出版者著作権管理機構 委託出版物＞

改訂3版の刊行にあたって

　2006年2月に本書改訂2版が刊行されて以来多くの方々にお読みいただき，またいくつかの大学のテキストや副読本として活用されたことを嬉しく思います．

　改訂2版の刊行よりすでに6年が経過し，この間に地球環境学の進歩があったほか，世界・社会の状況にも大きな変化が生じています．例えば世界のエネルギー消費状況は大きく変化し，その一方で気候温暖化対策である二酸化炭素排出削減ははかばかしく進んでいません．また2011年3月の東日本大震災は，あらためて災害対応の重要性を示す事例でありました．これにともなった福島原子力発電所の事故は，安全性の確保や災害の想定に関して大きな問題を投げかけました．

　このような状況の変化に対応して，新しい情報と知識を加えるため改訂を行います．主要な改稿は以下の部分です．
（1）　統計資料，観測データなどを最新のものとする．
（2）　最近の情報を追加する．
（3）　災害と災害対応に関する14章を大幅に増強する．
（4）　エネルギー問題に関して，原子力利用上の問題点，またそれに代わるべき風力発電，太陽光発電についての情報を加える．
（5）　環境倫理の確立について，さらに強く訴える．

　その一方，テキストとしての頁数，社会人の読者の通読に適した頁数を考え，総頁数をあまり増加させないよう，旧版の記述を簡潔にし，図表を統合するなどの工夫をしました．この結果，改訂3版の内容はより充実したと思います．多くの方々にお読みいただき，地球環境全体について御理解を深めていただくことを祈念いたします．

2012年6月

著者しるす

改訂2版の刊行にあたって

　1999年2月本書の初版が刊行されて以来，著者の期待以上に多くの方々にお読みいただき，またいくつかの大学等でテキストあるいは副読本としても活用され，地球環境問題の理解に役立ったことは，著者にとって嬉しいことです．
　初版の刊行よりすでに6年が経過し，地球環境科学の進歩や，社会的な変化もあり，新しい情報や知見を取り入れるため改訂を行いました．主要な追加と改稿は以下の部分です．
（1）　地球環境に関する統計資料を最新のものとする．
（2）　気候温暖化問題や化学的汚染について最近の情報を追加する．
（3）　環境問題に深くかかわるエネルギー問題について15章を追加する．
（4）　環境倫理の確立を強く訴える．
（5）　環境と災害に関する記述を加える．
（6）　初版で簡潔に過ぎた地球科学的な説明を補強・追加する．
　このような改訂により，本書の内容は初版に比しより充実したものになったと思います．多くの読者にご利用いただき，地球環境問題についてのご理解を深めていただけることを願います．

2005年12月　　　　　　　　　　　　　　　　　　　　　著者しるす

はじめに

　近年，環境の悪化が人類の生存におよぼす影響が心配され，環境悪化の防止が重要な社会的課題となっています．そして新聞，雑誌やテレビなどで連日この問題が伝えられ，議論されています．

　いうまでもなく人類は生物の一つの種として地球上で生をえて，自然の一構成部分として存在しています．その人類が自然を有効に活用する能力を身につけて豊かな生活を享受するようになったのは，生命の歴史のなかではきわめて最近のことです．そしてこの数十年間の急激な生産と消費の増大が地球環境の悪化をひきおこし，人類を含む多くの生物種の生存を脅かすに至りました．

　この事態に対処し地球環境を守るため，多くの国際的および国家的な努力がなされていますが，社会を構成するすべての人々の環境問題についての正確な理解と，それにもとづく行動なしには環境問題の解決は不可能です．

　環境問題の理解は，すべての社会人の常識として求められており，この問題について多くの書物が刊行されています．しかしあるものは専門分野にかたより，あるものはやや正確さに欠け，環境問題全般にわたってある程度詳しく書かれた書物は多くありません．そこで本書を，教養課程の学生，社会人，あるいは気象や環境の仕事に関係される方々に環境問題をより深く理解していただくために著しました．地球科学の予備知識なしにも理解していただくため，いくつかの章あるいは節で一般的な説明を行っています．

　全体の頁数を考慮し，議論するトピックスをしぼってありますので，よりひろいかつ詳しい知識を学びたい場合は，巻末に示した参考文献などを参照してください．

　ここで環境問題にかかわる書物を読まれるときの注意事項を記します．同一の事柄の説明が，書物によって微妙に，あるいはかなり異なっていることがあります．それは第一には科学的知識や社会的価値観が，年とともに変化するからです．今日の定説が明日には変化することもまれではありません．

　第二に，どの程度まで詳しく論ずるかで差異が生ずるからです．たとえば中

学，高校の教科書では細部を省略し，一応まとまった説明をしていますが，細かいところを省略してあるため，さらに上級のテキストとはかなり異なった内容となっています．

　単に文字の上での差，表現上の差にまどわされず，本質的な理解を深められるようお願いしたいと思います．

　読者の皆様が，この書物を通して50億年にもわたって形成された地球環境と自然の絶妙なバランスを深く理解していただき，地球環境問題への認識を深められ，地球環境保全のための実行を少しでも進められることを願います．

1999年1月

著者しるす

目次

1章　地球環境と地球システム

1・1　地球環境の意味すること …………………………………………… 1
1・2　地球システムとは何か ……………………………………………… 2
1・3　地球システムの安定性と人類 ……………………………………… 5
1・4　地球環境問題の理解 ………………………………………………… 7

2章　地球環境の成り立ち

2・1　宇宙観の変遷 ………………………………………………………… 9
2・2　太陽系の惑星として地球 …………………………………………… 11
2・3　地球と地球環境の歴史 ……………………………………………… 16
2・4　固体地球の変動 ……………………………………………………… 21

3章　大気と水循環

3・1　地球システムにおける大気 ………………………………………… 27
3・2　大気の組成と鉛直構造 ……………………………………………… 27
3・3　熱エネルギーバランスと地球大気の温度 ………………………… 30
3・4　大気の流れ …………………………………………………………… 34
3・5　大気の流れの乱れ …………………………………………………… 39
3・6　地球の水物質 ………………………………………………………… 41
3・7　水循環と水物質の影響 ……………………………………………… 43

4章　海洋と海水

4・1　海と大洋 ……………………………………………………………… 47
4・2　海と水の性質 ………………………………………………………… 47

4・3	海水の成分	48
4・4	海水の温度分布とその変化	49
4・5	海流のメカニズム	52
4・6	潮流は潮の満引きの流れ	56
4・7	海洋生物による有機物の生産と物質循環	57

5章　生物系と地球環境

5・1	生物系の意味	59
5・2	生物の多様性	59
5・3	ガイア仮説	62
5・4	生物種の絶滅と種の保全	63
5・5	生物多様性確保のための国際条約	65
5・6	外来生物の規制	65

6章　気候と気候変動

6・1	気候とは何か	67
6・2	気候区分と植生	69
6・3	土壌の性質と分類	72
6・4	生物圏と気候	73
6・5	気候変動の歴史	74
6・6	異常気象のとらえ方	76

7章　人類と地球環境

7・1	人類活動の急激な拡大	81
7・2	人類による生産と消費	82
7・3	人類の活動の自然環境への影響	84
7・4	有害廃棄物問題	87
7・5	都市の環境変化	91
7・6	騒音・振動・電磁波の環境問題	93

8章　大気の汚染

- 8・1　大気汚染とその時代的変遷 ………………………………… *95*
- 8・2　大気環境問題に関係する諸要素 ……………………………… *97*
- 8・3　大気汚染の空間的・時間的スケール ………………………… *100*
- 8・4　光化学反応と大気汚染 ………………………………………… *101*
- 8・5　大気汚染と気象条件 …………………………………………… *102*
- 8・6　公害対策から環境保全へ ……………………………………… *105*

9章　酸性雨と環境問題

- 9・1　酸性雨問題の発生 ……………………………………………… *107*
- 9・2　雨水の酸性度 …………………………………………………… *108*
- 9・3　酸性雨による被害 ……………………………………………… *113*
- 9・4　酸性雨の生成過程と酸性物質の発生源 …………………… *114*
- 9・5　国際的な酸性雨対策 …………………………………………… *116*

10章　オゾン層とオゾン破壊

- 10・1　オゾンとオゾン層 ……………………………………………… *119*
- 10・2　オゾンの分布と季節的変化 …………………………………… *121*
- 10・3　オゾンの生成と破壊 …………………………………………… *123*
- 10・4　南極のオゾンホール …………………………………………… *126*
- 10・5　オゾンホールにおけるオゾン破壊 …………………………… *128*
- 10・6　全球的なオゾンの減少と紫外線の増加 ……………………… *132*
- 10・7　オゾン層の保護 ………………………………………………… *135*
- 10・8　北極のオゾンホール …………………………………………… *137*

11章　地球温暖化問題

- 11・1　気候変動と地球温暖化 ………………………………………… *139*
- 11・2　大気の放射バランスと温室効果 ……………………………… *142*
- 11・3　地球大気中の温室効果ガスの増加 …………………………… *145*

11・4 地球温暖化とその影響の予測 …………………………………… *151*
11・5 温暖化に対する世界的な対応 ……………………………………… *153*

12章　海洋と水の環境問題

12・1 人類と海洋・水の環境 ……………………………………………… *157*
12・2 海洋を汚染する物質 ………………………………………………… *157*
12・3 海洋汚染と生態系 …………………………………………………… *160*
12・4 海洋環境保全の国際協力 …………………………………………… *162*
12・5 湖沼と河川の環境 …………………………………………………… *163*
12・6 地下水の汚染と水道 ………………………………………………… *164*

13章　砂漠化と森林破壊

13・1 人類の土地利用 ……………………………………………………… *167*
13・2 砂漠と砂漠化の気候学的背景 ……………………………………… *168*
13・3 砂漠化の意味 ………………………………………………………… *171*
13・4 砂漠化防止 …………………………………………………………… *173*
13・5 森林と地球環境 ……………………………………………………… *174*
13・6 熱帯林の減少 ………………………………………………………… *176*

14章　災害と社会

14・1 災害の定義 …………………………………………………………… *179*
14・2 災害と人類 …………………………………………………………… *180*
14・3 人　災 ………………………………………………………………… *181*
14・4 日本の地象災害 ……………………………………………………… *184*
14・5 日本の気象災害 ……………………………………………………… *187*
14・6 災害の防止と軽減・緩和 …………………………………………… *190*
14・7 災害の想定と対応限界の設定 ……………………………………… *191*

15章　エネルギー問題と地球環境

15・1 エネルギーの物理単位 ……………………………………………… *195*

15・2 エネルギーの形態とエネルギー保存則 ………………………… *195*
15・3 エントロピー増大の法則 ………………………………………… *199*
15・4 永久機関とカルノーの熱機関 …………………………………… *200*
15・5 原子力エネルギー ………………………………………………… *200*
15・6 世界と日本のエネルギー消費 …………………………………… *203*
15・7 化石燃料の生産と資源残存量 …………………………………… *206*
15・8 原子力エネルギーの現状とウラン残存量 ……………………… *207*
15・9 新エネルギー ……………………………………………………… *209*
15・10 省エネルギー …………………………………………………… *211*
15・11 化石燃料と地球環境 …………………………………………… *211*

16章 地球環境保全の取組み

16・1 地球環境保全の国際的協力 …………………………………… *215*
16・2 持続可能な生産とリサイクル ………………………………… *217*
16・3 事業体・自治体と環境保全 …………………………………… *222*
16・4 地球環境保全にかかわる社会の構成員の責任 ……………… *224*

参考文献 ………………………………………………………………… *227*
付　録 …………………………………………………………………… *229*
索　引 …………………………………………………………………… *233*

コラム目次

- 2a　惑星の公転・万有引力・重力 ……………………………… *12*
- 2b　脱出速度と気体分子の速度 …………………………………… *15*
- 2c　現世のストロマトライト ……………………………………… *18*
- 2d　地震計と地震波 ………………………………………………… *24*
- 2e　地震のマグニチュードと震度 ………………………………… *25*
- 2f　津　波 …………………………………………………………… *25*
- 2g　岩石・土砂・土壌 ……………………………………………… *26*
- 3a　空気の熱力学と静力学の平衡 ………………………………… *34*
- 3b　空気の運動方程式と地衡風 …………………………………… *37*
- 3c　空気の上昇運動と水蒸気の凝結 ……………………………… *44*
- 3d　降水過程 ………………………………………………………… *44*
- 3e　海洋域と大陸域の水循環 ……………………………………… *45*
- 3f　気象要素とその表示単位 ……………………………………… *45*
- 5a　代　謝 …………………………………………………………… *60*
- 6a　新ドリアス期の低温 …………………………………………… *76*
- 6b　標準偏差 ………………………………………………………… *77*
- 7a　石綿の環境問題 ………………………………………………… *87*
- 7b　海外の有害化学物質に関わった事件 ………………………… *90*
- 8a　輸送と移流 ……………………………………………………… *103*
- 8b　拡　散 …………………………………………………………… *104*
- 8c　経済的発展と環境問題 ………………………………………… *105*
- 8d　シックハウス …………………………………………………… *105*
- 8e　浮遊微粒子状物質 ……………………………………………… *106*
- 9a　pHと酸性度 …………………………………………………… *108*
- 9b　pHの測定 ……………………………………………………… *109*
- 9c　雨の酸性に関係する化学式 …………………………………… *111*
- 9d　田沢湖の酸性化 ………………………………………………… *113*
- 10a　オゾンの観測 …………………………………………………… *120*
- 10b　光解離反応と平衡状態のオゾン濃度 ………………………… *124*

- 10c　ハロゲン化炭化水素　……………………………………………… *125*
- 11a　放射強制力……………………………………………………………… *151*
- 11b　気候モデル　…………………………………………………………… *152*
- 12a　COD・BOD・DO………………………………………………………… *161*
- 13a　準乾燥地帯の干ばつ　………………………………………………… *170*
- 13b　乾燥地域のさまざまな問題　………………………………………… *173*
- 13c　砂嵐・ダストストームと黄砂　……………………………………… *177*
- 14a　激しい自然現象も自然変動の一部　………………………………… *192*
- 15a　位置エネルギーと運動エネルギー　………………………………… *196*
- 15b　反応熱（燃焼熱）…………………………………………………………… *197*
- 15c　核燃料としてのプルトニウム　……………………………………… *202*
- 15d　フードマイレージ　…………………………………………………… *207*
- 16a　「持続可能な発展」の限界　………………………………………… *218*
- 16b　イースター島モデル　………………………………………………… *219*
- 16c　「閉じた物質循環システム」と「質量保存の法則」　…………… *219*
- 16d　モラルと法規　………………………………………………………… *224*
- 16e　限られた知識　………………………………………………………… *225*

1章 地球環境と地球システム

1章は地球環境問題の全体像を示し，また地球システムの概観を説明するための本書全体の序章である．地球環境科学，エコロジーなどの科学分野の意味も説明する．また，わたしたちがいま，なぜ地球環境を，どのような立場から学ばなければならないかを述べる．

1・1 地球環境の意味すること

そもそも「環境」とは何を意味する言葉であろうか？ 多くの日本語の辞典によれば「環境とは人や生物を取り囲む外界の状態であり，人や生物の意識や行動に何らかの作用をおよぼすもの」と説明されている．

日本語の「環境」に対応する英語は"environment"である．英語辞典では，"all the conditions, circumstances, and influences surrounding, and affecting the development of an organism or group of organisms"と説明されている．これらの説明によって環境の概念はよく理解されよう．

わたしたちにとっては家庭環境や職場環境などの社会的環境も重要であるが，空気や水，日照や温度などの自然環境は生命の維持にかかわるもっとも基本的な環境である．そのため**自然環境**の悪化は人類共通の懸念となっている．

過去においては自然環境悪化の問題も，たとえば工業地域における環境問題などの地域的・局地的な問題としてうけとめられがちであった．しかし，現在においては自然環境悪化は全地球的なひろがりをみせており，自然環境を全地球的視野から**地球環境**として認識しなければならない時代になった．

現在の地球環境は地球の誕生以来約50億年の時間を経て形成されたものであり，現在でも刻々と変化している．大自然が不変に思われるのは，日常生活の時間スケールが地球環境変化の時間スケールに比べて非常に短いからにすぎない．現在の地球の状態とその時間変動のメカニズムを理解するためには，過去から現在にわたる地球環境の変動過程を知る必要がある．

地球の誕生以来現在に至る時間，地球上のさまざまな物理学的，化学的および生物学的過程や現象が複雑にからみあい，地球の状態を変化させ，現在にみられる状態をつくりだしてきた．これらすべての過程や現象の全体を一つのまとまったシステムとして考えたものが**地球システム**（earth system）である．そして地球システムの実態とメカニズムを理解し研究する科学の分野を**地球シ**

ステム科学(earth system science)とよぶ．地球システム科学の基礎となる地球惑星科学，大気科学(気象学)，海洋学，地球化学や生物学などの重要性は変わらないが，それらの研究を統合的に結びつけ，地球環境を変化させつつ維持している過程を丸ごと理解しようとするのが地球システム科学の目的である．

環境科学や地球システム科学とならんで，地球環境に関する科学の分野として**生態学**(**エコロジー**)も注目されている．日本語の辞典で「エコロジー」は「人類を生態系を構成する一要素としてとらえ，人類と自然環境，物質循環，社会状況などとの相互関係を理解しようとする科学の分野」と説明している．英語の辞典で "ecology" は "the branch of biology that deals with the relations between living organisms and their environment" および "sociology" としては，"study of the relationship and adjustment of human groups to their environment" と説明されている．

以上述べた「環境科学」，「地球システム科学」および「生態学」のいずれにおいても，人類を地球と対比させる存在とは考えず，自然（地球）を構成する一要素として位置づけ，地球環境を考察していることに注目してほしい．

1・2　地球システムとは何か

1・1節で述べた地球システムの内容を具体的に説明するため，図1・1に地球システムに含まれる重要な過程を模式的に示した．地球システムの諸過程は，固体地球に関する過程，大気および海洋に関する過程，生物圏に関する過程と大別することができる．

● 固 体 地 球

図1・1の左上部分には**固体地球**の断面図が描かれている．半径約6400 kmの固体地球はいくつかの層から成り立っている．もっとも中心の部分が，半径約1300 kmの**内核**とよばれる部分であり，その外側を**外核**が取り囲んでいる．内核と外核をあわせて**地球の核**(core)とよぶ．核の半径は約3500 kmである．地震波のように物体を伝わっていく振動には，**縦波**（流体および固体の密度差が伝播していく波動）と**横波**（固体中を固体のねじれが伝播していく波動）の2種類の波動があるが，内核中は縦波も横波も伝わるので，固体の性質をもつことが知られている．これに対し外核では横波が伝播しないので，流体の性質を

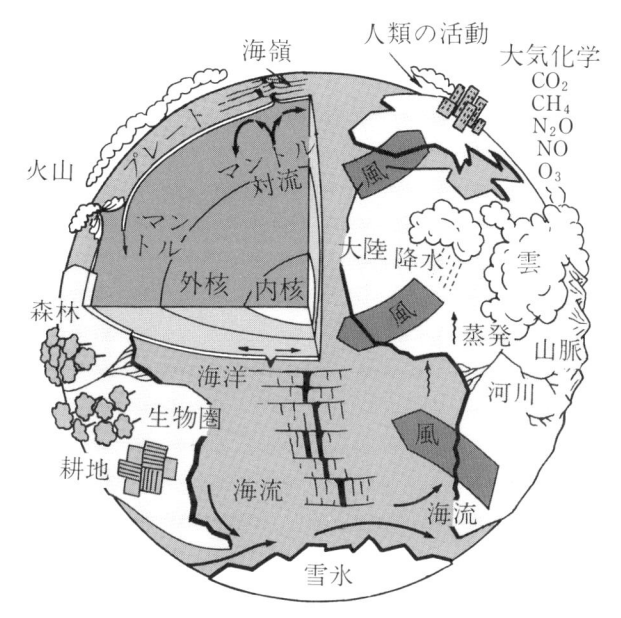

図 1・1　地球システムの全体像
(Earth System Science, NASA Advisory Council, 1988)

もつことが知られている．

　核を取り囲んで**マントル**（mantle）とよばれる深さ約 2900 km の層がある．マントルの最上端には，いくつかの大きなブロックに分かれた**プレート**（plate）がある．そしてもっとも外側に**地殻**（crust）がある．プレートの厚さは約 100～200 km で，地殻の厚さは約 10 km である．地殻は一般に海洋域で薄く，大陸で厚い．マントルは主としてカンラン岩質の物質から成り立ち，大陸部分の地殻は花崗岩から，海洋域の地殻は玄武岩から成っている．

　地球の核内の変動は，地磁気や地球自転の角速度の変動をひきおこす．核からマントルへ供給される熱エネルギーは，非常に時間スケールの長い**マントル対流**をひきおこし，さらにはプレートの運動をひきおこす．このようなプレートの運動によって地球の地質学的・地震学的変動を説明するメカニズム，あるいは理論を**プレート・テクトニクス**とよぶ．異なったプレートがそれぞれ異なった運動をし，相互に接近あるいは分離することにより，**大陸移動**，**海嶺の生成**，**造山運動**，**地震**や**火山活動**が発生する．この過程により地球内部から放出され

る物質が大気や海洋を形成し,さらにその組成を変化させる.また**大陸分布**と**海洋分布**の変化は気候の著しい変化をもたらしてきた.

● 大気と海洋

固体地球の上には水と空気がひろがり,地球の**水圏**(大部分は海洋)と**大気圏**を形成している.生物の活動がもっとも活発なのは,陸面・海面に近い大気圏・水圏と**陸面**であり,この領域を**生物圏**(biosphere)とよぶ.図1・1の右側と左下部は大気圏・水圏および生物圏の諸過程を模式的に示している.

低緯度帯は高緯度帯に比較してより多くの太陽放射をうけるため,高緯度帯(低温)と低緯度帯(高温)の間には大きな温度差が生じている.この南北の温度差によって地球スケールの大気の流れ(風)がひきおこされる.また熱容量が大きく暖まりにくくかつ冷えにくい海洋と,熱容量が小さく暖まりやすくかつ冷えやすい大陸の間に生じる温度差により,季節風や海陸風が発生する.そして地球規模の大気の流れ(**大気大循環**とよぶ)の中に発生する乱れ(渦)として,低気圧や高気圧,台風などの**気象擾乱**が発生する.

海洋中でも温度と塩分濃度の差から海水の密度差が生じ,さらに風の力が加わって海流が生じる.なお,大気と海洋の流れは地球が自転しているため,速度の方向に対して北半球では右向きの,南半球では左向きの**転向力**(**コリオリの力**)をうけている.

太陽放射によって暖められた地面や海面からは**顕熱**と**水蒸気**が大気に供給されている.一方,大気中で空気塊が上昇すると気圧が減少し膨張してエネルギーを消費し温度が下がるため,**水蒸気の凝結**がおこり雲ができ,**降水**が生じて地面と海面に水となってかえってくる.陸上に降った降水の一部は**土壌水分**となり陸にとどまり,一部は河川となって海洋に注ぐ.

低温の地域では降水は雪となり,氷は地表や海面をおおう.さらに寒冷な地域では夏にも雪氷が残り,**万年雪**や**氷河**や,南極の**極氷**が形成される.白く輝く雪氷や雲は太陽放射を反射し,地球のうける太陽放射量を減らす作用をもつ.一方,大気中の**二酸化炭素**(CO_2)などの気体は地面や海面からの**赤外放射**をよく吸収し大気と地表の冷却を妨げる.

大気と海洋の流れは熱エネルギーやさまざまな物質を輸送する.また大気と海洋は海面を通して,熱エネルギーや水蒸気のみならず,さまざまな物質(二酸化炭素など)を交換しあう.これらの過程によって地球上の温度や物質の分

布がコントロールされている．

● **生　物　圏**

　生物圏において，多種多様な生物によって常に有機物が生産される一方で，生物による有機物の分解が進められ全体としての準平衡状態が保たれている．もっとも重要な過程は，陸上および海中の植物の**光合成**による**有機物**の生産である．

　光合成とは緑色植物が太陽光のエネルギーを用いて二酸化炭素から有機物を合成する過程であり，水と二酸化炭素を消費し酸素が放出される．地球大気の形成上，この植物による光合成の影響は非常に大きい．地質年代に光合成によって固定された炭素の一部は現在石炭や石油の**化石燃料**として人類によって使用されている．

　生物によって生産された有機物は，再び生物によって分解される．このサイクルの中で**土壌**が形成され，多くの生物の活動の場となっている．また，陸上の植生は地表の熱バランスや水蒸気バランスを調節し，生物にとっておだやかな自然環境をつくりだす．

　水圏においても生物により有機物が合成され，また炭酸カルシウムとして炭素を固定するなどの作用によって地球環境に影響をおよぼす．白亜紀には大量の生物起源の**石灰岩**（**炭酸カルシウム**から成り，**チョーク層**とよぶ）が生成されたのはこの著しい例である．

1・3　地球システムの安定性と人類

　実際の地球システムでは，もっと多くの過程が進行しており，1・2節で述べた地球システムの過程のいくつかは，全体の一部にすぎない．

　地球システムの諸過程は図1・2に示したように，それぞれが固有の空間的・時間的スケールをもっている．ここでいう空間スケールとは，現象の空間的ひろがりを示し，時間スケールとは変動の周期，あるいは継続期間を意味する．

　たとえば，マントル対流は約 10 000 km の空間スケールおよび億年単位の時間スケールをもつ．造山運動は約数千 km の空間スケールと億年単位の時間スケールをもつ現象である．一方低気圧などの気象現象は，数千 km の空間スケールと数日の時間スケールをもつ．大気の乱流は非常に小さく，m や cm 単位の空間スケールと秒単位の時間スケールをもつ．このように，おのおのの過程

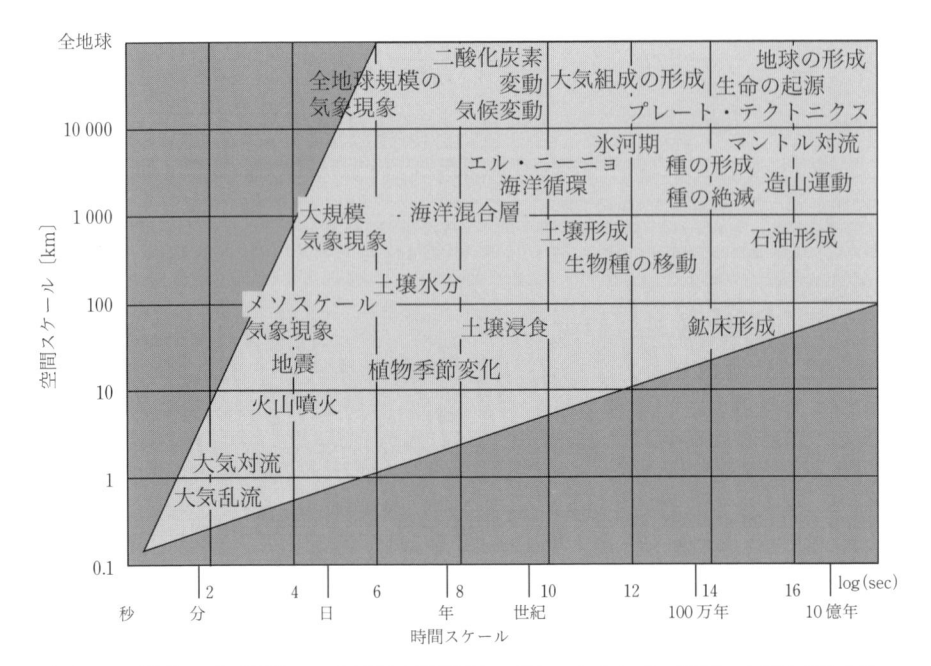

図 1・2　地球システムの諸過程の空間・時間スケール
（Earth System Science, NASA Advisory Council, 1988）

縦軸および横軸は，水平距離および時間を対数目盛りで示してある．log(sec)は秒の対数を意味する．

や現象が固有の時間スケールと空間スケールをもっていても，ほかの過程や現象との相互作用を通して各過程固有のスケールを超えて，より広範囲にかつ長期間にわたって影響をおよぼす．

　多くの過程は互いに関連しあい，複雑な相互作用によって結びついており，諸過程の微妙なバランスのなかで地球環境の変化が進みつつも，ある期間についてみれば準定常的な状態が保たれている．この準定常的なバランスの状態から変化が生じたらどうなるだろうか？　この場合には一般的に次の三つのケースが想定される．

　第一のケースとは，最初の変化がさらに次の変化を生じさせ，ますます変化が増大していく場合である．この場合，変化はとめどなく加速されていく．このような状態を**不安定な状態**とよぶ．

　第二のケースでは，最初の変化がその次の変化を抑制するため，もとの状態

が復元される場合である．これを**安定の状態**とよぶ．

　第三のケースでは，最初の変化が次の変化を生じさせ，やがて最初の準定常状態とは異なる別の準定常状態に移行するケースである．

　現実の地球の状態は，少なくとも過去数千万年の期間にかぎってみれば，いくつかの氷河期や温暖期のくり返しはあったものの，ほぼ準定常的であったと考えられる．しかしながら，現在の地球環境の状態が安定的であるかどうかは，まだ解明されていない問題である．

　ここまでは，主として自然現象としての地球システムの過程と変化について述べた．ここで図1・1の右上に描いた人類の大気組成におよぼす影響を考えてみよう．人類も一つの生物種として自然の一部分ではあるものの，彼らの生産する工業製品のかなりの部分は，自然の過程では形成されないものであり，したがって自然の過程では分解しがたいものである．20世紀中ごろまで，全地球的にみれば人類の影響は地球システムにとって無視できる程度とうけとめられていた．しかし20世紀後半以降の著しい生産と消費の増大の影響は，もはや質的にも量的にも地球環境に対して無視できる限界をはるかに超えるに至った．

1・4　地球環境問題の理解

　20世紀後半から顕在化した地球環境問題は，人類の生産・消費活動の急激な増大によってもたらされた．環境悪化の被害は，しかしながら，万人に平等にふりかかるわけではなく，「**環境弱者**」に集中してふりかかりがちである．この観点からみれば，地球環境問題は「**環境人権問題**」でもある．

　このように地球環境問題は単に自然学の立場のみから把えるべきではなく，社会の問題として理解すべき問題である．現在，地球環境の悪化を阻止するためにさまざまな対策や条約・法規などが整えられつつあるが，かならずしも充分に順守されているとはいいがたい．さらに実効のある対策や法規を整えるためにも，そしてそれが遵守されるためにも，すべての人々の「**環境倫理**」の確立が必要であるが，まだそれは社会に深く根づいていない．

　環境倫理の確立のためには，地球環境への畏敬が基本的に大切である．約50億年にわたる地球環境成立の過程における絶妙な諸過程のバランスと調和の恩恵を理解してほしい．以下の各章の約半分は，このような目的のための自然科学的な理解を深めるために書かれている．本書の後半の約半分では，人類の行動が，結果的にはどのようにして地球環境の悪化をひきおこしたか，それを阻

止するにはどうすべきかが記されている．読者の皆様は是非，「**環境人権**」の立場から，我が身を環境被害者の立場に置いて問題の深刻さを理解して，問題解決に参加してほしい．

2章 地球環境の成り立ち

現在の地球環境の特徴と，成立過程を正しく理解するためには地球を太陽系の一惑星として認識し理解する必要がある．2・1節では天動説から地動説への宇宙観の変化の歴史をかえりみて，地球を一天体として位置づける．2・2節では太陽系の惑星としての地球の特徴とその成立の絶妙な過程の貴重さを強調したい．2・3節は46億年におよぶ地球環境の変化を概観する．2・4節では2・3節に関連して固体地球の過程を学ぶ．

2・1 宇宙観の変遷

数千年も昔の古代文明の時代から，人々は天界の星の運動に強い関心をもってきた．古代の人々は，地面は水平で静止しており，その上を星々をちりばめた巨大な**天球**が回転していると考えた（図2・1）．それらの星々の相対的な位置は一定不変であるため，**恒星**として認識された．それらの恒星に対して日々その位置を変化させるのは，太陽と月であり，その位置から月日の移りかわりを知るための暦学（天文学）が発達した．天球上で複雑な運動を示す5個の明るい星，すなわち水星・金星・火星・木星・土星は**惑星**とよばれる特殊な星として考えられた．その他，まれに出現する彗星や大流星の出現は特別な事件の前兆として恐れられていた．以上が**天動説**のあらましである．

ギリシャ時代には新しい実証的な思考が進歩し，地球が球形の物体であることが提唱され，エラトステネス（Eratosthenes）は，B.C. 230年ころ地球の大きさを，ほぼ正しく推算した．しかしギリシャの科学は中世の欧州では継承されず，長期間にわたって天動説が信じられていた．

欧州における実証的な近代科学の時代は，ルネッサンスと大航海時代（マゼランのビクトリア号世界一周は1522年）と同時的に進行した．コペルニクス（Copernicus, 1473-1543）は，地動説を唱え，ガリレイ（Galilei, 1564-1642）は望遠鏡による木星の衛星や金星の観測から惑星の運動と**地動説**を結びつけ，また重力の概念を発見した．ティコ・ブラーエ（Tycho Brahe, 1546-1601）による火星など惑星の正確な観測データはケプラー（Kepler, 1571-1630）によって解析され，それから，惑星運動に関するケプラーの法則が導かれる．ここで彼の解析の思考を概観しよう．以下，火星を例として説明する．火星が太陽から180度離れた点にある状態を"**衝**"とよぶ．そして衝から次の衝に至る周期を**会合周期**とよぶ．地球の**公転周期**を T_E，火星の公転周期を T_M，会合周期を S とすれば，

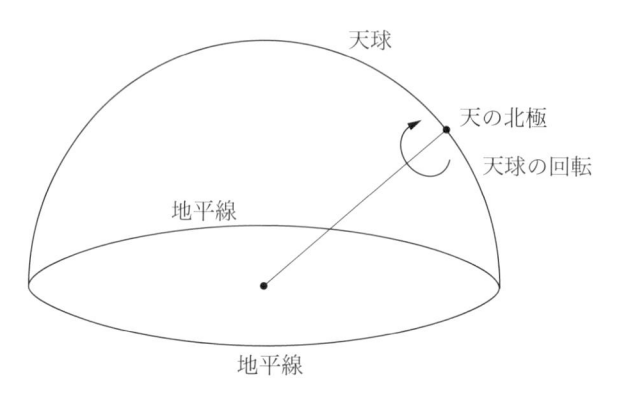

天球が回転し，天球上の固定された恒星に対し太陽，月や惑星が移動する．太陽は1年で天球上を1巡する．

図 2・1　天動説の宇宙観

$$1/T_E - 1/T_M = 1/S$$

の関係が成り立つ．$T_E = 365.25$ 日，観測から知られた $S = 779.9$ 日の数値から，$T_M = 686.9$ 日が決定された．次に地球の公転軌道は円軌道と仮定し（これは太陽の視直径がほぼ一定であることから許容される），太陽地球間距離を**1天文単位**と定義する．図2・2の概念図に示したように，火星の1公転周期に対する地球の相対位置関係から，火星の位置が求まる．長期間にわたって得られたデータを用いて火星の位置を求めれば，火星の公転軌道と，軌道上の火星の位置が求まる（ここでは距離は天文単位で計られている．そして1天文単位の実距離はまだ計測されていない）．

このようにして知られた惑星の公転運動の法則性を解析した結果，**ケプラーの法則**が得られ（コラム2a参照），この法則からニュートン（Newton, 1642-1727）は**万有引力の法則**を発見し，**地動説**が確実なものとなる．さらに，地球上の長距離を基線とする三角測量により，火星地球間の実距離が測定され，同時に**1天文単位**が 1.496×10^8 km（≈1億5000万 km）であることが確定した．また，天王星，海王星，冥王星や多数の小惑星が発見された．フーコー(Foucault,

---

〈註〉　図2・1で示した天球の回転は地球の自転によるものであり，天球上での恒星に相対的な太陽の移動は地球の公転によるものである．太陽が南中（真南に位置する状態）する周期が1日（**1太陽日**）であり，24時間である．これに対し天球（したがって恒星）が1回転する周期は〜23時間56分であり，これを**1恒星日**とよぶ．この差は地球の公転による．1年は〜365.25太陽日であり，〜366.25恒星日である．

2·2 太陽系の惑星としての地球

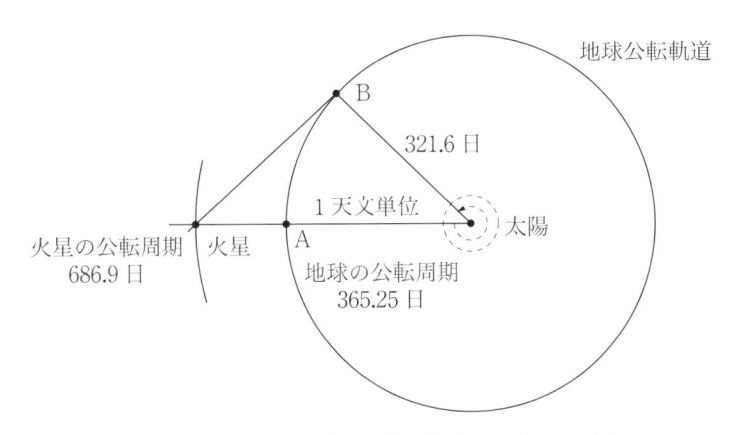

［図：火星の軌道決定の概念図。地球公転軌道上にA点とB点、火星の位置、太陽、1天文単位、321.6日、地球の公転周期365.25日、火星の公転周期686.9日と表記］

火星（距離はわからない）が1公転する間に地球は1公転し，さらに321.6日だけ公転し，Bに至る．B点でみた火星の方角から作図によって火星の相対的距離がわかる．

図 2·2　火星の軌道を決定したケプラーの考えかたの概念図

1819-1868）は1852年**フーコーの振子**の実験で地球自転を実証した．

さて，地球の公転軌道の直径は2天文単位（≈3億km）であるから，遠方の恒星であっても，視差が見られるはずである．天体望遠鏡の進歩によって，はじめて**恒星の年周視差**が得られたのは1838年のことであり，同時に年周視差から恒星の距離が求められた．現在，知られているもっとも近い恒星でも〜4光年の距離にある．**1光年**とは光（光速は30万km/sである）が1年間に達する距離（〜0.95×10^{13} km）である．さらに遠方の恒星については年周視差を計れない．しかし星の光を分析することにより星の物理的性質が知られるので，それにもとづいて距離を推定することが可能である．

このようにして，わたしたちの宇宙観は大きく変化してきた．地球を中心とした天動説から，太陽を中心とした地動説に変化し，さらに太陽が銀河系の一つの恒星であり，さらには，銀河系も多くの星雲の一つであると，宇宙観も変化した．このような立場から，地球を考え，人類をみることは，地球環境を考える時にとても大切なことである．

2·2　太陽系の惑星としての地球

現在の知識によれば，**宇宙**のひろがりは約100億光年（**1光年**は1年間に光の進む距離，すなわち約9兆5000億km．なお地球-太陽間距離は約500秒で光

が到着する）に達し，その起源は約100億年以前だとされる．宇宙は多くの**星雲**から成り立っており，長径約10万光年の**銀河系**もそれらの星雲の一つである．**太陽**は，銀河系の中心から約3万光年離れた位置に存在している普通の**恒星**の一つにすぎない．そして地球は太陽のまわりをめぐる**太陽系**の惑星の一つである．日常生活の空間・時間スケールから隔絶した広大かつ悠久の宇宙であるが，それだけに地球と生命の貴重さを理解してほしい．

次に太陽系の中心である太陽について説明する．太陽の直径と質量は，それぞれ地球に比べて，約109倍および33万倍に達する．この大きな質量のため中心の圧力は約2400億気圧になっている．**太陽の組成**は水素約80％およびヘリウム約20％であり，高温高圧の状況下で水素原子からヘリウム原子への**核融合反応**によって大量の熱エネルギーを発生させている．中心の温度は1600万K

コラム2a　惑星の公転・万有引力・重力

● ケプラー（J. Kepler, 1571-1630）は惑星のデータを解析し，惑星の公転についてのケプラーの法則を発見した．ケプラーの法則は3項目ある；
1. 惑星は太陽を焦点とする長円軌道上を公転する．
2. 惑星と太陽を結ぶ線分は等しい時間に等しい面積を描く（面積速度一定）．
3. 惑星の公転周期の2乗は太陽からの平均距離の3乗に比例する．

● 続いてニュートン（I. Newton, 1642-1727）はケプラーの法則が成り立つ理由を追求し，万有引力の法則を発見した．質量がMおよびmである2箇の質点の間に働く万有引力は，MmG/R^2であらわされる．ここでRは質点間の距離，Gは万有引力定数である．

● ここで問題を単純にするため半径Rの円軌道上を公転周期Tで公転する惑星（質量m）を考えよう．公転による遠心力と万有引力がバランスする条件は，太陽の質量をMとすれば

$mR(2\pi/T)^2 = MmG/R^2$であり，これから，$R^3 = T^2MG/4\pi^2$が得られ，ケプラーの第3法則が説明される．

● なお万有引力定数$G = 6.67 \times 10^{-11}$ N·m²/kg²（Nは力の単位，N=m·kg/s²）は，キャベンデッシュ（H. Cavendish, 1731-1810）が実験によって測定した．

● 地球の重力は地球自転の遠心力と地球の万有引力の合力であるが，後者が圧倒的に大きいから，$mg = mMG/r^2$（mは任意の物体の質量，Mは地球の質量，rは地球の半径，gは重力加速度）と書かれる．すなわち$g = MG/r^2$である．

● 地球の自然環境の重要な因子である公転周期（1年）や重力加速度（9.8 m/s²）もこのコラムで述べた物理的基本法則によって決定されている．

(ケルビン〔K〕：**絶対温度**．0°C は 273 K），表面温度は約 6 000 K で，大量の放射を四方に放出している．地球上の生物もこの太陽放射によってエネルギーをえている．

太陽をまわる惑星は現在 8 個知られている．それらの惑星についての天文学的諸要素を表 2·1 に掲げた．この表には，比較のために地球の月および太陽についての数値も示してある．この表に掲げた 8 個の惑星のほか，太陽系には**小惑星**とよばれる小さな天体（そのうち最大の**セレス**でも半径約 450 km にすぎない）が多数太陽のまわりをめぐっている．その大部分の軌道は火星と木星の公転軌道の中間にある．

太陽系にはこのほか，非常に細長い長円軌道をめぐる**彗星**や，さらに微小な物体が飛行している．後者が地球大気層に突入すると大気との摩擦により発熱発光して**流星**として観測され，もし地上に落下すれば**隕石**となる．小惑星・彗星・隕石の地球への衝突・落下は，地球環境の形成と変化に重要な影響を与えたという学説が主張されている．

表 2·1 に示したように，太陽に近い**水星・金星**・地球および**火星**の 4 惑星はその半径がほぼ同規模であると同時に，約 5 g/cm^3 の大きな密度をもっている．この密度はこれらの惑星が**ケイ酸**（**ケイ素の酸化物**）質の物体から成り立っていることを示している．これらの共通した特徴から，この 4 惑星は**地球型惑星**とよぶ．

表 2·1　惑星，月および太陽の比較

	太陽間距離〔天文単位〕	公転周期〔年〕	赤道半径〔地球=1〕	質量〔地球=1〕	密度〔g/cm^3〕	脱出速度〔km/s〕
水星	0.39	0.24	0.38	0.055	5.4	4.3
金星	0.72	0.62	0.95	0.82	5.2	10.4
地球	1.00	1.00	1.00	1.00	5.5	11.2
火星	1.52	1.88	0.53	0.107	3.9	5.0
木星	5.20	11.9	11.2	318	1.3	59.5
土星	9.55	29.5	9.4	95.2	0.7	35.5
天王星	19.2	84.0	4.0	14.5	1.3	21.3
海王星	30.1	164.8	3.9	17.2	1.6	23.5
月			0.27	0.012	3.3	2.4
太陽			109	33 万	1.4	617.5

1 天文単位 = 地球-太陽間距離 = 約 1 億 5 000 万 km = 地球直径の約 11 800 倍
月-地球間距離 = 約 38 万 km，地球赤道半径 = 6 378 km
（国立天文台編：理科年表，丸善，1996）

これに対し，**木星・土星・天王星**および**海王星**はその半径が大きく，密度は約 $1\,\mathrm{g/cm^3}$ に近いという共通した性質をもっているため**木星型惑星**とよぶ．

さらに海王星の軌道の外側をまわる多数の小天体が発見されており，それらは準惑星として分類されている．冥王星（半径～1150 km，太陽間距離～40天文単位）も準惑星の一つとして分類されることになった（2006年）．

表 2・2 に太陽系惑星の大気組成を示した．明らかに地球型惑星と木星型惑星の大気組成は非常に異なる．木星型惑星の大気は水素とヘリウムで占められ，その成分比は太陽とほぼ等しい．これは，太陽と木星型惑星はほぼ同時期に，ほぼ同一の素材から形成された可能性があることを示している．では，地球型惑星の大気はどのような形成過程をたどったのだろうか？　この問題に答えるため，もう一度表 2・1 を考察しよう．

惑星環境を決定する重要な物理的因子はその惑星の質量である．万有引力の法則からわかるように，その惑星の重力加速度は質量と半径によって決定され，質量の大きい星ほど重力も大きい．一方気体分子は激しい**分子運動**をしており，その速さは分子（原子）量が小さいほど，また温度が高いほど大きい．そして分子の速さが**脱出速度**とよばれる限界値を超すと，重力をふり切って惑星から飛び去ってしまう．脱出速度は質量の小さな星ほど小さいから，質量の小さな星ほどすみやかに気体を失うことになる．質量の非常に小さな水星，冥王星や月に大気がないのは以上の理由による．金星，地球および火星が，たとえその創成初期に水素やヘリウムの**原始大気**（**一次大気**）をもっていたとしても，これらの分子量の小さな気体は惑星圏外に脱出したはずである．

表 2・2　惑星大気の主要成分の体積比

〔単位：％〕

	水素	ヘリウム	アルゴン	窒素	酸素	二酸化炭素
金星				2		98
地球			1	78	21	0.04
火星			2	3	0.1	95
木星	89	11				
土星	96	4				
天王星	83	15				
海王星	80	19				

質量の小さな水星には大気がない．
(国立天文台編：理科年表，丸善，1996) および
(松井孝典：惑星科学入門，講談社学術文庫，1996)

2·2 太陽系の惑星としての地球

現在の地球型惑星の大気は原始大気から水素とヘリウムが飛び去ったあと,惑星内部からの**脱ガス**か,あるいはほかの微小天体との衝突によってもたらされた**二次大気**だと考えられている.ではなぜ,金星と火星に比べて地球のみ**二酸化炭素**が少ないのであろうか? この問題を次に考察しよう.

一般に惑星形成の初期を除いて,惑星内部での熱源は非常に小さい.したがって惑星の表面温度は,太陽から入射する放射エネルギーと惑星表面温度で決定される赤外域の放射量とのバランスによって説明される.そして太陽から惑星に到達する放射強度は,惑星-太陽間距離の 2 乗に反比例する.(なお大気層の温室効果があれば,ない場合に比べて表面温度は高くなる.)すなわち,惑星の表面温度は第一近似的には惑星-太陽間距離によって決定される.地球では水の気相・液相・固相の三相が共存できる表面温度が保たれ,水圏には多量の海水が存在している.これに対し金星では高温のために,逆に火星では低温のために水圏は維持されていない.大気中の二酸化炭素は,地球では大量の海水中の過程を通じて海水に吸収され,さらに**炭酸カルシウム**として海底に沈着し,その結果として地球大気の二酸化炭素濃度が減少したと考えられている.また,植物の**光合成**にともない**酸素濃度**が増加した.

本節で考察したように,現在の地球環境は太陽系の惑星環境としても特徴がある.そしてその特徴は,地球-太陽間距離および地球それ自体の質量という基

コラム 2b 脱出速度と気体分子の速度

- 脱出速度

ある星の質量を M,半径を r とすれば,脱出速度 V_e は $V_e=\sqrt{2GM/r}$ と書かれる.G は万有引力定数である.

- 気体分子の速度

気体分子の平均速度(正確には,平均 2 乗速度の平方根)V_o は,$V_o=\sqrt{3kT/M \cdot m_H}$ である.k は Boltzman 定数 ($=1.38\times10^{-23}$ J·K^{-1}),T は絶対温度,M は気体分子量,m_H は水素原子質量 ($=1.67\times10^{-27}$ kg) である.個々の分子の速度は確率的分布を示し,V_o よりも非常に大きくなりうる.付表に V_o (単位 km·s^{-1}) を示す.

	H_2	He	H_2O	N_2	O_2	CO_2
273 K	1.84	1.31	0.62	0.49	0.46	0.37
373 K	2.16	1.53	0.73	0.57	0.54	0.43
600 K	2.72	1.93	1.08	0.84	0.80	0.64

本的な物理量によって決定されていることがわかった．しかし，地球-太陽間距離や地球の質量が，なぜ，あるいはどのような過程によって決定されたのか？の疑問には答えられない．本節の結論として，現在の地球環境がきわめて微妙な自然の配合の上に成立していることを強調しておきたい．

2・3 地球と地球環境の歴史

　本節では，過去約50億年にわたる年月の間にどのような過程を経て地球環境が形成されたかを振り返ってみよう．地球の過去の状況はさまざまな方法によって調べられる．近代的な科学記録は約1世紀にわたり，また古文書や石碑などの記録は歴史時代にさかのぼって利用される．さらにさかのぼって，古生物学，地質学または地球物理学的な研究にもとづいた推定と考察が行われる．もちろん時代が隔たるほど推定の正確度は減少せざるをえない．

　多くの書物では約50億年の年代を1枚の図表に示してあるため，年代について誤解（錯覚）を与えがちである．そこで，本節では実際の年月に比例したスケールの図を示した．表2・3は地球全史をまとめた年表である．

　地球の地質時代の区分は大（長期間）分類から小（短期間）分類にむかって，**累代**，**代**，**紀**，**世**および**期**と区分される．これらの年代区分は，明瞭な地層の不連続性や化石生物の不連続性に着目して行われる．しばしば古生代から中生代への変化や，中生代から新生代への変化に伴って生物種の大絶滅が起きたと誤解する人がみられるが，それは誤った理解である．生物種や地層の不連続性によって，**古生代**，**中生代**および**新生代**の年代区分が決定されているのである．

　表2・3に示したように，地球の誕生は約46億年前といわれている．さまざまな物質の気体が重力により集積して灼熱の地球ができ，次いで核，マントル，地殻，原始大気，原始海洋が形成された．現在発見されている最古の岩石は，約38億年前に形成されたと推定される．窒素を主体とする二次大気や海洋もこの前後に形成されたと考えられる．

　最古の原核生物化石は約32億年前のものと思われる．古代の**藍色細菌**とよばれる光合成生物がつくった**ストロマトライト**は約27億年前に形成された．すなわち地球誕生後，わずか10億年後に生物が発現したのである．そして始生代を経て，**真核生物**（細胞核をもつ生物）へと発展していく．約25億年前から生物の進化は著しく，原生代へと移行し，ついに緑藻類が発生し，光合成が進み，大気中の酸素濃度は現在比1/100にまで増加した．**鉄鉱石**など**金属鉱床**の形成

表 2・3 地球の全歴史

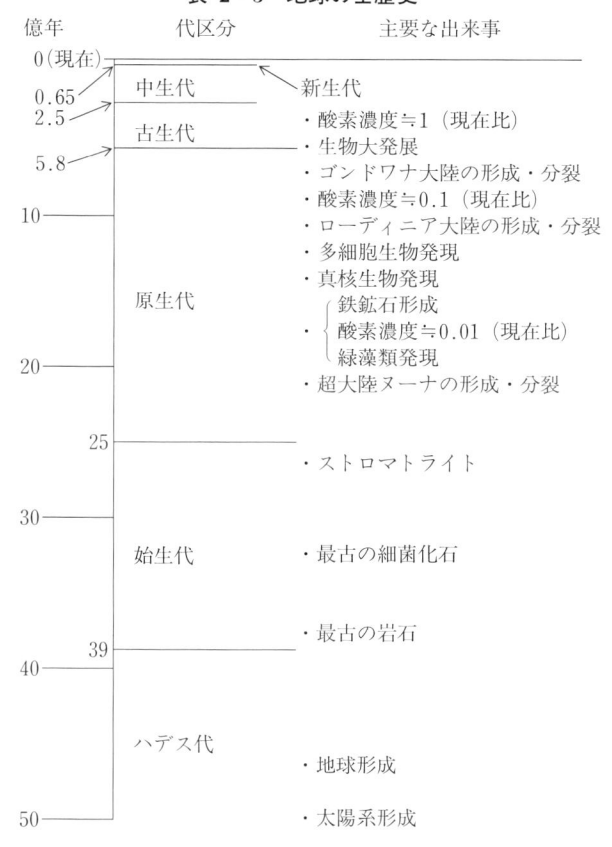

億年	代区分	主要な出来事
0（現在）	新生代	
0.65	中生代	
2.5	古生代	・酸素濃度≒1（現在比）
5.8		・生物大発展
		・ゴンドワナ大陸の形成・分裂
10		・酸素濃度≒0.1（現在比）
		・ローディニア大陸の形成・分裂
	原生代	・多細胞生物発現
		・真核生物発現
		・鉄鉱石形成
		・酸素濃度≒0.01（現在比）
		・緑藻類発現
20		・超大陸ヌーナの形成・分裂
25		・ストロマトライト
30	始生代	・最古の細菌化石
39		・最古の岩石
40	ハデス代	
		・地球形成
50		・太陽系形成

古・中・新生代をあわせて顕生累代（eon）と称する．
古生代の最初の紀がカンブリア紀であるから，原生代および
それ以前を前カンブリア紀とする書物もある．

もこの年代にみられる．大気中の酸素濃度の増加に伴ってオゾンも増加し，原生代初期にはオゾン濃度は現在比約 1/10 にまで増加し，太陽放射の有害紫外線を吸収した．これにより生物の陸上への進入が可能となった．原生代中期には**真核生物**に続いて**多細胞生物**が発展し，原生代末期には酸素濃度は現在比約 1/10 にまで増加した．

このようにハデス代，始生代および原生代の約 40 億年の年代を経て，生物が大発展を始めるに至った．この生物大発展の始まった約 5 億 8 千万年より現在に至る期間を，**顕生累代**とよぶ．表 2・4 に示すように，顕生累代は**古生代，中**

生代および**新生代**に区分される．この約6億年間にも地球環境と生物の種は大きく変化している．それらの重要な変動と出来事も表2・4に掲げている．

顕生累代の前後6億年間に，3回の著しい**低温期**が出現している．それらは約6億年前の原生代末期の低温期間，古生代末期および新生代の低温期である．これに対し古生代の**デボン紀・石炭紀**および中世代の**白亜紀**は，高温期間であり化石燃料が形成されている．

年代区分が著しい地質構造の不連続性と生物種の不連続性に着目していることはすでに述べた．したがって代や紀の境界では，従来種の絶滅と新種の発生がみられるのは当然である．特に著しい変動は，約2億5000万年前と約6500万年前である．前者は，まず**シダ植物**から**裸子植物**（**ソテツ類**，**イチョウ類**，**マツ類**など）へと植物種の変化がおこり，続いて**アンモナイト類**，**オウムガイ類**，**三葉虫**類などを含む海生動物種の約90％（ただしこの絶滅の率は定義によって異なるため文献によってかなり異なる）が絶滅している．後者は，まず裸

コラム2c　現世のストロマトライト

ストロマトライト (stromatolites) は，約27億年前，酸素発生光合成能力をもつ藍色細菌（シアノバクテリア）が浅海につくったコロニー状の構造物だとされている．現在でも，この種の細菌は1500種も生存しており，ストロマトライトを形成している．その代表的なものは，オーストラリア西部のシャーク湾にみられる．

写真提供：西オーストラリア州政府観光局

2・3 地球と地球環境の歴史

表 2・4 顕生累代の歴史

年代	代	紀	世	植物	動物	気候	主要な出来事
0（現在）	新生代	第四紀		被子植物	哺乳類	温暖寒冷	・第四氷期 ・アルプス・ヒマラヤ山脈 　ロッキー・アンデス山脈 ・大絶滅 ・石炭・石油の形成 ・ロッキー・アンデス山脈
0.65		第三紀	中新世 漸新世 始新世 暁新世 鮮新世				
1億年	中生代	白亜紀			爬虫類	温暖	・大西洋出現
1.4		ジュラ紀		裸子植物		温暖・湿潤	・顕花植物出現
2億年 2.1		三畳紀				温暖	・パンゲア超大陸分裂 ・哺乳動物出現
2.5	古生代	(ペルム紀)二畳紀			両生類・昆虫	低温	・大絶滅 ・南半球氷期 ・パンゲア超大陸
3億年 2.9		石炭紀		シダ植物		温暖	・石炭の形成
3.5		デボン紀			魚類	温暖化	・陸上動物出現
4億年 4.1		シルル紀				寒冷化	
4.4		オルドビス紀		藻類	無脊椎動物	温暖	・陸上植物出現
5億年		カンブリア紀				温暖化	・大絶滅
5.8	原生代					寒冷氷期	・原生代末氷期
6億年							

子植物から**被子植物**（サクラ，イネ，キクなど）へと植物種が変化し，次いで**恐竜**などの**爬虫類**を含む動物種の約70％が絶滅している．このような大絶滅がどのような原因または理由によってひきおこされたのか，あるいはどのような過程の地球環境の変動に伴っていたかは，まだ解明しつくされてはいない．

地球環境の変化は，大気圏の過程によってのみひきおこされてはいない．大陸・海洋の変動によって気候環境も大きく変動する．古生代末期におけるパンゲア超大陸の形成と約2億年前の**パンゲア大陸**の分裂（このような超大陸の生成と分裂にはマントル内の大きな対流現象が関係するといわれる），約1億年前の大西洋の出現などは気候の大きな変動をひきおこしたと考えられている．さらに中生代末期のロッキーおよびアンデス山脈の**造山運動**，新生代のロッキー・アンデス山脈の第二次造山運動，アルプス・ヒマラヤ山脈の造山運動も地球環境変動に大きな影響をおよぼした．

約6500万年前の生物種の大絶滅は小惑星の衝突による地球環境の変化だとする説もある．この後には哺乳類が大発展をとげた**新生代**が続く．新生代はさらに6500万年前から約200万年に至る**第三紀**と，約200万年前から現在に至る**第四紀**に区分される．第四紀に**人類**が出現し大発展をとげた．中生代末期の高温の気候は新生代では低温期に転じ，計4回の**氷河期**が出現した．第四紀においてこのような短い周期の気候変動が検出されるのは，それが最近の出来事であり，その変動を示す地質学的・地球物理学的な詳しいデータがえられているためであり，気候変動の周期が特に第四紀にかぎって短くなったことを意味しない．

第四紀の最後の氷期（欧州の**ウルム氷期**および北米の**ウィスコンシン氷期**）の終止後の約15000年前から，気候は再び温暖化にむかい現在に至っているが，この期間にもいくつかの気候変動がみられる．特に紀元1350〜1800年の間の2回の低温期は**小氷期**として知られている．そして，20世紀後半から，人類の活動に起因すると思われる**地球温暖化**などの地球環境の変化が増大しつつある．これらについては，ほかの章でさらに詳しく議論する．

過去数十億年の期間にわたって気候などの地球環境は大きな変動をくり返している．このような大変動に比べれば，近年の地球環境の変化はごくわずかではないか？とする一部の主張や見解があるが，どう考えるべきであろうか？地質時代における地球環境の変動幅は確かに大きいが，それは長期間にわたっての変化である．これに比べて20世紀後半の変化のスピードははるかに速い．

「近年の地球環境の変化はごくわずかではないか」との見解は，変動過程の時間的スケールを無視したものである．

2・4　固体地球の変動

　固体地球については1・2節でごく簡潔に説明したが，本節ではその変動についてもう少し詳しく学ぶ．それは地震・津波についての常識としても大切である（14章も参照）．

　弾性体のなかを伝播する波動は密度変化が伝わる**縦波**とネジレが伝わる**横波**とがある．それらの波動の伝播速度は弾性体の密度と弾性（具体的には**ヤング率**と**ポアソン比**）で決定される．弾性は物質の化学成分，結晶構造や相によってきまる．したがって，地震波の伝播速度を知れば，地球の内部構造が推定される．固体地球の全体像は図1・1に示したので，ここでは図2・3にマントルおよびそれ以上の部分を示す．もっとも外側に地殻(crust)がある．その厚さ（深さ）は海洋域で~10 km，陸域で25～50 kmである．地殻とマントルの間には，地震波の伝播から見られる著しい不連続面（層）がある．この層は，**モホロビチッチ層**(Mohorovicicが1909年に発見)とよばれる．モホロビチッチ層から，深さ~2 900 kmの**マントル**がある．マントルは，地震波の伝播速度の差異から，下部マントルと上部マントルにわけられる．上部マントルの最上層はリソスフェア (Lithosphere：岩石圏) であり，プレートに対応する（地殻をも含めて岩石圏とよぶこともある）．岩石圏より下の部分にはアセノスフェア (asthenosphere：剛性が弱い意味で弱圏あるいは岩流圏ともよばれる) がある．マントルは弾性波の伝播からは固体として認識されるが，非常に長い時間スケールで見

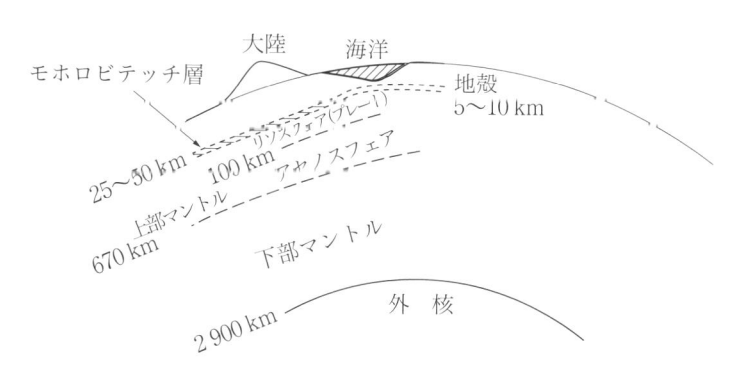

図 2・3　マントル，プレートと地殻の概念図

れば流動性を示し，地球内部から伝わる熱エネルギーによって，**マントル対流**や**プルーム**（熱泡対流）のような流動を示す．この流動に伴って，プレートも運動する．図2・4はマントルとプレートの運動の概念図である．図のAおよびB点はマントル対流の下降域で海洋プレートが沈みこみ，プレートが消失する．ここでは**海溝**ができ，地震活動，火山活動がさかんである．C点はマントル対流の上昇域でプレートが生成され**海嶺**ができる．D点はプルーム（熱泡）が上昇する**ホットスポット**であり，ハワイ諸島が形成されている．このようなマントルとプレートの運動によって地球の地質学的・地震学的変動を説明するメカニズムを**プレート・テクトニクス**という．相違なる運動を示すプレートの境界では，地殻やプレートに歪（ゆがみ，ひずみ）が生じ，それがある限界を越えると**断層**などの破壊がおき，**地震**としてエネルギーを放出する．

地球のプレートはいくつかのブロックにわかれて運動している．プレートの移動速度は 1~10 cm/y に達する．図2・5はその分布図である．前述したように，相違なるブロックが衝突する境界は**地震帯**，**火山帯**でもある．図2・6は世界の地震の発生地点を，図2・7は世界の火山の分布を示している．プレートの境界と地震帯，火山帯の密接な関係が明確に観察される．

2・3節で記したように地質時代には，非常に激しい地殻変動があり，超大陸の形成と分裂がくり返され，激しい造山活動や大噴火がおきていた．地殻変動に

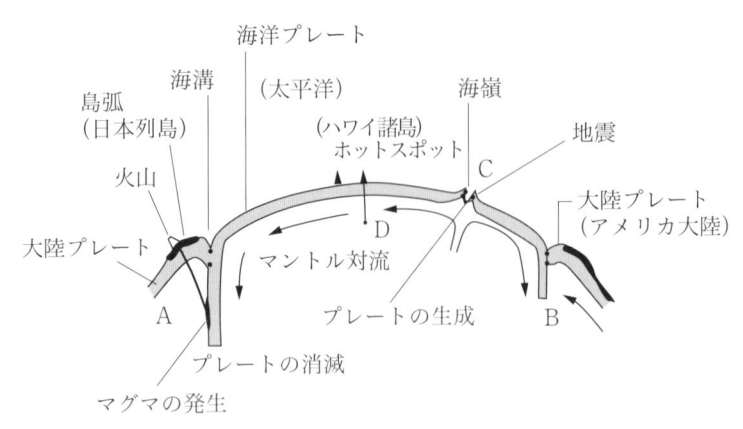

プレートが生成されるところには海嶺や海膨が，沈み込むところでは海溝が形成される．

図 2・4　プレート・テクトニクスの模式図
(今日の気象業務（平成11年度版），気象庁，1999)

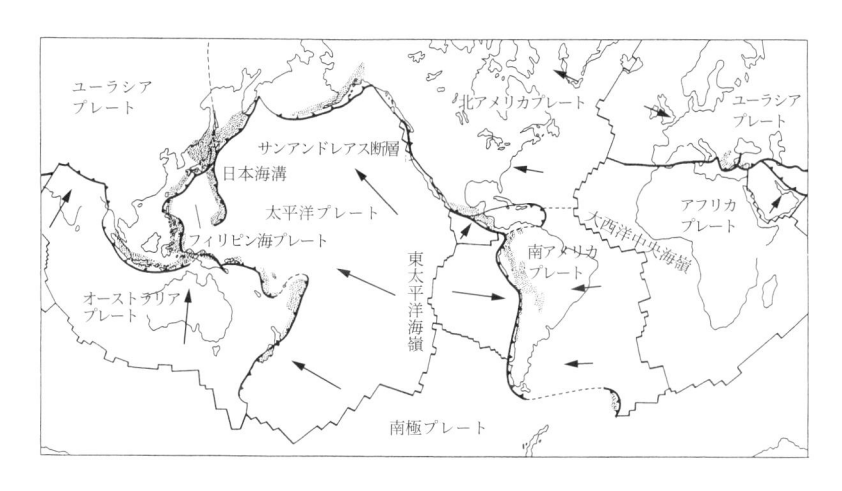

2・4 固体地球の変動

図 2・5 世界プレートの分布
(今日の気象業務(平成7年度版), 気象庁, 1995)

──── しずみ込み帯　　───▶ プレート運動の方向　　▨▨▨ 深発地震帯

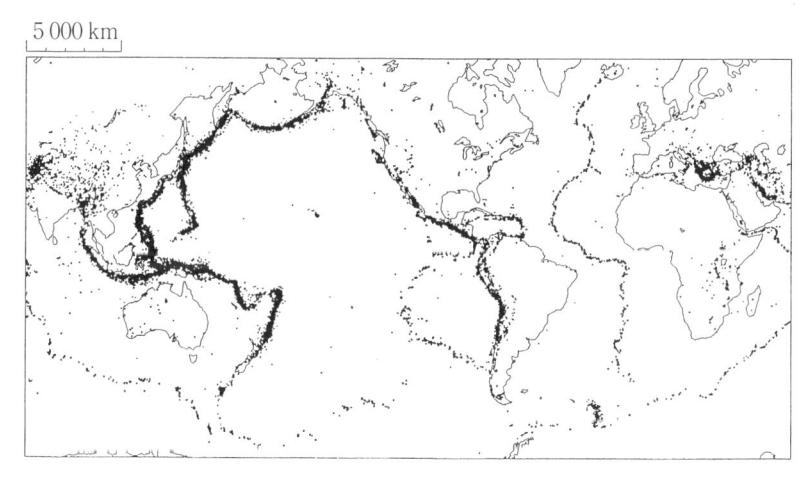

1988～1992 年のマグニチュード≧4, 震源の深さ≦100 km の地震の分布. プレートの境界に沿って地震が発生している.

図 2・6 世界の地震の震源の分布
(今日の気象業務(平成7年度版), 気象庁, 1995)

伴う海陸分布や, 火山活動に伴う噴煙やマグマからの気体の放出が, 地質時代の気候を大きく変化させてきた.

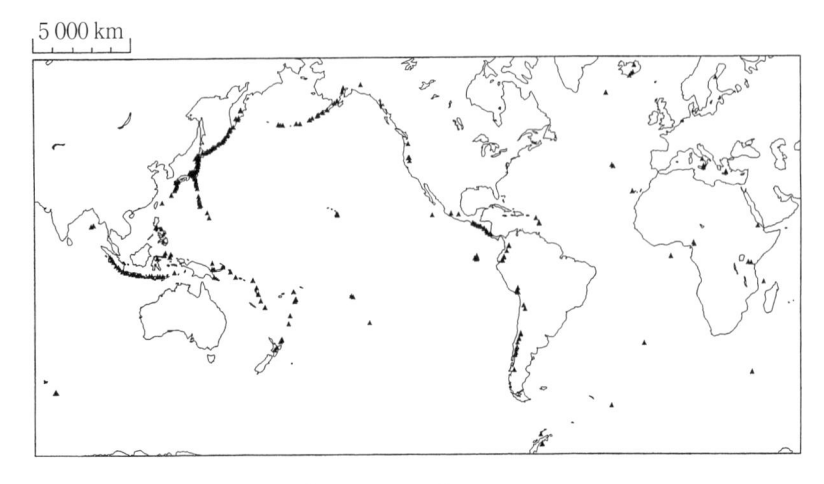

図 2・7 世界の主な火山の分布
(今日の気象業務（平成7年度版），気象庁，1995)

コラム 2d ─ 地震計と地震波

　地震計は原理的には慣性を利用して地面の振動を測定する機器である．概念的には，糸でつり下げられた錘を考える．地面が振動しても，錘は慣性によって静止しているから，錘と地面の相対的関係から地面の動きが計測される．

　縦波の速度は～7 km・s^{-1}，横波の速度は～4 km・s^{-1}であり，最初は縦波(P波)が到達し，ついでより大きな横波 (S波) が到達する（地震波の速度は，場所・深さによって異なり，一定ではない）．

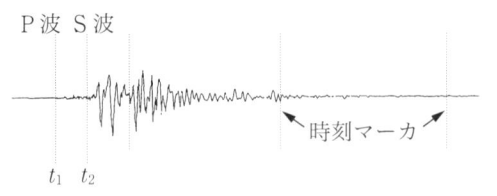

P波 S波　　　　　　　　　　時刻マーカ

t_1 t_2

　地震の発生時刻を t_0，観測点と震源との距離を d，P波の速度を v_p，S波の速度を v_s とすれば，$(t_1-t_0)v_p=d$，$(t_2-t_0)v_s=d$ である．両式から t_0 を消去すれば，$d=\dfrac{v_p \cdot v_s}{v_p-v_s}(t_2-t_1) \approx 9 \mathrm{~km \cdot s^{-1}}(t_2-t_1)$ となる．したがって3地点以上の観測点があれば震源の位置（緯度・経度・深さ）が求まる．

コラム 2e　地震のマグニチュードと震度

　地震のマグニチュード（規模）は地震のエネルギーの指標である．地球上で発生する地震の最大マグニチュードは～9 である．マグニチュードが 1 つだけ増加することは，エネルギーが約 30 倍増大していることを示す．
　これに対して震度とは，各地点の地震動の大きさを示す指標である．当然，震源に近ければより大きな震度があらわれる．このようにマグニチュードと震度はまったく異なる概念の指標である．現在，日本では震度階級として，0，1，2，3，4，5 弱，5 強，6 弱，6 強および 7 の 10 クラスの階級が使用されている．被害の程度は建造物の強度や地質にもよるが，一般的には 5 以上で被害が生じ，7 では極めて重大な被害が生じる．

コラム 2f　津　波

　海底で地震が発生し，海底が激しく上下動すると，海水も上下動し，その上下動が伝播する現象が津波である．
　津波の伝播速度は $v=\sqrt{gH}$ である．g は重力加速度，H は海の深さである．太平洋の水深 H は～4 000 m，重力加速度 g～10 m·s^{-2} であるから，$v=\sqrt{40\,000\ \mathrm{m^2 \cdot s^{-2}}} \approx 200$ m·s^{-1} である．時速に換算すれば 720 km·h^{-1} である．
　海岸，特に V 字型の湾では津波のエネルギーが集中して，極めて大きな海水位の変動が生じ，大きな被害をもたらす．

コラム2g　岩石・土砂・土壌

　地殻の大部分は岩石によって占められている．そして岩石は鉱物からなりたっている．鉱物は"自然の作用によって生成された一定の物理的性質と化学組成をもつ無機質の物体"である．鉱物は規則的な内部構造を有する結晶質鉱物と，それを示さない非結晶質鉱物の二種類に分類される．岩石はその生成過程によって「火成岩」，「堆積岩」，および「変成岩」の3種類に分類される．

　火成岩はマグマが冷却して固体化した物質であり，固体化した深さによって，「深成岩」と「噴出岩（火山岩）」に分類される．

　堆積岩は風化によって破砕された岩石の細片などが堆積し，さらに圧縮されて形成された岩石である．堆積の過程によって「水成岩」や「風成岩」に分類され，また形成の過程によって「機械的堆積物」，「化学的堆積物」，「生物的堆積物」および「火山堆積物」に分類される．

　変成岩はすでに生成されている岩石が地殻変動により深く沈降し，高温高圧の条件下で変質することによって形成された岩石である．

　岩石は長年月の間に，放射・温度変化・摩擦などの風化作用により，破砕される．破砕された細片は，その直径により礫(レキ)(>2 mm)，砂(0.2〜2 mm)，流泥(ユウ泥，シルト：0.02〜0.2 mm)，粘土(<0.002 mm)に分類される．このような砂泥に植物などの生物が成育し始め，その結果，生物起源の有機物が増加し，植物などの生育に適した土壌が形成される（6・3節参照）．

3章 大気と水循環

本書の後半で述べるように，大気汚染，オゾン層破壊や気候温暖化などが人為的に発生している．これらの問題を理解するためには，まず，自然の大気の状態を知らねばならない．これは気象学として学ぶ事柄であるが，もっとも重要な事項を簡潔に説明する．詳しい勉強は，気象学のテキスト（巻末参考文献）で学んでいただきたい．

3・1 地球システムにおける大気

地殻やマントルの変動は非常に長い時間スケールでみれば地球環境の変動に大きな影響をおよぼし，地震や火山活動にも直接的に関係している．しかし人類を含む生物が生存している空間の主要部分は，地表に近い大気層や海洋の海面近くの層あるいは土壌であり，比較的短い時間スケールでみるならば，大気と海洋の影響がもっとも重要である．本章では地球環境にかかわる大気の性質および状態を簡潔に説明する．

3・2 大気の組成と鉛直構造

● 大気の組成

地球の表面をおおっている気体を空気とよび，空気全体を地球大気とよぶ．地球大気の主要な組成と質量を表3・1に示した．気象学では通常，**空気**を水蒸

表 3・1 地球大気の組成

	質量 $[10^{15} t]$	体積比 $[\%]$
全 大 気	5.14	
乾 燥 空 気	5.12	100
窒 素	3.87	78
酸 素	1.18	21
アルゴン	0.07	0.9
二酸化炭素	0.003	0.035*
水 蒸 気	0.02	

*印は 350 ppmv とも記す．ppm (part per million) = 10^{-6} 添字 v は体積比を示す．
(Hartmann D. L.: Global Physical Climatology, Academic Press, 1994)

気を含まない**乾燥空気**と**水蒸気**の**混合気体**として扱う．なぜなら，水は現在の地球環境のもとでは三相共存が可能であり，水蒸気量は著しく変化するからである．一方，乾燥空気も窒素，酸素など多種類の気体の混合気体であるが，**乱流拡散**によって一様化され，対流圏や成層圏ではその組成は一定している．**大気の組成**の大部分は表3·1に示した気体によって占められ，そのほか多種類の気体の体積比はけた違いに少ない．しかし，ほかの章，節で述べるように，それらの微量物質の影響は環境問題では，けっして無視できない．

● 大気の鉛直構造

大気の鉛直構造とは，大気の温度，気圧および密度がどのような高度分布をしているかを示す概念である．詳しく調べれば，大気の鉛直構造は場所により季節，時刻によって大きく変化しているが，ここでは長期間にわたり，かつ全地球について平均した鉛直構造を図3·1に示す．この図の左の縦軸には高さを，右の縦軸には気圧を，そして横軸には気温を目盛ってある．図中の太線は気温の鉛直分布を示している．

ある地点のある高度における**気圧**は，その点の頭上にある空気の重さによる

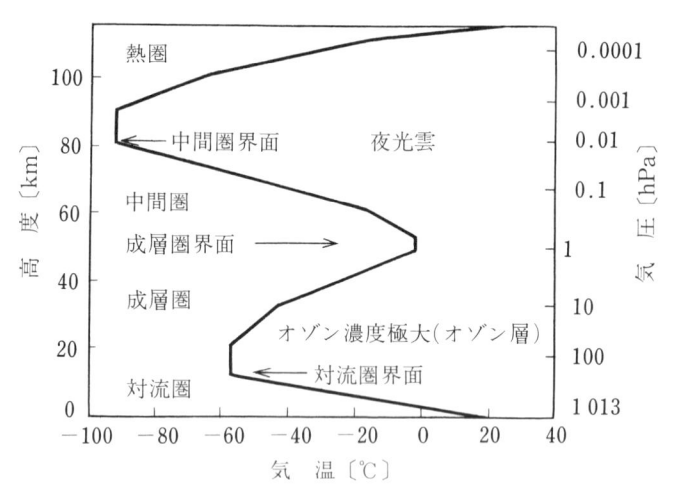

左の縦軸には高さを，右の縦軸には高さに対応する気圧を目盛ってある．横軸は気温〔℃〕を示す．

図 3·1 大気の鉛直構造
(Barry R. G. and Chorley R. J.: Atmosphere, Weather and Climate, Methuen 1987)

圧力である．そして空気の比重である密度は圧力に比例する．したがって，気圧も密度も高さとともに急激に減少し，地表での気圧は 1 013 hPa であるのに対し，約 50 km の高さでは 1 hPa，約 90 km の高さでは 0.001 hPa に減少する．すなわち，このような上空では，日常生活の感覚で考えればほとんど真空に近い状態となっている．なお，**空気の密度**は，地上では約 $1.3 \mathrm{~kg/m^3}$，50 km の上空ではその約 1/1 000 となっている．

大気層全体は気温分布の状態から図 3・1 に示した 4 層に分けられる．それらは下層から順に**対流圏**，**成層圏**，**中間圏**および**熱圏**とよぶ．

対流圏とは，そこで**積雲**や**積乱雲**などの対流が発生する気層の意味であり，日常の天気に関する天気現象が発生する気層である．対流圏では高さ 100 m につき気温は 0.65°C 低下している．そして対流圏と成層圏の境界を**対流圏界面**（略して**圏界面**という場合が多い）とよぶ．圏界面の平均的な高さは約 10 km であるが，緯度と季節によって変化し一定ではない．

成層圏下部では気温は一定であるが，中・上部では，気温は高さとともに増加し，熱的に安定しており対流圏でみられるような対流は発生しない．成層圏では**オゾン**濃度が高く，その濃度は 20～25 km で最大となっている．この部分は**オゾン層**とよばれる．オゾンは紫外域の太陽放射をよく吸収し高温となっている．成層圏とその上の中間圏との境界面を**成層圏界面**とよぶ．

中間圏では，再び気温は高さとともに減少し約 80 km で極小値を示し，熱圏では逆に高度とともに温度が増加する．このような上空ではほとんど真空に近い密度であり，気体は太陽エネルギーを吸収し**電離**（**電子**と**イオン**に分かれた状態）しているため**電離層**ともよばれる．地上から発射された電波は電離層と地面で反射され遠くまでひろがるため，地球の反対側からのラジオ放送も聞くことができる．この層では**オーロラ**がみられ，また氷の微粒子などから成り立っている**夜光雲**が発生することがある．

● 大気境界層と自由大気

対流圏の下層に注目すると，地面や海面に接する厚さ 10～数十 m の最下層では大気の乱流，摩擦，地表面からの熱や水蒸気の供給などによって，よくかきまぜられた（気象学では**混合**されるという）気層が形成される．この気層を**接地境界層**とよぶ．接地境界層がその上層の気層に対して相対的に暖かい場合には，浮力によって**熱泡**（小さな熱対流）や**積雲対流**が発生し，これらの対流

によってさらに空気が鉛直方向に混合され，**混合層（エクマン層**ともいう）が形成される．その厚さは数百mから1～2kmに達することもある．そして接地境界層と混合層をあわせて**大気境界層**とよぶ．

大気境界層より上層は地表面の影響を直接的にはうけない気層であり，この部分の大気を**自由大気**とよぶ．生物種の大部分はこの大気境界層内で生存しているから，大気境界層の状況から直接的な影響をうける．その一方，植生などは大気境界層内のエネルギー交換に大きく関係している．人類の地球環境への影響がもっとも著しく，また地球環境の人類への影響のもっとも顕著なのも大気境界層である．

3・3 熱エネルギーバランスと地球大気の温度

現在の地球大気の温度はどのような過程によって決められているのであろうか？　このもっとも基本的な環境条件について考えてみよう．

太陽放射は地球システムが外界より供給される唯一の熱エネルギーであるから，まず太陽放射から調べることにする．考察を単純化するため，図3・2に模式的に示した地球と大気圏を想定する．図は夏至の正午の状態を示している．A点では太陽は真上に位置している（太陽の**仰角**は90°である．また，仰角は**高**

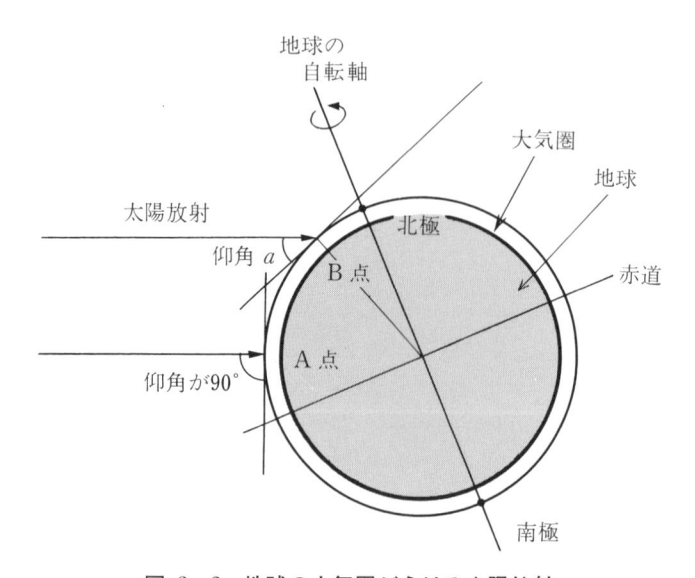

図 3・2　地球の大気圏がうける太陽放射

3・3 熱エネルギーバランスと地球大気の温度

度角ともよばれる).大気圏の上端でしかも太陽の仰角が90°であるときに,観測される太陽放射のエネルギーは約 1 367 W/m² である.気象学ではこれを**太陽定数**とよぶ.

大気上端でうける太陽放射エネルギーは,太陽の仰角が90°のときに最大(＝太陽定数)であり,仰角が a であれば(図3・2のB点)そこでの水平面がうける太陽放射は(太陽定数)×$\sin a$ となる.したがって,正午であってもA点から南および北へ遠ざかるほど水平面のうける太陽放射エネルギーは少なくなる.またA点においても地球の自転に伴って太陽の仰角が減少すれば水平面がうける太陽放射エネルギーは減少する.そして日没となり仰角が0°となれば,うけとる太陽放射エネルギーはゼロとなる.地球の大気の温度が熱帯で高く極で低いこと,**気温の季節変化**および**日変化**があることは,基本的には先に述べた太陽の仰角の南北差,季節および日変化によって説明される.

次に,より実際の大気中の過程に立ち入って考えてみよう.大気上端に到達した太陽放射の一部分は雲に反射され,一部分は大気層で吸収され,その大部分は地表(海面も含めて)に到達するが,その何割かは雪氷面で反射され残りの部分が地面や海洋に吸収される.太陽放射を吸収し暖められた地面や海面からは**顕熱**や**水蒸気**が大気に供給され,大気を暖めかつ湿らす.水蒸気が大気中で凝結すれば,**潜熱**を放射してさらに大気を暖める.

一方,**ステファン-ボルツマン**(Stefan-Boltzmann)**の法則**によれば,絶対温度 T である黒体はその表面から σT^4 の放射エネルギーを放出する.ここで σ は,**ステファン-ボルツマン定数**($\sigma = 5.67 \times 10^{-8}$ W/m²・K⁴)である.したがって地面も海面も大気からも,それぞれの温度に対応した放射エネルギーを放出している(11・2節参照).

前述したように,緯度によりうけとる太陽放射エネルギーが異なり,また地球が放出する赤外放射エネルギーも異なる.したがって温度の不均一が生じ気圧の不均一をもたらす.このために大気や海洋で流れが生じ,この流れによって高温域から低温域へ熱エネルギーが運ばれる.

以上述べたさまざまな過程の相互作用の結果として,現実の地球にみられる温度分布と,その季節および日変化が出現しているのである.また地球システム全体を考えれば,外界から供給される太陽放射エネルギーと同量のエネルギーが地球放射として宇宙空間に放出され,差引きゼロの**エネルギー平衡**が成立し,地球システム全体の定常状態が維持されている.

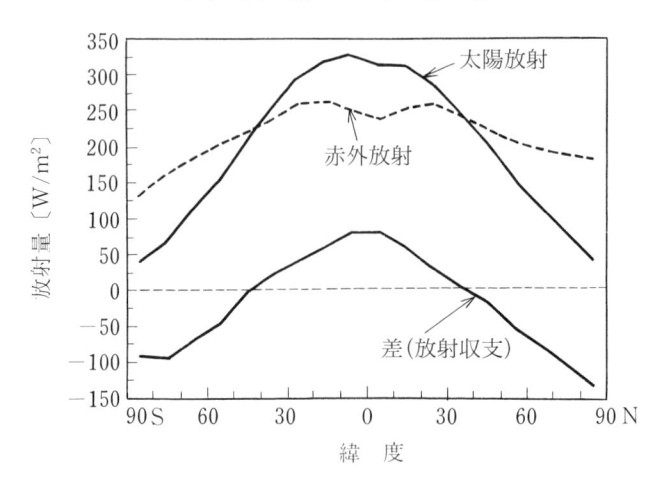

図 3・3 太陽放射の吸収と赤外放射の放出，およびその差（放射収支）の緯度分布
(Hartmann D. H.: Global Physical Climatology, Academic Press, 1994)

　図3·3には地球のうける太陽放射エネルギーの緯度分布と，地球が失う地球放射の緯度分布（いずれも年平均値）を示した．地球全体で平均すれば，両者は平衡状態にあるが，緯度別にみれば平衡していない．すなわち，低緯度では太陽放射が地球放射を上まわり（放射エネルギーの輸入超過），高緯度帯では太陽放射が地球放射を下まわる（輸出超過）．この緯度間のアンバランスは，大気や海洋の流れによる**熱エネルギーの輸送**によって補われている．

　図3·4は1月，7月および年平均の**平均地上気温の緯度分布**を示している．赤道‐両極間の年平均地上気温差は約60℃に達する．また地上気温の季節変化の全振幅は，低緯度では非常に少なく，高緯度では30℃に達する．

　観測結果によれば，対流圏での気温は高さが100m増加するごとに0.65℃低下している．したがって対流圏中層の500hPa面では，やはり極側が低温（したがって空気の密度が大きい），低緯度では高温（密度が小さい）である．このため図3·5に示したように，**500hPaの等圧面の高さは低緯度で高く（高気圧），極側で低い（低気圧）**．そして，平均的には500hPa面の等高度線は極を中心とした同心円状のパターンを示す．完全な同心円の分布でないのは，海陸分布や大きな山脈の影響のためである．

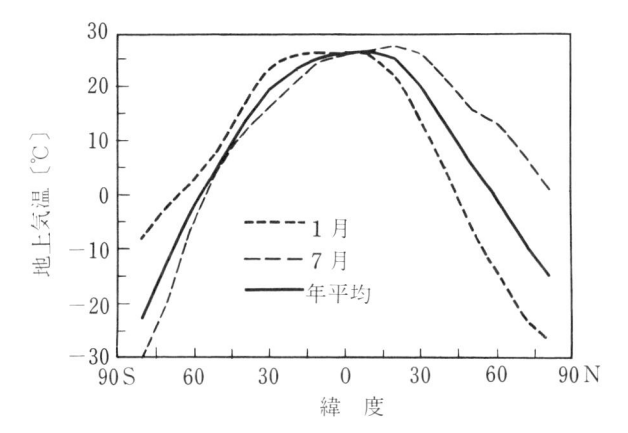

3・3 熱エネルギーバランスと地球大気の温度　33

図 3・4　1月, 7月および年平均地上気温の緯度分布
(Hartmann D. L.: Global Physical Climatology, Academic Press, 1994)

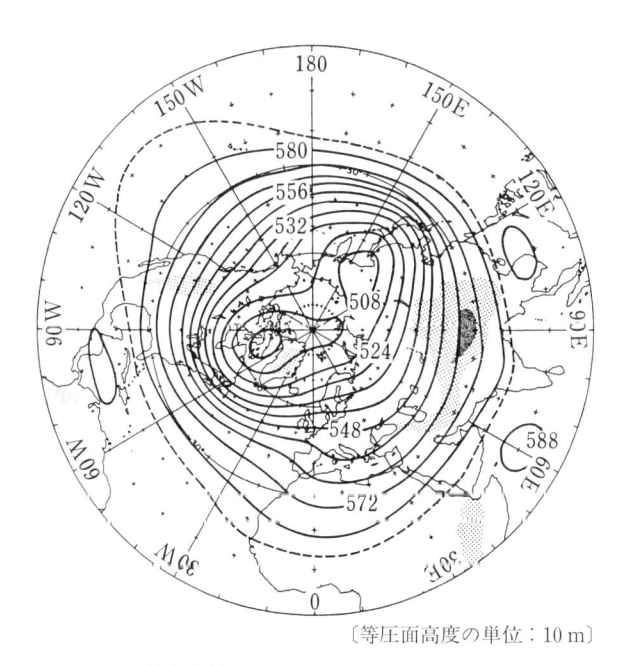

〔等圧面高度の単位：10 m〕
等高度線は 80 m ごとに示してある．

図 3・5　北半球の1月の 500 hPa 面平均高度分布
(Palmen E. and Newton C. W.: Atmospheric Circulation Systems, Academic Press, 1969)

3・4　大気の流れ

3・3節で述べたように,大気中では**熱源**と**冷源**のコントラストがみられ,空間的な温度の不均一が生じている.たとえばビーカーに水を入れて下部の一部分を加熱すると,相対的に高温の水が上昇し相対的に低温の水が下降して**熱対流**とよばれる流れが発生する.同様に大気中でも熱源と冷源,つまり温度のコントラストによって流れが発生する.

積雲や積乱雲は,水平スケールが $1 \sim 10 \mathrm{~km}$ の対流である.これに対して,海-陸の温度差から生じる**海陸風**は,スケールが約 $100 \mathrm{~km}$ の流れである.大陸と海

コラム 3a　空気の熱力学と静力学の平衡

3章の本文で定性的に記述した空気の状態について,定量的な説明を補足しよう.

- **空気の状態方程式**

　空気の圧力 p,比容 α ($=1/\rho$;ρ は密度)および温度 T(絶体温度)の関係は,$p\alpha = RT$ によって与えられる.これを空気の**状態方程式**という.空気の気体定数 R は $R=287 \mathrm{~J/(K \cdot kg)}$ である.J(ジュール)はエネルギーの単位で,$\mathrm{J=N \cdot m=m^2 \cdot kg/s^2}$ である.

- **熱力学第 1 法則(断熱変化の場合)**

　空気塊が周囲との間に熱エネルギーのやり取がない場合(過程)を断熱過程という.断熱変化では**熱力学第 1 法則**は,$c_v\,dT + p\,d\alpha = 0$ と書かれる.c_v(空気の定容比熱)$=717 \mathrm{~J/(K \cdot kg)}$ である.dT は温度変化($c_v\,dT$ は内部エネルギーの変化),$p\,d\alpha$ は圧力に抗して体積変化($d\alpha$)がなす仕事である.状態方程式を微分して得られる $(p\,d\alpha + \alpha\,dp) = R\,dT$ を使えば,$c_v\,dT + p\,d\alpha = (c_v + R)\,dT - \alpha\,dp = 0$ が得られる.$c_v + R = c_p$(空気の定圧比熱 $1004 \mathrm{~J/(K \cdot kg)}$)を用いれば,$c_p\,dT - \alpha\,dp = 0$ が得られる.断熱過程では圧力(p)が減小すれば温度 T も減小する(上空ほど温度が低い).

- **静力学平衡の式**

　気圧は頭上にある空気の重量によってもたらされる.したがって,二つの高度の気圧差は $\Delta p = -\rho g\,\Delta z$ と書かれる(ρ は空気の密度).すなわち,気圧は高さと共に減小する.微分でかけば $dp = -\rho g\,dz$ である.これを静力学平衡の式という.$c_p\,dT - \alpha\,dp = 0$ に $dp = -\rho g\,dz$ を代入すれば $dT/dz = -g/c_p \approx 1°\mathrm{C}/100 \mathrm{~m}$ となる.すなわち,乾燥(未飽和)空気は断熱的に $100 \mathrm{~m}$ 上昇すると気温は $1°\mathrm{C}$ 低下する.

洋の気温差から生じる**季節風**のスケールはさらに大きく数千 km のひろがりをもつ循環である．さらに大きなスケールの赤道-両極間の温度差も，全地球規模の流れをひきおこす．温度（したがって大気の密度の）の空間的不均一性は，気圧の不均一性を形成し，気圧差は**気圧傾度力**（気圧差が流体におよぼす力）を通して流れを駆動している．

季節風や全地球スケールの流れを議論するためには，地球自転の影響を考慮しなければならない．**地球の自転周期は1恒星日**（≒0.9973 太陽日＝23 時間 56 分 04 秒太陽時）なので，**自転角速度** Ω は 7.292×10^{-5} ラジアン/秒である．しかし緯度 ϕ の地点で考えれば，地面は天頂方向を軸として $\Omega \sin \phi$ の角速度で回転している（図3·6）．なぜなら，回転は回転軸の方向と回転速度の大きさをも

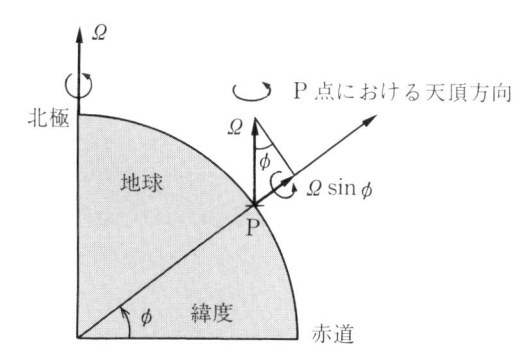

図 3·6　地球自転の角速度 Ω と P 点における地面の回転の角速度 $\Omega' = \Omega \sin \phi$ の関係

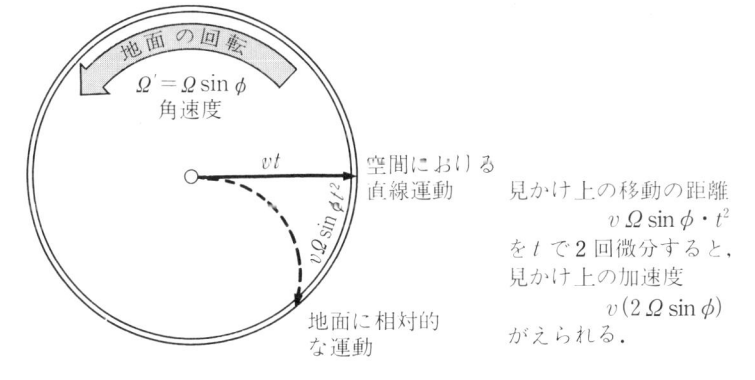

図 3·7　回転する地面の上で動く物体に働く見かけ上の力「コリオリの力」の概念図

つベクトルであり，地軸のまわりの自転を天頂方向の成分に分けて考えられるから，緯度がϕである地点の地面は図3・7で示すように，角速度$\Omega\sin\phi$で回転している円板として考えられる．円板の中心から速度vで発射されたロケットを考えれば，時間tの後には，中心から距離vtの地点に達している．円板はこの間に$\Omega\sin\phi\cdot t$だけ回転しているから，ロケットを円板に固定した点からみれば，ロケットは右側に$v\Omega\sin\phi\cdot t^2$だけ移動したようにみえる．加速度は変位を時間で2回微分すればえられるため円板からみると，ロケットは$v(2\Omega\sin\phi)$の加速度をうけたことになる．この加速度は回転している円板を基準としたときにあらわれる加速度で**コリオリの力**とよぶ．コリオリの力の大きさは速度vと$2\Omega\sin\phi$（$=f$：コリオリパラメーター）の積であり，速度vの方向に対して北半球では右向きに，南半球では左向きに働く．したがって地球大気の運動を議論するときには，このコリオリの力を含めて考えなければならない．コリオリの力の数学的な導出については，気象学の教科書を参照してください．

　自転していない地球で赤道に熱源が，極に冷源があれば，熱対流が生じて上層では北向き，下層では南向きの流れが生じるであろうが，地球の自転に原因するコリオリの力のため，上層では東向き（西風），下層では西向き（東風）の流れが生じる．

　大規模な流れの場の観測結果は，気圧傾度力とコリオリの力がほぼバランスした準定常的な風が出現していることを示している．このような状況の風を気象学では**地衡風**あるいは**地衡流**とよぶ．したがって地衡風は，気圧傾度力に対し$90°$の角度で流れている．すなわち，地衡風は**等圧線**（等圧面上でみれば**等高度線**）に平行に吹いている．図3・5に冬期の500 hPa面等高度分布を示した．等高度線は北極を中心としたほぼ同心円状的な分布をしているから，500 hPa面の流れもこの同心円形の等高度線にほぼ沿って地球を一周する西風となっている．しかも中緯度で気圧傾度（高度傾度）が最大であるから，西風も中緯度上空でもっとも強い．この強い西風を**西風ジェット流**とよぶ．なお詳しく観測すれば，中緯度の高緯度側にある**ポーラージェット流**（**極ジェット流**）と，亜熱帯側にある**亜熱帯ジェット流**の二つのジェット流が分離して認められる．しかし前者は時間的・空間的にも変動が大きいので，平均してみると1本の西風ジェット流として認識される．北半球の冬期では，対流圏上層ではジェット流の風速は100 m/sにも達する．後述するが，この強い流れのためさまざまな物質がひとたび上層に運ばれると，非常に速やかに全地球にひろがる．

3・4 大気の流れ

　大気の地球規模の流れを気象学では**大気大循環**とよぶ．前述したように，大気大循環は大規模な南北の熱的コントラストによって駆動され，さらにコリオリの力をうけた結果として出現した準定常的な流れである．

　図3・8の右側は大気大循環を子午面の南北-鉛直断面図で示したものである．熱帯の熱源によって駆動されている循環を**ハドレー循環**とよぶ．その下降流に対応して**亜熱帯高気圧**が地球を取り巻いている．また極域の強い冷源によってひきおこされる**極循環**が高緯度にある．これら二つの循環にはさまれて中緯度帯には**フェレル循環**がある．なおフェレル循環は熱対流とは異なる性格の流れであり，平均図上でみるならば暖気側で下降流となっている．これらの南北循環に伴って，中緯度の対流圏上部では西風が強く，また，亜熱帯の下層では東風（**貿易風**とよぶ）が吹いている．

コラム 3b　空気の運動方程式と地衡風

　3・4節では，自由大気中で働く力は，気圧傾度力とコリオリの力であることを説明した．これを運動方程式によって表現すると，

$$du/dt = vf - (1/\rho)\,\partial p/\partial x$$

$$dv/dt = -uf - (1/\rho)\,\partial p/\partial y$$

となる．ここで (x, y) は北向き，および東向き方向の距離を，(u, v) は東向き（西風）の風速および北向き（南風）の風速をあらわす．du/dt, dv/dt は気塊の風速の時間変化を示し，$\partial p/\partial x$ と $\partial p/\partial y$ はそれぞれ東向き方向と北向き方向に計った気圧傾度を示す．$f = 2\Omega\sin\phi$ はコリオリ因子であり，ρ は空気の密度であり，ϕ は緯度である．

　この運動方程式についての一般的議論は気象学のテキストにゆずるが，このコラムではその最も単純なケースのみを考えよう．中高緯度の自由大気中での観測によれば，風はかなり定常的であるので，$du/dt = dv/dt = 0$ が近似的に成立している．この場合には運動方程式から，ただちに，

$$u = -1/(\rho f)\cdot\partial p/\partial y, \quad v = 1/(\rho f)\cdot\partial p/\partial x$$

が得られる．このような仮想的な風を地衡風という．地衡風は，天気図上の等圧線に平行に，低気圧側を左手方向に吹き，等圧線の間隔が狭いほど風速が大きい．地衡風は，自由大気中の気圧場が知られた時に近似的な風速を推定する時に使用される．地衡風は定常的な風であるから，それによって風の時間的変化を知ることはできない．

　風の時間変化を考察するには，元の運動方程式を調べなければならないが，風が変化すれば温度，密度や気圧も変化するから，熱力学の法則や静力学平衡の式などと連立させて扱わなければならないので，非常に複雑な議論が必要となる．

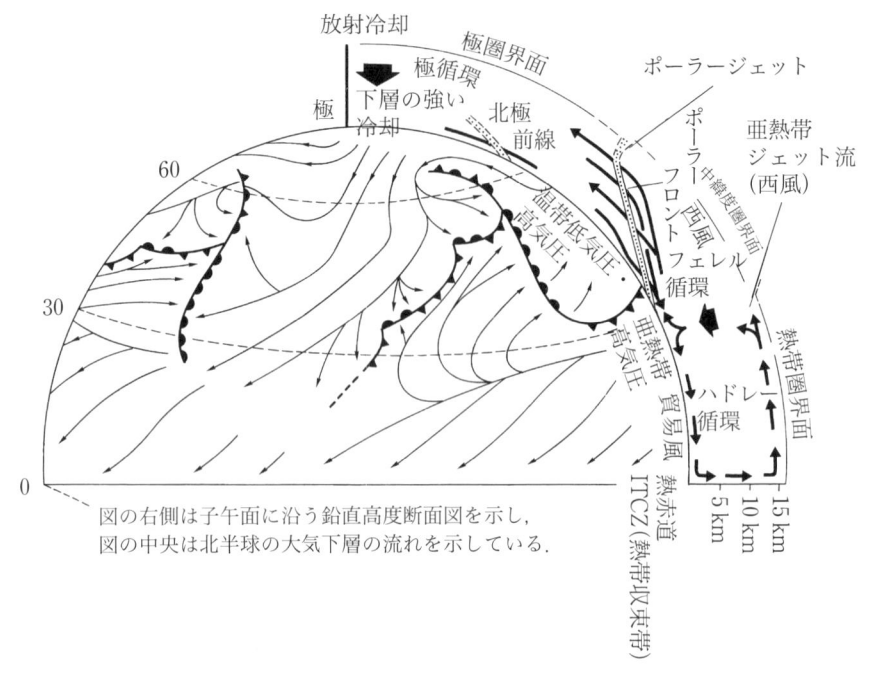

図の右側は子午面に沿う鉛直高度断面図を示し，
図の中央は北半球の大気下層の流れを示している．

図 3・8 大規模な大気の流れの模式図
(Musk L. F.: Weather Systems, Cambridge Univ. Press, 1988)

　大気中では南北の温度差があることはすでに述べたが，特に温度の南北コントラストの著しい部分（気温の南北傾度の極大ゾーン）があり，これを**前線**（**フロント：front**）とよぶ．もっともコントラストが著しい前線は，温帯と寒帯の中間にある**ポーラーフロント**である．これは**極前線**あるいは**寒帯前線**と訳される．日本付近でみられる前線はこの前線である．北半球のさらに高緯度には**北極前線**が観測される．

　このように極前線は，極側の大気と低緯度側の大気の境界であり，温度の南北コントラストの集中したゾーンである．この境界に沿って**温帯低気圧**は数千kmの間隔をおいて発生発達しつつ，約1 000 km/日の速さで東進する．そしてその中間には**移動性高気圧**が位置する（図3・8）．このため中緯度ではほぼ数日の周期で天候が変化する．なお温帯低気圧・高気圧に伴う南風と北風による熱エネルギーや，水蒸気の南北輸送を平均すると，熱エネルギーと水蒸気を極向き

に輸送し大気大循環の形成，維持に寄与していることが示される．

次に低緯度の状況を述べよう．北半球の亜熱帯高圧帯から流れ出る**北東貿易風**と南半球の亜熱帯高圧帯から流れ出る**南東貿易風**は赤道付近で収束し**熱帯収束帯**（**ITCZ**）を維持する．熱帯収束帯は地球の最も顕著な降水帯である．熱帯収束帯では，積雲対流が組織化されて，その集団である熱帯雲クラスターが発生することがある．

赤道から少し離れた洋上では**熱帯低気圧**が発生する．熱帯の高温の海上で積雲対流が発達し，それらが組織化されると発生した潜熱の効果によって渦巻が生じ，渦巻にともなう下層収束が強化され，それがさらに積雲対流を強化させる．このような過程をへて熱帯低気圧が発生する．（赤道上ではコリオリの力がゼロであるため低気圧は発達しにくい．）熱帯低気圧はさらに発達して**台風**（北西太平洋での呼称）や**ハリケーン**（東部太平洋，大西洋，メキシコ湾での呼称）になることがある．台風やハリケーンは強風と大雨によって，大きな災害をひきおこす．

3・5　大気の流れの乱れ

川の流れを観察すると，全体としての上流から下流へむかう流れ（**基本流**という）に重なって大小さまざまな**渦**が発生，消滅しつつ基本流によって流されていることに気づく．大気のなかでも，非常に大規模な基本流に重なってさまざまな大きさと性質をもつ乱れが発生している．大気の基本流のなかでは，熱的なコントラストや流れの速さの不均一性などから，いろいろな不安定を生じる．この不安定からさまざまな乱れがひきおこされ，それにより乱れが発達すると同時に不安定を解消し，全体としては準平衡的な状況を保っている．図3・9はこれらの乱れの代表的な例と，それらの乱れのもつ代表的な空間・時間スケールを示した．

非常に小スケールの乱れは，**大気乱流**とよばれる．大気乱流は，熱，水蒸気や運動量を鉛直方向に輸送し大気の性質を鉛直方向に均一化する作用を通して，地面や海面に接する大気境界層の性質を決定するので，**大気環境**を考える場合には重要な現象の一つである．

積雲は大気下層の熱源による加熱によってひきおこされる対流現象であり，大気境界層と**自由大気**（境界層より上にあり乱流の影響の少ない気層）との間のエネルギー交換にかかわる．**トルネード**，**豪雨**など**中規模の乱れ**（メソスケ

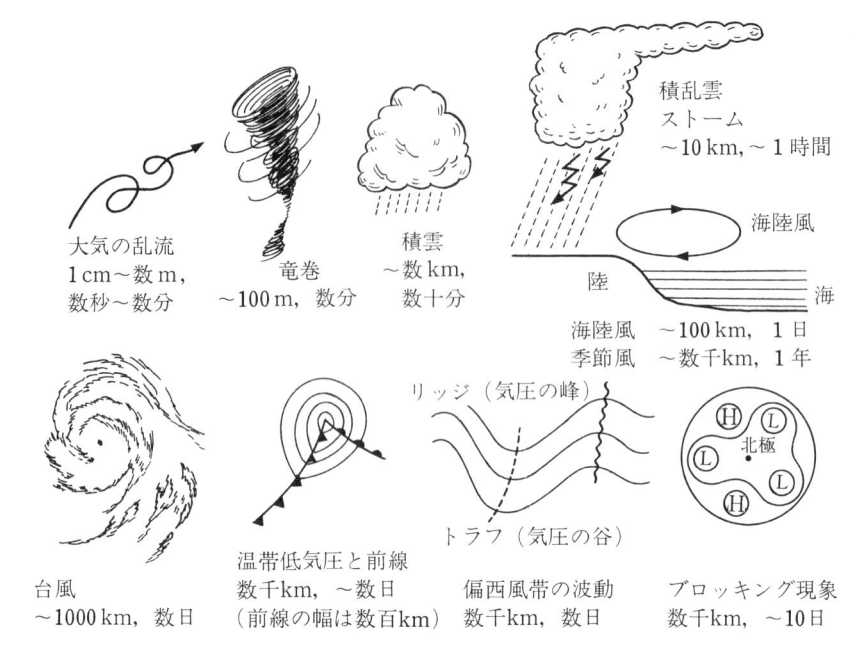

図 3・9 大気中で発生するさまざまな乱れ

ールの気象擾乱)は気象災害などを発生させる**激しい大気現象**の代表例である．
　高・低気圧，前線，台風などは**天気**に密接に関係する乱れ(**擾乱**：disturbance)であり，そのため「**天気システム**」ともよばれ，また天気図上でもまとまった循環として認められるので「**循環システム**」ともよばれる．温帯の高・低気圧に伴う南風は低緯度から高緯度へ暖気と水蒸気を運び，逆に北風は高緯度の低温かつ水蒸気の少ない空気を低緯度へ運ぶ．高・低気圧は，このようにして熱エネルギーの南北交換に大きな役割を果たし，大気大循環の形成，維持に関与している．
　さらに大規模な**ブロッキング現象**や**エルニーニョ現象**については異常気象や気候変動の章（6章6・6節）で述べる．
　なお，海陸の熱的コントラストによって生じる**山谷風，海陸風**あるいは**季節風**なども基本流に重なった乱れであるが，多くの場合擾乱とはいわず，**循環系**(循環システム)といわれる．その理由は，これらの現象が空間的にほぼ固定され，かつ**準周期的**（日変化や季節変化）な現象であるからである．これらの循環系もまた，大気環境問題に大きなかかわりをもっている．

3・6 地球の水物質

● 水物質の相変化

　液体の水は，固体の氷あるいは気体の水蒸気に**相変化**する．水，氷および**水蒸気**をあわせて**水物質**とよぶ．水物質の相変化とそれに伴う**凝結熱**や**融解熱**などの**潜熱**の出入りを図3・10に示した．

　1気圧の状況下では，0℃以下になると水から氷への，0℃以上になると氷から水への相変化がおきる．0℃以下で**過冷却**の水が存在することもあるが，これは安定状態ではない．

　大気中の**水蒸気の圧力**がある限界（これを**飽和水蒸気圧**とよぶ）を超えると，

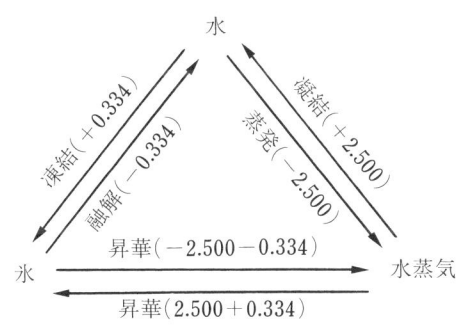

```
                    水
            ↗  ↙    ↘  ↖
      凍結(+0.334) 凝結(+2.500)
      融解(-0.334) 蒸発(-2.500)
            ↙  ↖    ↗  ↘
      氷  ――昇華(-2.500-0.334)→  水蒸気
          ←―昇華(2.500+0.334)――
```

〔単位：×10⁶ J/kg〕，+は放出，−は吸収を示す．

図3・10　0℃における水の三つの相変化による熱の出入り

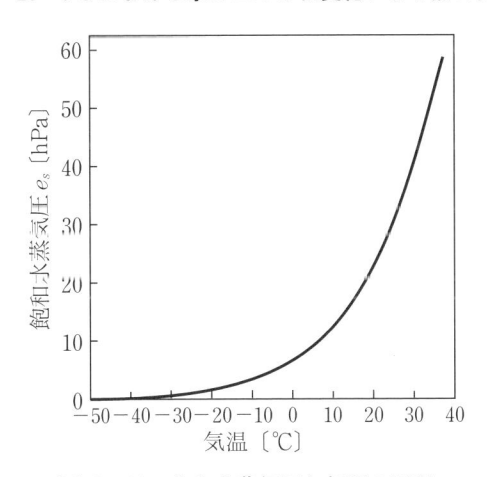

図3・11　飽和水蒸気圧と気温の関係

水蒸気から水への凝結，または氷への昇華がおこる．飽和水蒸気圧は図3・11に示すように温度に依存している．温度が高いほど，飽和水蒸気圧は急激に増大するから，大気中に含まれる水蒸気量も気温とともに急激に増大する．（厳密には，図3・11に示した曲線は水に対しての飽和水蒸気圧であり，氷に対しての飽和水蒸気圧は，これよりもわずかに少ない．）

現在の地球表面近くにおける温度の範囲では，水物質の三相のいずれも存在が可能であり，温度の変化に応じて相変化する．すなわち，水蒸気を含む大気，大量の水を蓄える海洋と湖，河川，水を含む土壌，および雪氷のいずれもが存在しうる．このことは，現在の地球環境の大きな特徴の一つである．

なぜ水物質が大量に存在するか？　の問題はさておき，水物質の三相が存在しうる温度環境は，さらにさかのぼれば太陽放射と太陽-地球間距離によってもたらされている．

● 地球の水物質

ほかの惑星と比較して，地球は非常に大量の水をもっている．このため，地球を「**水惑星**」ともよぶ．表3・2に地球の水物質の総量と，形態別の量とを示した．なお，これらの量の見積りは，さまざまな文献によってかなり異なっており，概数として示しておく．地球では水物質の三相のいずれもが存在可能であるが，量としては水，しかも**海洋**の水の量が圧倒的に大きく，その約2.5%を雪

表 3・2　地球上の水物質の量

〔単位：$\times 10^{12}$ t＝1兆 t〕

水物質の総計	約 1 360 000
大気中の水蒸気	13〜17
雲中の水物質	0.5
海洋の水	1 320 000
氷冠・氷河	29 200
4 km までの地圏	8 350
湖水の水	230
土壌中の水	67
河川の水	1.2
比較　大気の総量	5 700
比較　年間の降水量	480

(Miller D. H.: Water at the Surface of the Earth, Academic Press, 1977)

氷が占めるにすぎない．水蒸気量は海洋の水に比べて非常にわずかであり，文字どおり**水惑星**の特徴を示している．しかしながら，海洋の水の全質量約 $1.4×10^{18}$ t は地球の全質量の約 $6.0×10^{21}$ t に比べれば約5000分の1にすぎない．

地球の水物質がどのようにして形成され，維持されてきたかは興味ある問題である．地球がガス物質の集積により形成され，重力により圧縮高温となり，次いで各種の成分が分離する過程で形成され，さらにマグマから水蒸気として補給されてきたとも説明される一方で，地球と衝突する微小天体によってもたらされたとする主張もあり，その解明は今後に残された課題である．

3・7　水循環と水物質の影響

表3・2で地球の水物質が，どこに，どのような状態で存在しているかを調べたが，これは固定された状態を意味しているわけではない．水物質は相変化し，大気，地表および海洋の間を行き来しめぐっており，変動している．この水物質の変動を「**水循環**」とよぶ．水循環の模式図を図3・12に示した．

海面，地面あるいは植生からは絶えず水が蒸発し，大気に水蒸気として供給

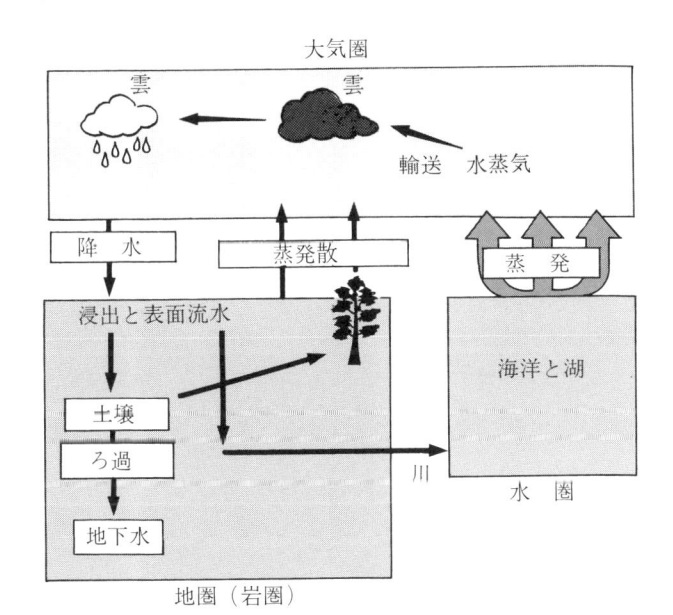

図 3・12　地球の水環境の概念図
　　　　（Jones A. M.: Environmental Biology,
　　　　Routledge, 1997）

される。水蒸気を含んだ空気が冷却し，水蒸気圧が飽和水蒸気圧以上となれば，過剰の水蒸気は相変化して凝結し**霧粒**や**雲粒**となる。雲のなかでさらに大きな**降水粒子**に成長すれば，雨や雪として地表に達する。これを**降水**とよぶ。海上での降水は再び海水の一部となる。陸上の降水は，一部は植生に吸収され，一部は**土壌水分**となり，一部は河川となり海に注ぐ。1年間の降水の総量は480×

コラム 3c　空気の上昇運動と水蒸気の凝結

　空気の上昇運動は浮力（積雲対流の場合）や，気象擾乱（低気圧，前線）の力学的原因や地形による強制などによってひきおこされる。上空ほど気圧が低いので，大気中を上昇する気塊（空気の塊）は膨張し体積が増加する。この体積増加に消費したエネルギーに相当して温度が低下する。その割合は，100 m 当たり 1.0℃ である。そして，温度が低下し飽和すれば，水蒸気は大気中の凝結核とよばれる微細なちりのまわりに凝結あるいは昇華して雲粒や氷晶となる。雲粒や氷晶は非常に小さく，なかなか落下しないので，それが直接降水となって地上に達することはない。降水になるためには，さらに別のメカニズムが必要である。

　なお，空気の上昇運動がなくとも空気が地面や水面上で冷やされたり，放射冷却で気温が下がったり，あるいは暖気と寒気が混合したりすれば凝結がおこる。霧はこのようにして発生するが，その凝結量は比較的わずかである。

コラム 3d　降水過程

　気塊が飽和すると，水蒸気が凝結あるいは昇華して雲粒や氷晶ができる。それが降水粒子にまで発達するためには次の2種類の過程が考えられる。

　水雲（暖かい雲）：0℃ より高温の雲を考える。サイズの異なるいくつかの雲粒が共存していれば，それらの落下速度が異なるために衝突併合して，しだいに成長して降水粒子にまで発達する。

　氷雲（冷たい雲）：0℃ より冷たい雲中では，過冷却（氷点下以下の水）の雲粒と氷晶が共存する。氷と水に対する飽和水蒸気圧はわずかに異なるため，雲粒から水蒸気が蒸発し，氷晶上に昇華して，氷晶が成長する。サイズの異なる雲粒や氷晶の衝突併合によっても成長して雪片となる。もし，雪片が 0℃ より高温の気層を通過すれば水滴となり，さらに衝突併合して大きな雨粒となる。

10^{12} t（表 3·2）である．これは大気中の水蒸気の総量 $17×10^{12}$ t の約 28 倍に相当する．すなわち，大気中の水蒸気は 1 年間に約 28 回入れ替わっていることを意味する．あるいは約 13 日に 1 回，大気中の水蒸気が入れ替わっていることに

コラム 3e　海洋域と大陸域の水循環

表 3·2 は地球上の水物質の存在量を示し，図 3·12 は水循環の概念図を示した．ここでは海洋域と大陸域の水循環を考察する．海洋・陸地の水物質のストックに比べればフローは非常に少ないが，水循環はフローで考えなければならない．地球全面積で積算した降水量は〜$505×10^{15}$ kg·y^{-1}，蒸発量も〜$505×10^{15}$ kg·y^{-1}で等量である．地球全域で平均した降水量と蒸発量は〜1 000 mm·y^{-1} である．

大気中の水蒸気の輸送

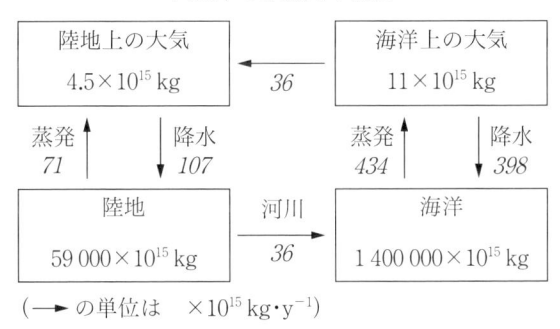

```
  陸地上の大気            海洋上の大気
  4.5×10^15 kg  ←36—  11×10^15 kg

  蒸発↑ ↓降水          蒸発↑ ↓降水
   71    107            434    398

     陸地      —河川→      海洋
  59 000×10^15 kg   36   1 400 000×10^15 kg
```

（→ の単位は ×10^{15} kg·y^{-1}）

図　水物質の存在量（ストック）と水物質の流れ（フロー）の模式図（数値は，Chahine, 1992 による）

コラム 3f　気象要素とその表示単位

主要な気象要素（変数）の表示単位を記しておく．

- 気圧：hPa＝100 Pa　（1 Pa＝1 N·m^{-2}＝1 kg·m·s^{-2}·m^{-2}＝1 kg·m^{-1}·s^{-2}）
- 気温：℃（セッシ温度）（絶対温度：K，0℃＝273.2 K）
- 風速：m·s^{-1}　（1 m·s^{-1}＝3 600 m·h^{-1}＝3.6 km·h^{-1}）
- 風向：8 方位または 16 方位（西から東に吹く風を西風，南から北に吹く風を南風とする）
- 降水量：mm·h^{-1}　（mm·h^{-1}＝24 mm·d^{-1}）
- 相対湿度：％（＝100×e/e_s；e：水蒸気圧，e_s：飽和水蒸気圧）
- 比湿：1 kg の空気に混合している水蒸気の質量比（g·kg^{-1} で示す）

なる．これは地球全体を平均しての状況である．

　地球の各場所について考えてみよう．亜熱帯の海洋では，蒸発量が降水量を上まわる．逆に赤道地域（**熱帯収束帯**とよぶ）や中緯度の前線帯（**極前線帯**とよぶ）では，蒸発量よりも降水量が多い．この地域的な降水量と蒸発量のアンバランスは風による水蒸気の輸送によって補われている．

　寒冷な地域では降水は**雪**となり，地面は雪や氷におおわれる．夏になっても，低温が続く地域では雪や氷は**万年雪**，**氷河**や南極の**氷冠**が形成される．後述するが，南極の氷冠の消長に伴って，海水の量が変化し海面水位の変動がひきおこされる．

　白く輝く雲や雪氷は太陽放射を反射する．したがって水物質は相変化を通して地球の**放射バランス**をコントロールする．また土壌水分の変動，植生の変動（そのいずれも水循環と関連している）も地表の熱収支に影響をおよぼす．

4章 海洋と海水

地球の一つの特徴は大量の水物質を保有していることである．その大部分は海水として存在し，地球環境の成り立ちに大きな影響をおよぼしている．この章では海洋の自然状態を学ぶ．

4・1 海と大洋

すでに3章の表3・2でみたように，地球の水物質の約97%は**海水**で占められている．海の面積は地球全表面積の約70%もあり，その平均水深は約3 800 mである．この海水を地球全表面に均等にひろげれば，約2 400 mの水深となる．

海洋は，非常に広くかつ深く，独自の循環システム（**海流**）をもち，相対的に陸地の影響のうけ方の少ない**大洋**（ocean）と，大陸に囲まれた**地中海**や大陸や列島に接近している**縁海**などの**海**（sea）に分けられる．

海は，一般に浅くて陸の影響をうけやすい．これに対し大洋は4 000～5 000 mの水深をもち，さらに水深10 000 mにも達する**海溝**を含んでいる．現在の地球の大洋は**太平洋**，**大西洋**および**インド洋**の三つであり，それ以外はすべて「海」である．

地球の海水の総体積は約 $1\,370 \times 10^6\,km^3$ ほどであるが，そのうち太平洋は約 $708 \times 10^6\,km^3$，大西洋は約 $324 \times 10^6\,km^3$，およびインド洋は約 $291 \times 10^6\,km^3$ の体積をもち，この三大洋の体積の合計は約 $1\,323 \times 10^6\,km^3$ にも達し，海水全体の約97%を占めている．

地中海や縁海は一般に浅く，陸に近く，生物の活動の場として，また人類の活動の場として重要であるが，その体積の少なさのため，人類の活動に起因する汚染に対しては非常に脆弱である．

4・2 海と水の性質

地球システムにおける海洋の役割を決定する要因をさかのぼって追求すると，最後には水のもつ物理的・化学的特徴にいきつく．水は人類にとってもっとも身近な液体であり，きわめて普通の性質をもつ物質と思われがちだが，ほかの物質と比較すれば，むしろ特異な液体であることが知られている．

地球環境に関係する水の重要な特徴として，

① 地球表面の温度の条件下で液相での存在が可能である．
② 比熱が大きい（暖まりにくく冷えにくい）．
③ 潜熱が大きい．
④ 固相（氷）の密度が液相（水）より小さい（氷は水に浮く）．
⑤ 溶解度が大きい（ほかの物質がよく溶ける）．

などがあげられる．

これらの特徴によって，地球の現在の温度条件下では大量の水，すなわち海洋の存在が可能であり，その存在によって地球の温度変化（日変化，季節変化）をゆるやかにし，おだやかな気候状態をもたらしている．その一方で熱容量の大きな海洋と，熱容量の小さな（暖まりやすく冷えやすい）陸地との間の温度差を生じさせ，**海陸風**や**季節風**などの大気の循環をもたらす．また熱容量の大きな海水の流れ（海流）は水平方向の熱輸送によって，南北方向の放射エネルギー収支の不均衡を是正する．

海洋が大陸に比べて，暖まりにくく，冷めにくいのは，単に水の比熱が大きいだけではない．陸上では熱の伝わりかたが弱く（少なく），大きな温度変化は地表付近のごく薄い地層に限定される．これに対して，相対的に厚い**海洋混合層**全体で温度変化がおこる．したがって熱容量は海洋で非常に大きく，温度変化は陸面のそれよりも非常に少ない．

溶解度の大きな水はさまざまな物質を溶かしこみ，多くの生物の生存の場となる．

4・3 海水の成分

海水を口に含むと塩辛い味がするのは，**塩分**が含まれているからである．海水を加熱し蒸発させると固形の塩分が残る．この塩分の量は，場所や季節により変化するが，海水1kg当たり34〜36gである．なお，この塩分を‰（パーミル：1000分率）で表現することが多い．塩分濃度が34.5‰である海水を蒸発させてえられる塩分は34.5gであり，そのうち主要な塩類は，塩化ナトリウム（NaCl）23.5g，塩化マグネシウム（$MgCl_2$）4.9g，硫酸ナトリウム（Na_2SO_4）3.9g，塩化カルシウム（$CaCl_2$）1.1gであるが，これ以外にも多くの微量成分が含まれている．しかし，海水のなかでは，それらの塩分はすべて**イオン**として存在している．そこで，表4・1に海水中の各イオンの質量を示した．

一方，海水に注ぐ**河川の水**はほとんど塩分を含まない．しかし，河川から海

表 4・1 海水 1 kg 中の物質のイオン量

陽イオン	〔g〕	陰イオン	〔g〕
Na^+	10.6	Cl^-	19.0
K^+	0.3	Br^-	0.1
Mg^{2+}	1	SO_4^{2-}	2.7
Ca^{2+}	0.4	HCO_3^-	0.1

に注がれると同量の水が水蒸気として海洋から陸上に運ばれ降水となっているから、真水の増減は差引きゼロであり、したがって全海洋を平均して考えれば海水の塩分濃度は変化しない。

また、海水中には窒素、酸素、炭酸ガスなどの気体も溶解している。生物に必要な酸素についてみれば、海水 1 l (=1 000 cm³) 当たり 1〜7 cm³ の酸素が溶解している。一般に、寒流流域では水温が低く植物プランクトンが多いので酸素量が多い。また、炭酸ガス（二酸化炭素）については 11 章で述べる。なお海水は弱いアルカリ性をもち、**海洋のpH** は 8.2〜8.3 の値をもつ（pH については 9 章参照）。

4・4 海水の温度分布とその変化

世界の 2 月および 8 月の表面海水温度分布図を図 4・1 および図 4・2 に示した。気温について 3 章 3・3 節で述べたと同様に、海面に達する太陽放射エネルギーの季節的変化、緯度による変化によって、**表面海水温度**も季節変化し、南北の温度差（温度傾度）を示している。しかし、水の大きな比熱（暖まりにくく冷めにくい）と大きな潜熱のため、その季節変動の振幅と南北の温度差は、気温に比べると非常に小さい。なお海水温度の極大および極小は、北半球ではそれぞれ 8 月および 2 月にあらわれる。

もし地球に海洋がなければ気温の季節変化と南北傾度は、現在に比べて非常に大きくなると考えられる。

大気の場合でも気温は高さとともに変化している（3 章 3・2 節）が、海洋においても海水温度は深さとともに変化する。そして海水温度の鉛直分布は、季節により場所によって変化する。

海水温度の鉛直分布の一例として、日本海西部（山陰地方沖）の 8 月および 2 月の状態を図 4・3 に示した。この図からいくつかの重要な事実が観察される。第一に、海水温度の大きな変化は、ごく浅い層（**表層**：表面約 150 m 水深）に

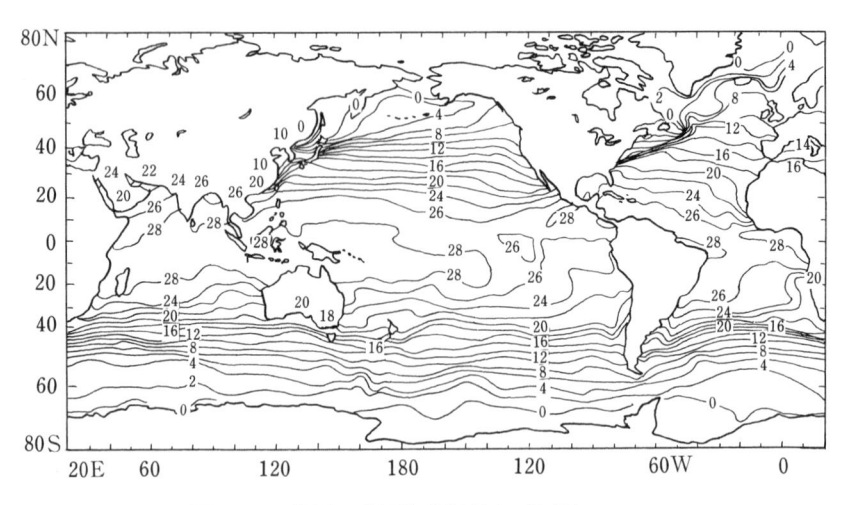

図 4·1　世界の表面海水温分布（2月）
（国立天文台編：理科年表，丸善，1995）

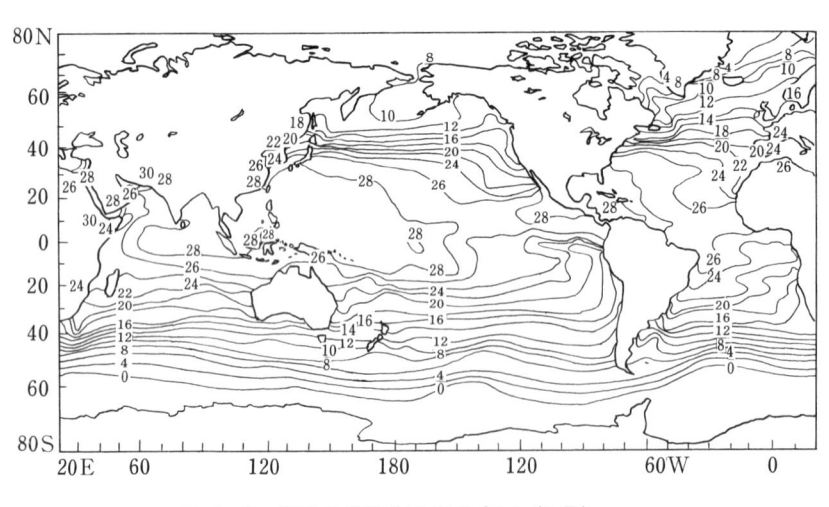

図 4·2　世界の表面海水温分布図（8月）
（国立天文台編：理科年表，丸善，1995）

限ってみられる．これは海水が太陽放射をよく吸収するため，太陽放射の変動がごく浅い層にのみ影響を与えるからである．したがって500 m以上の水深では水温の季節変化はほとんどみられない．

　第二に，ごく浅い層にほぼ水温の一様な層がみられる事実である．この層で

4・4 海水の温度分布とその変化

図4・3 海水温の鉛直分布の例

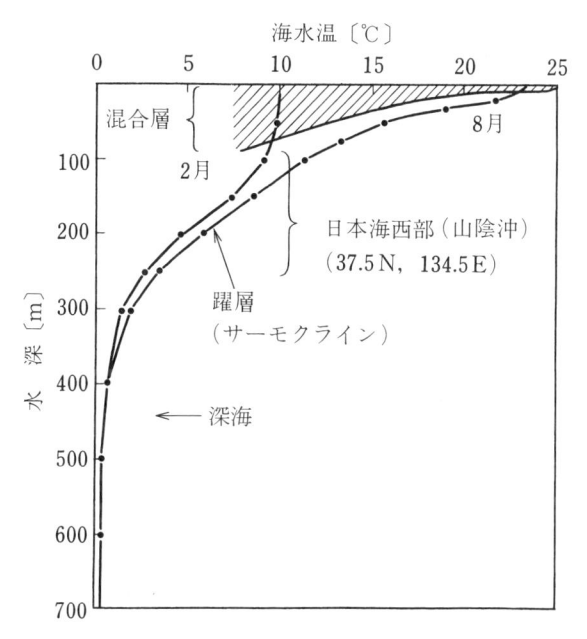

日本海西部における8月および2月の海水温の鉛直分布．
理科年表（1995年度版）の資料にもとづく．

は，風などの影響をうけて海水が上下にかきまぜられ，混合されることによって一様化されているからである．このため，この層は**海洋混合層**あるいは単に**混合層**とよばれる．8月の混合層が相対的に浅い（薄い）のは，表面に近いほど太陽放射によって暖められ，高温の海水ほど密度が小さく，したがって鉛直方向の安定性が強く，容易に深い層まで混合が進まないからである．（大気の場合には，地表に近い空気が暖まると，鉛直方向の安定性が弱まり，混合がおこりやすく厚い混合層が形成される．）

第二に，混合層と**深海**との間で温度が急激に変化する層があることである．この層は**躍層**（thermocline：**サーモクライン**）とよばれている．

第四に，混合層よりも深い部分に（数百m以深に）水温がほぼ一定の低水温の層があることである．この層を深海とよびそこにある水を深海水とよぶ．深海には日射がまったく届かないため低温である．

4・5　海流のメカニズム

　大気中で空気の流れ（風）が生じるのと同様に，海洋中でも海水の流れである**海流**が生じる．海流の生成・維持に関して，以下に述べる**風成循環**と**熱塩循環**の二つのメカニズムが知られている．

　風によってひきおこされる海流が風成循環である．風が水面上を吹きわたると，海面に力をおよぼして**波浪**が生じる．波浪そのものは海水の流れではなく振動が伝わる波動であるけれども，ほぼ定常的な風が吹き続けると，風の力（正確には応力：ストレス）によって海水の移動，すなわち海流が生じる．風に接する海面に加えられた力は，海水の摩擦（運動量の混合）を通してさらに下層に伝わる．もし地球の自転がなければ，風の方向と海流の方向は一致するであろうが，現実の地球ではコリオリの力のため海流の方向は風の方向より右にかたよる．

　風の応力とコリオリの力のみを考え単純化された海流の理論によってえられた海水の流れの鉛直分布を図4・4に示す．北半球では，表面流は風に対し45°右にかたよる．また応力のおよぶ層（エクマン層）の全体で平均した流れ（**エク**

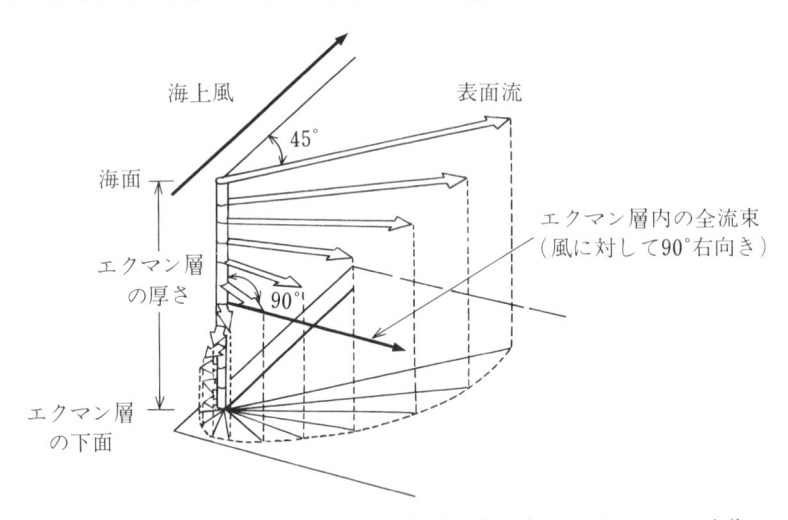

　エクマン層の下面は，流速が表面流速の$1/e$（～$1/2.73$）となる深さとして定義されている．

図 4・4　理想化されたエクマン層内の鉛直分布の概念図
　　　（Apel J. R.: Principles of Ocean Physics, Academic Press, 1987）に加筆

マン輸送）は，風向きに対し 90°右にかたよる．この事実は，ノルウェーの海洋学者ナンセン（F. Nansen）らのフラム（Fram）号による北極海観測（1893年）に際して海氷の動きと風速との比較によって発見され，のちにスウェーデンの物理学者エクマン（V. W. Ekman, 1874〜1954年）により理論づけられた．図4・4に示した流れを**エクマン流**とよび，エクマン流のみられる層を**海洋エクマン層**（あるいは単に**エクマン層**）という．

実際の海洋の表面流の速さは風速の約5％，風による流れの出現する層の深さは数百 m とされる．

一方，海水の密度（比重）は水温と塩分濃度によって決まる．そして海水の密度差によってひきおこされる海水の運動が**熱塩循環**である．ここでの「熱」は温度を，「塩」は塩分を意味している．熱塩循環は海洋の中・深層の流れの形成に重要なメカニズムである．図4・5にその一例として，北大西洋の低温の海水の沈下に始まる大規模な流れのモデルを示す．

なお，風成循環と熱塩循環は海流の基本的なメカニズムを説明するものであるが，実際の海洋中ではそれらが複合的に作用しており，成因を完全に分離して考えるべきものではない．

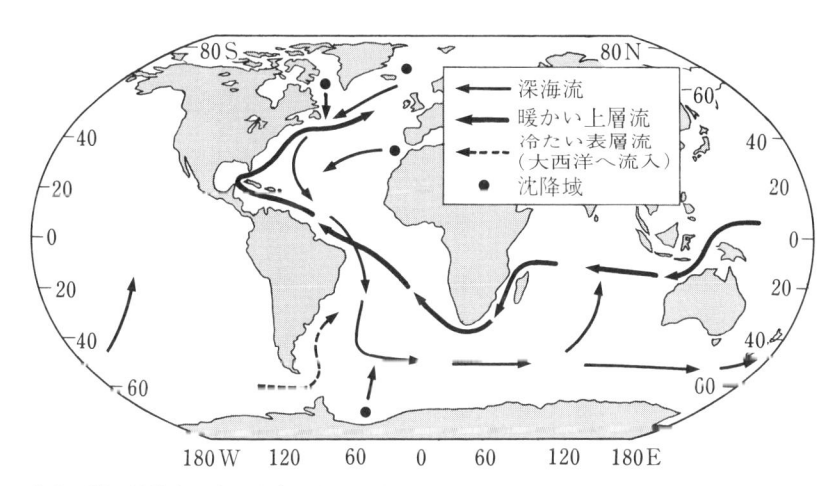

北大西洋で沈降する冷たく高塩分の海水は，深海流となってインド洋太平洋に流入し，湧昇して相対的に高温かつ塩分濃度の低い上層流として帰還する．この帰還には約2000年を要すると推定される．

図 4・5　大規模な熱塩循環のモデル図
　　　　（Berner E. K. and Berner R. A.: Grobal Environment, Prentice Hall, 1996）

海流のもう一つの分類として**暖流**および**寒流**という名称も用いられる．暖流は熱帯・亜熱帯起源の相対的に高い水温をもつ海水の流れであり，寒流は高緯度起源の相対的に低温な海水の流れを示す．日本の付近では，**黒潮**は暖流であり，**親潮**は寒流である．暖流と寒流の境界は，海洋生物の生産性が高く好漁場となっている．

実際の地球の主要な表層海流分布図を図4・6に掲げる．太平洋の西端（アジア大陸の東岸）では，暖流である黒潮が著しく強い．大西洋の西岸（米国大陸の東岸）でも同様に**メキシコ湾流**が強く，このような現象を**海流の西岸強化**という．コリオリパラメーターは北ほど大きいので，南から北にむかう流れは，コリオリの力が増加する分だけ高気圧性（時計まわり）の流れが強化されるからである．

風成循環については前述したように，北半球では風に対しエクマン層の平均的な流れ（エクマン輸送）は右にむく．もし，大洋の東岸（大陸の西側）で北風が吹けば，エクマン層の流れは西（すなわち陸から遠ざかる方向）にむく．この流れを補うために海水の上昇が生じ，深い層から冷たい海水が湧昇する．

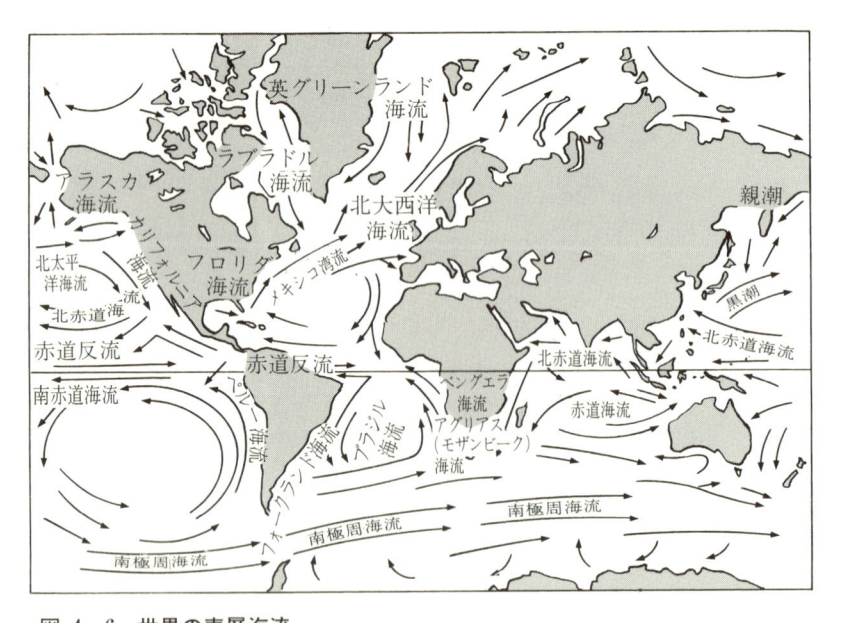

図4・6 世界の表層海流
(Berner E. K. and Berner R. A.: Grobal Environment, Prentice Hall, 1996)

4・5 海流のメカニズム

このような冷たい**湧昇流**は，太平洋の東岸にみられる（図4・7参照）．なお南半球ではコリオリの力は運動に対し左向きに働く．

　大気中の大規模な流れに重なって，低気圧などのさまざまな渦が発生するのと同様に，海流に重なっていろいろな渦ができ，また**海流の蛇行**がみられる．黒潮の大蛇行などはその例である．

　大気の流れが熱や水蒸気の南北輸送を通して，大気の放射バランスの不均衡を補うように働くことはすでに述べた．海流の速さは，風に比べてはるかに遅いが，海水の熱容量は非常に大きいので，**海洋循環による熱エネルギーの南北交換**の役割は非常に大きい．この作用を通して，海流は放射のアンバランスに抗して大気と海洋中の南北の温度傾度を弱めるように働く．

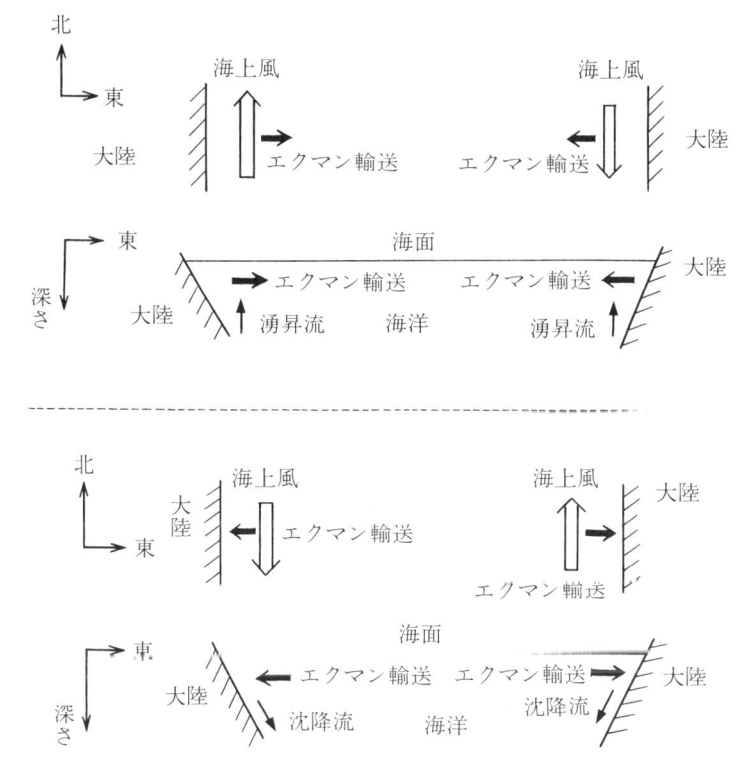

図 4・7　北半球における沿岸の海上風，エクマン輸送および湧昇流と沈降流との概念図

4・6　潮流は潮の満引きの流れ

　海洋には，月や太陽の引力によってひきおこされる海水の運動があり，これを**潮汐**という．潮汐の機構を図 4・8 に模式的に示した．地球と月は，その共通の重心のまわりを公転している．地球上でもっとも月に近い点 (A) ではもっとも大きな月の引力 F_A をうけ，月にもっとも遠い点 (B) では月の引力 F_B はもっとも小さい．一方，地球の中心 (O 点) での月の引力 F_O は，共通重心のまわりの公転に伴う遠心力とつりあっている．潮汐は海洋の固体地球に対する相対的な変化であるから，A 点では，$F_A - F_O (>0)$ の，B 点では $F_B - F_O (<0：外向き)$ の力をうける．この**起潮力**のため，潮汐は月およびその反対側で最大(**満潮**)となる．これに対して，月の方向と 90°異なる方向では起潮力がもっとも弱く，潮汐(海面)はもっとも低くなる(**干潮**)．地球は自転しており，ある地点からみれば，月の方向は約 24 時間 50 分周期で変化する．したがって潮汐はほぼ半日周期(12 時間 25 分)で変化することとなる．すなわち，ほぼ 1 日に 2 回の満潮と 2 回の干潮があらわれる．

　太陽の引力によっても潮汐が生じるが，月に比べてきわめて遠いので，太陽の起潮力は月のそれの約 46% である．新月と満月の時刻には，太陽，月および地球が一直線上に並ぶため，月と太陽の起潮力が重なりあい，潮汐がもっとも著しい．この状態が**大潮**である．一方，月が上弦や下弦(半月)のときには，

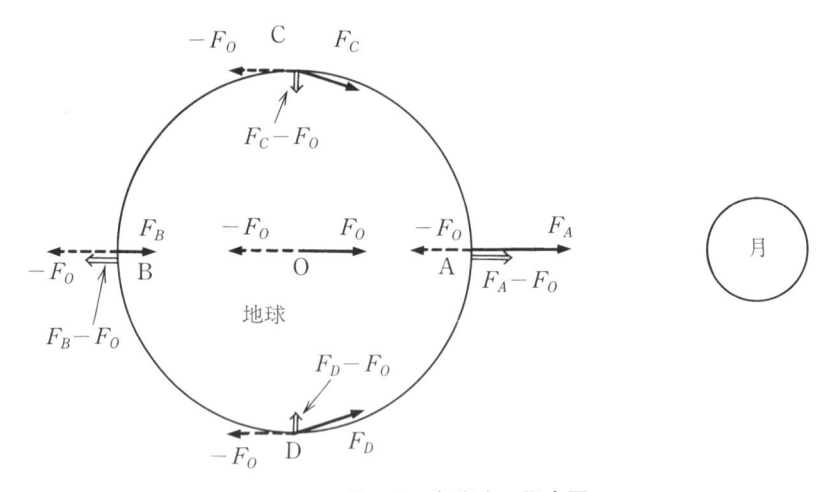

図 4・8　月による起潮力の概念図

太陽と月の方向は 90°異なり，起潮力は打ち消しあうための潮汐は小さい．この状態が**小潮**である．

この潮汐（つまり海面水位の変化）に伴って生じる海水の流れが**潮流**である．実際の潮汐は，複雑な海底の地形や海岸の地形の影響をうけ，複雑な流れを生ずる．一般に満潮・干潮の出現時刻は，天文学的な起潮力の極大・極小時より1〜2時間遅れてあらわれる．

4・7 海洋生物による有機物の生産と物質循環

本節までは主として海洋の物理的・化学的性質について述べた．次に海洋生物による有機物の生産と物質循環について簡潔に述べる．陸上の生物圏においても有機物の生産が植物の光合成によってなされるのと同様に，海洋においても**植物プランクトン**などによる有機物の光合成がすべての生物の生存のエネルギーの基となる．図4・9に，海洋における有機物の生産速度分布を示す．もっとも生産性の高い（250 mg C/(m²・日) 以上）海域は陸地の沿岸にみられ，大洋の

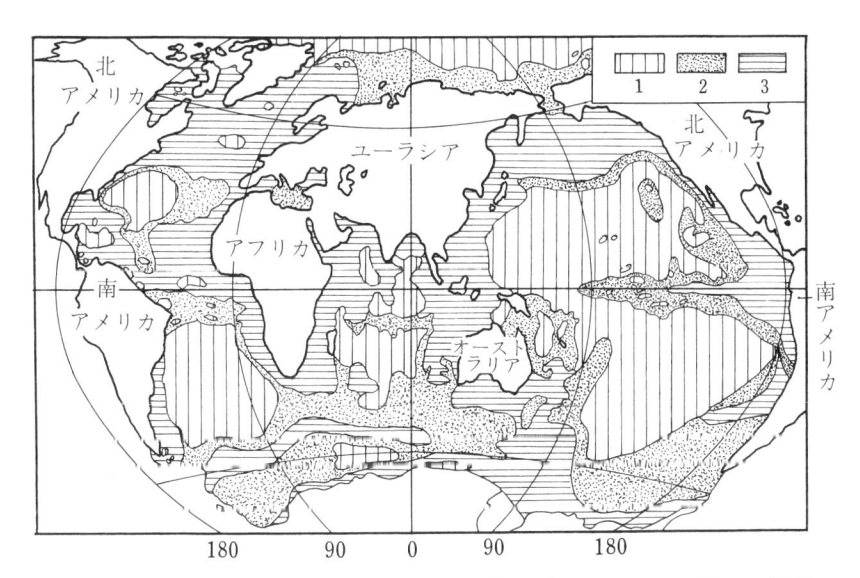

1：100 mg C/(m²・日) 以下　2：100〜250 mg C/(m²・日)　3：250 mg C/(m²・日) 以上
ここで C は炭素量を示す

図 4・9　海洋における有機物の生産速度
(Berner E. K. and Berner R. A.: Global Environment, Prentice Hall, 1996) を簡略化

中央部での生産性は相対的に少ない（約 100 mg C/$(m^2 \cdot$日$)$）．

　プランクトンの活動には，日射，二酸化炭素のほか，窒素，リンなどの物質も必要である．植物プランクトンおよびそれを食物とする多種類の生物の排出物や死骸は，最終的には微生物により分解されながら海底に沈む．海底では栄養塩があっても日射が入らないのでプランクトンは生育しない．このミネラルに富んだ深海水は，4・5節で述べた湧昇流によって再び十分な日射のあたる表層にもどってくると，そこでは，植物プランクトンの光合成がさかんに行われる．図4・9でみられる生産性の高い海域の多くは湧昇流，あるいは陸地からの栄養塩の補給に恵まれた場所である．このように，海洋における生物の有機物の生成と海洋循環による物質循環は深く結びついている．

5章 生物系と地球環境

この章では，地球環境のサブシステムである生物種の特徴や，その地球環境におよぼす作用，生物の発展，生物の多様性と多様性の確保の重要性を学ぶ．

5・1 生物系の意味

すでに2章で，地球システムの重要なサブシステムとしての**生物圏**の役割を説明した．生物圏 (biosphere) は全生物とその環境の総称である．

自然界を「**無生物界**」と「**生物界**」とに分類する認識法は，古代ギリシャの哲学者アリストテレスによって始められたといわれる．「生物はその系固有の様式にしたがって，発生・成長などの時間的変化を行い，その変化は増殖過程を通じて再現しうる性質をもつ．その変化に必要なエネルギーや物質は物質代謝によってまかなわれる．そして，生物は無生物から生じない」と定義されよう．

しかしウイルスの発見などにより，生物界と無生物界の境界はかえって不明確になっている．また，「生物は無生物からは発生しない」とする定義からは最初の生命の発生は説明されない．生命の創成が，特殊な出来事だったのか，あるいは宇宙の普遍的な出来事なのかも解明されていない．このような生命そのものについての議論はさておき，ここでは地球上における生命の誕生と存在を認めたうえで，地球環境とのかかわりを考えてみよう．

5・2 生物の多様性

現在まで確定されている**生物種**は100数十万種（このうち，昆虫など節足動物が約100万種を占めている）であるが，地球上の生物種の総数は1,000万種以上あるいは3,000万種に達するといわれている．この地球上の生物の全体を**生物相** (biota) とよぶ．生物はそれぞれの形態，生物機能や増殖様式などによって分類されている．もっとも基本的な分類法の一例を表5・1に掲げた．また生物の分類を系統だてて示すため，**系統樹**による表示（図5・1）が使われる．

地球上における生命の発現は30数億年前にみられた．生命の発現後，どのように生物種が多様化し分化してきたのか，は生物学の大きな問題である．現在の生物種の分類と，その分化の過程を示した概念図を図5・2に掲げる．図5・2で

表 5・1 生物の系統分類

真核生物 (細胞核をもつ生物)	動物界
	植物界
	菌界
	原生生物界
原核生物（細胞核をもたない）	モネラ界
ウイルス	

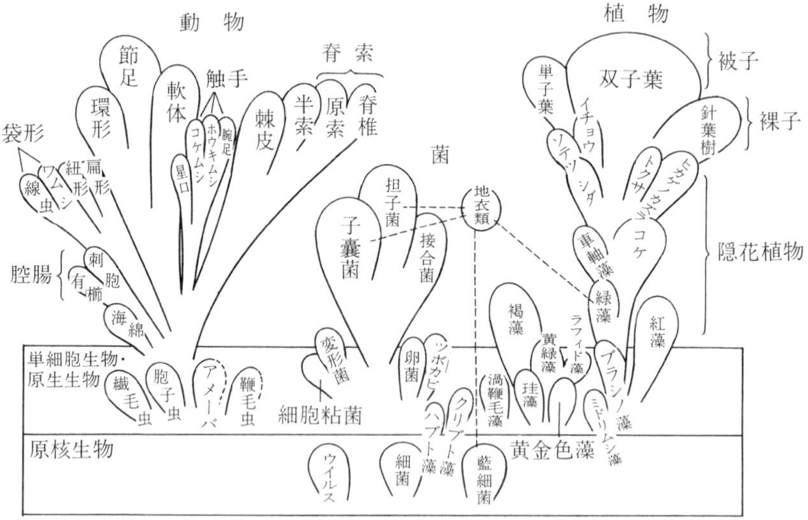

図 5・1 生物種の系統樹
（国立天文台編：理科年表，丸善，1995）

コラム 5a　代　謝

　代謝 (metabolism) は生体内で物質が，複雑な化学反応の連続によって合成あるいは分解されることである．この化学反応には酵素が作用する．物質を合成する代謝を**合成代謝** (anabolism) といい，エネルギーの供給を必要とする．物質を分解する代謝，すなわち**分解代謝** (catabolism) ではエネルギーが放出される．現存するすべての生物の代謝機能は，すべてその祖先の原核生物から引き継がれたものである．

は，表5・1の**原核生物**（モネラ界：monera）をさらに2グループに分割している．

人類を含む**哺乳類**は**脊椎動物**に属するが（図5・1），全生物界のごく一部分を占めるにすぎない．地球環境を考えるとき，植物，**菌類**や**原生生物**，**原核生物**の役割は非常に大きい．地球と生命発展の約46億年の歴史の前半の約30億年の期間，原核生物は地球の表面と大気を変化させてきた．また，**発酵，光合成**（有機物の生成と酸素の放出），**酸素呼吸，空中窒素の固定**などは，すべて原核生物により完成されている．現在の地球環境も図5・3および図5・4に示したように，多くの生物種の作用なしには維持されない．

生物の生命維持のためには，温度，水分，放射，pHなどのある範囲の環境条件が必要である．人の適応範囲は非常に狭いが，ある種の生物は非常にひろい適応範囲をもっている．ある種の原生生物はマイナス数十度の低温に，逆にある種の原生生物種は数十度の高温にも耐えうる．ある種の細菌（**嫌気菌**）は酸素を必要としない．pH 10という強いアルカリ度のなかでも**コウジカビ**が，逆にpH 0という強酸性度のなかでも**イオウ**（硫黄）**細菌**は活動できる．

人類が，人類自身の生存を危惧し，地球環境の重要性を認識することは，必要なことであるが，人類は生物界のごく一部分を占めるにすぎず，けっして生物種の代表でもなく，また進化の頂点に立ってほかの生物を支配できる存在で

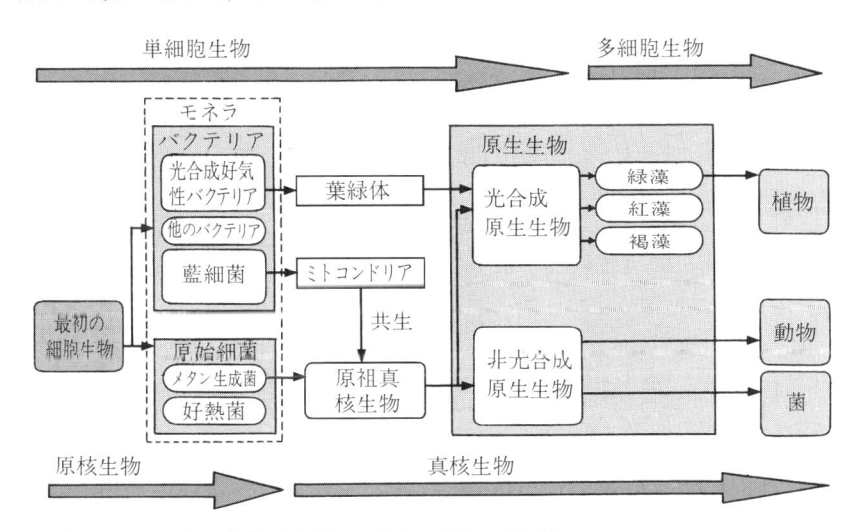

図5・2　生物の分類（6界）と分化の過程の概念図
(Jones A. M.: Environmental Biology, Routledge, 1997)

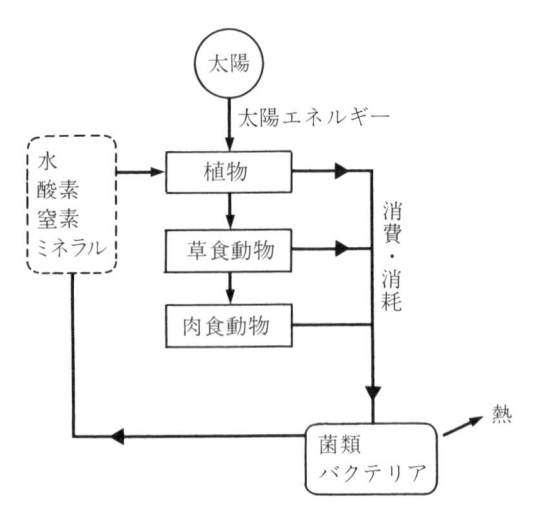

図 5・3 生物系による物質・エネルギー循環の概念図
(Jones A. M. : Environmental Biology, Routledge, 1997) を変更，加筆

もないことを忘れてはならない．たとえ人類が滅亡したとしても，原核生物や原生生物は，どんな環境にも順応し分化し生存し続けるであろう．

5・3 ガイア仮説

地球上の総数 1 000 万の生物種は，それぞれ固有の代謝機能をもち生命を維持しつつ，その総体として生物圏を形成し，過去 40 億年にわたって地球環境を変え，あるいは維持しつつ発展してきた．この事実はどのように解釈し理解すべきであろうか？

この問いに対し，大気化学者ラブロック (J. Lovelock) は，1979 年に「生命とはそれ自身で保持する環境」と考えるべきだとして「**ガイア仮説**」の概念を提唱した．ガイア (Gaia) は，ギリシャ神話の大地を人格化した女神の名である．この仮説で「ガイアは地球の全生物からなる超生物システムで，地球の大気組成と表面温度などの環境を一定に保ち，生命が存在し続けられるよう環境を調節するシステムである」と規定されている．すなわち「ガイア仮説」は「生物相は環境を認識し，調節し，その生存条件を維持する自己保存力をもつシステムである」ことを意味する．どのようなメカニズムで生物相がこのような自己保存力をもつのかはまだ解明されていないが，確かにこの仮説は事実をうま

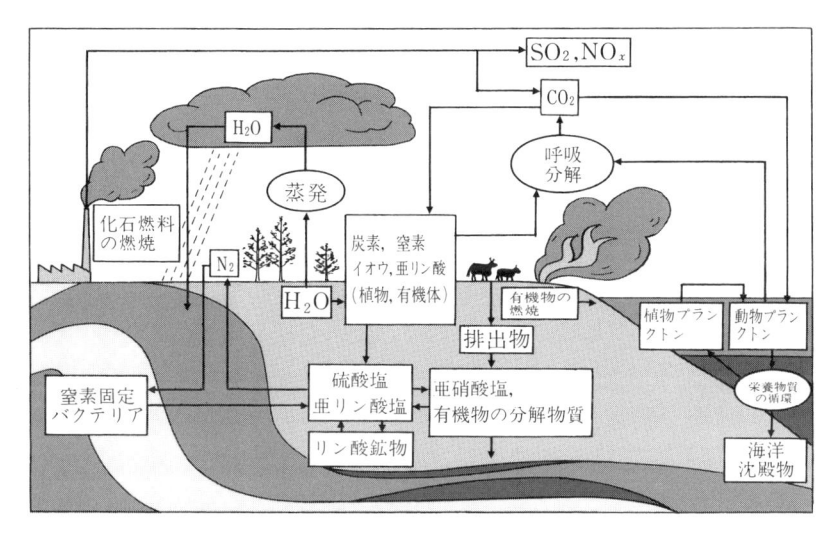

図 5・4　生物相と物質環境の概念図
(Jones A. M. : Environmental Biology, Routledge, 1997)

くいいあてている．ガイア仮説のメカニズムは解明されていないが，地球環境問題を考察する場合の新しい視点を与える点においては貴重な仮説である．

5・4　生物種の絶滅と種の保全

　2章で述べたように，地球上の生物は40億年の間におきた何回かの地球環境の自然的変動に伴って，何回かの大絶滅期と，それに引き続く新しい種の大発展期とをくり返しつつ現在に至っている．現在（第四紀沖積世）に近い洪積世末期においては，マンモスやネアンデルタール人が絶滅している．

　歴史時代になってからも，すでに生物種のいくつかが絶滅し，さらに多くの種の絶滅が危惧されている．しかも，それは人類によって直接的間接的に，あるいは人類活動を起因する環境変化によってもたらされている点において，地質時代の種の絶滅とは性格の異なるものである．

　17世紀以後確認されている鳥類と哺乳類の絶滅種は，それぞれ約90種および約60種に達している．これらの**絶滅種**のうち，エピオルニス（マダガスカル島で生存していた体高3mに達する巨鳥），モア（ニュージーランドに生存していた体高3mの巨鳥．19世紀絶滅），ドードー（モーリシャス島に生存していた鳥．1681年絶滅），リョコウバト（北米．1914年絶滅），オーロックス（欧州牛

の原種といわれる牛．1627年絶滅），ステラー大海牛（1768年絶滅），クアッガ（シマ馬の一種．1883年絶滅），フォークランドオオカミ（1880年絶滅），エゾオオカミ（1900年絶滅）やニホンオオカミ（1905年絶滅）などの例はよく知られている．そして，2000年現在，世界の野生動物の約5400種と植物約5600種が絶滅のおそれがある．

また2002年現在日本の植物・菌類の約50種が絶滅し，約2000種の絶滅が危惧されている．動物では約50種が絶滅し，約700種の絶滅が危惧されている．

地域的にみると，**熱帯雨林**（現在，世界陸地の約7％を占める）には世界の生物種（未確認の種を含めて）の約40％が存在していると推定されるが，熱帯林面積が急激に減少しているため，1年間当たり1万～5万種の生物が絶滅する可能性が指摘されている．

以上述べた生物種絶滅の背景となる状況，および，直接的な原因を図5・5に模式的にまとめた．種の絶滅，あるいは個体数の減少をまねく直接的原因は，生存環境の悪化，乱獲，駆除殺害，侵入種との競合，有害物質による汚染，食物不足などであるが，さらに背景として，地域社会の経済的，政治的問題や人口増加などの社会的原因を考えなければならない．

さて，生物種の絶滅や生物種の多様性の減少がなぜ問題であり，種の保全が必要なのであろうか？　その理由は次に要約される．

① すべての生物種は共同して生物系を構成し，地球環境を維持する基本系であり，生物種の減少は地球環境の劣化につながる．
② 失われた生物種の人工的復元は不可能である．
③ それぞれの生物種は固有の性質をもち，将来の人類の生存に必要な活用価値を秘めている（現在でも多くの医薬品は生物種からえられる．

背景となる社会的要因	直接的要因	
経済的問題 人口増加 土地利用に関する社会的・制度的問題 過度の土地利用 乱開発 無関心	自然環境の悪化 乱獲・捕獲 駆除・殺害 侵入種との競合 有害物質の汚染 食物不足	⇒絶滅

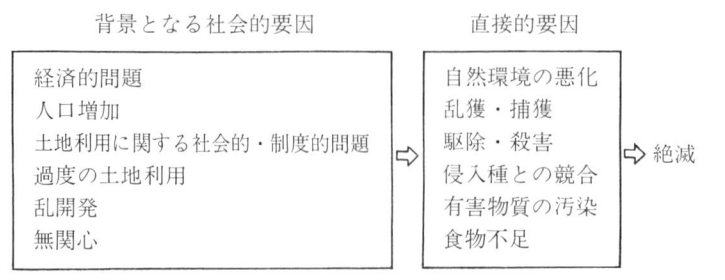

図 5・5　生物種の絶滅をもたらす直接的要因とその社会的背景の概念図

多くの改良種も生物種からつくられる）．

なお，各種の多くの個体群の確保はその種の保全および将来のその種の分化発展の可能性確保のために必要である．

5・5　生物多様性確保のための国際条約

5・4節で述べたように，**生物多様性の確保**は現在における人類の重要課題の一つとなっている．種の絶滅をひきおこす諸原因（図5・5参照）を解消するためには，各地域・各国家の努力に加え，世界的な協力による取組みが不可欠であり，現在すでにいくつかの二国間および多国間条約や取決めが結ばれている．本節では，いくつかの国際条件について簡潔にふれておきたい．

「絶滅のおそれのある野生動植物の種の国際取引に関する条約」（ワシントン条約）

　商品的価値の高い動植物の乱獲を防ぐため，その国際取引きを規制するための条約．1975年発効．

「特に水鳥の生息地等として国際的に重要な湿地に関する条約」（ラムサール条約）

　国際的に重要な水鳥の生息地（湿地）を保全するための条約で，各締約国が湿地を指定し保護することとしている．1975年発効．日本では2018年までに52か所を指定している．

「生物多様性条約」

　この条約は，生物多様性とそれらの生息環境の保全，生物種の持続的な利用の確保，および生物遺伝資源からえられる利益の公平な分配を目的としている．1993年発効．

このように生物種の保全が国際協力によって進められているが，その実行はすべての市民の理解と協力なしには実現されない．現実には捕獲の禁止されている希少種の密売，それらからえられる商品（べっ甲，象牙，さいかく（犀角），毛皮など）の売買などがあとをたたないのは，一部の人々の利己的な需要があるためである．生物の多様性を人類の手で損わない努力は，人類の責任である．

5・6　外来生物の規制

図5・5において，生物種の絶滅の要因の一つとして，在来種と侵入種との競合を指摘した．強力な侵入種の増殖は，在来種の生存を圧迫し，あるいは交配

して生態系を乱すことがある．外来種の侵入は意図しない場合にも発現する．現在では多くの人々，大量の物資が国境を越え航空機や船舶によって移動し，それに伴ってさまざまな生物種も移動してくる．また，人々が意図的に経済的な利潤をえるために，あるいは精神的満足感をえるために，外来種を輸入している．そして外来のいくつかの種は著しく増殖して各地域特有の生態系をおびやかしている．

このような問題に対して「**外来生物法**」が2005年に施行された．この法律は，日本在来の生物種を圧迫して生態系を乱し，あるいは人や農業生産に被害をあたえる外来種を「**特定外来種**」と指定し，その持込み（輸入）や飼育を規制するためのものである．2011年に，91種と1科12属の生物種が特定外来種の対象として指定された．2016年には，132種が指定されている．

そのいくつかを例示しよう．まず，タイワンザル，アライグマ，タイワンリスなどは，ペットとして持ちこまれたものが管理不備のため野性化したものである．アライグマは成長すると家庭での飼育は困難になり，山野に捨てる人がいるためである．

マングースは，毒蛇（ハブ）の天敵として南西諸島域に導入されたが，かならずしも有効ではなく，むしろ生態系等に害があることが判明している．安易な考えで外来種を天敵として利用してはならない．

ブラックバス（魚）等は，釣魚として放流されたものが繁殖し，湖沼・河川の生態系をおびやかすに至ったものである．バスの類は釣魚として人気があり，レジャー産業資源として定着しているので，外来種指定には強い反対意見もあるが，生態系を破壊してまで，レジャーを追求するべきではない．

次に別の観点から外来生物を考察してみたい．人類は農業・牧畜を行い，その土地固有の動植物以外の外来の動植物を利用し，本来の生態系と異なる人工的環境を創って来た．例えば，トウモロコシもジャガイモもアメリカ大陸原産であり，それが世界にひろがったのである．オーストラリアの羊も，オーストラリアの固有種に対する外来種である．外来種の規制は，人類にとっての有益性と，生態系への悪影響のバランスから判断されるべきことがらである．少なくとも，制御不能となるような外来種を輸入してはならない．

6章 気候と気候変動

人為的要因による気候温暖化が21世紀の重大な環境問題となっている．この問題は11章で学ぶが，それに先立って，現在の気候と自然要因による気候変動の実態をこの章で学ぶ．

6・1 気候とは何か

地球上には多くの生物種が生存しているが，それぞれが固有の環境条件のもとでのみ活動が可能である．その環境条件の範囲外ではその生物種は活動を停止し，あるいは生存が困難になる．一般に生物種にとって重要な環境因子は，圧力，温度，水分，放射やpHなどである．

人類の生存や，その生活を支えるさまざまな生物種の生存を許容する環境条件の一つとして，**気候的環境条件**は古代から注目されてきた．ここで**気象**と**気候**の意味について説明しよう．「気象」はある時刻のある点における大気の状況を指し示す概念であるのに対し，「気候」はある点のある期間についての平均的な気象状態を意味する．

気候を決定する要因として，**気温**と**降水量**がもっとも重要な因子である．**放射**も重要な因子であるが，放射の影響は気温の高低となってあらわれるから，放射の効果は気温に反映されている．地面の**標高**も気候状況を決定する要因であるが，標高差100 mごとに気温は約0.65℃ずつ低下しているので，標高差の影響も気温にすでにおりこまれている．

生物，特に植物の生存と生育は，温度のみならず**土壌水分**の多少によって影響される．そして土壌の湿り具合は，(降水量－蒸発量) によって決定される．ある期間の平均的な状況を考えれば，蒸発量は基本的には気温で決定されるから，土壌の湿り具合は降水量と気温であらわされる．

すなわち，生物にとっての気候環境は，単純化して考えれば，基本的には気温と降水量との二つの要因によって決定される．地球上の大気や海洋では年変化が大きいので，気候環境を論ずるには**年平均**の状態だけでなく，**年変化**（たとえば夏季と冬季，乾季と雨季の差異）も調べなくてはならない．

1月および7月の世界の地上気温分布図を図6・1に示した．赤道を中心とする低緯度帯(熱帯)では，1年を通じて高温であり，気温の年変化は小さい．こ

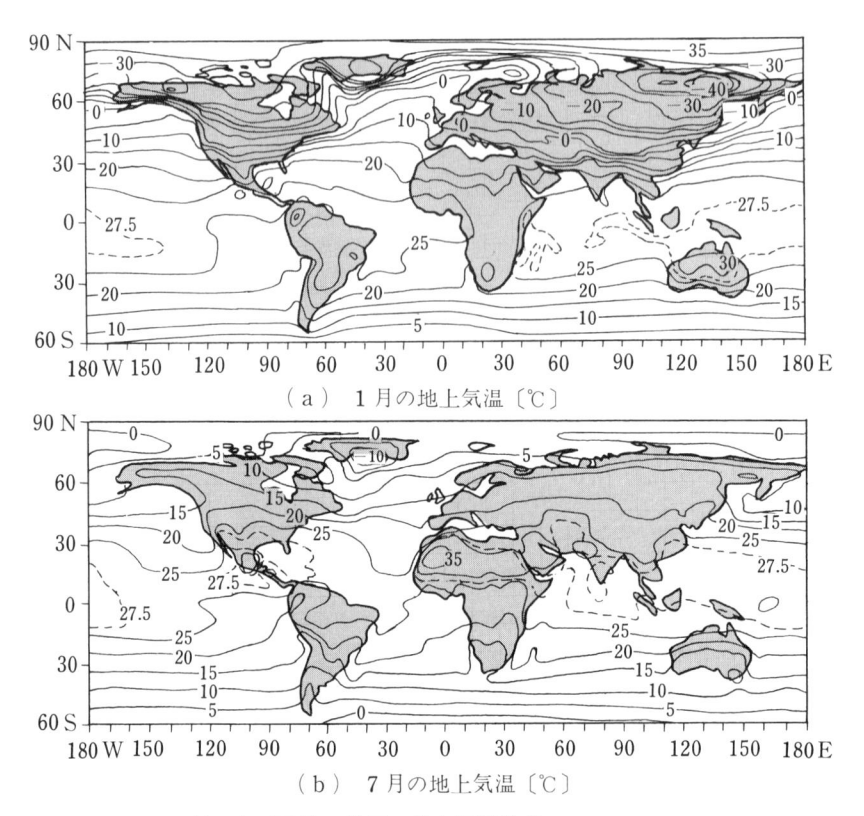

図 6・1　1月および7月の世界の地上気温分布
(Hartmann D. L.: Global Physical Climatology, Academic Press, 1994)

(a)　1月の地上気温〔℃〕

(b)　7月の地上気温〔℃〕

れに対して高緯度では，年変化が非常に大きく冬季は低温となる．また，海洋上での気温の年変化は小さく，大陸上では著しい．このため，高緯度の大陸上では年変化の幅が最大となる．

世界の年降水量分布を図6・2に掲げる．降水量は，基本的には大気中の水蒸気量と，上昇流をもたらす循環によって定められる（3章参照）．全体的にみれば，赤道に沿って多雨域が地球を取り巻いている．これは**熱帯収束帯**（Inter Tropical Convergence Zone：**ITCZ**）とよばれる降水ゾーンである．

亜熱帯高気圧の優勢な20～40度帯では降水量が著しく少ない．特に大陸の西側の亜熱帯高圧帯では非常に降水量が少なく，しかも気温が高く蒸発が多いので**乾燥地帯**となり**砂漠**や**草原**などがひろがっている．また亜熱帯高気圧ゾーン

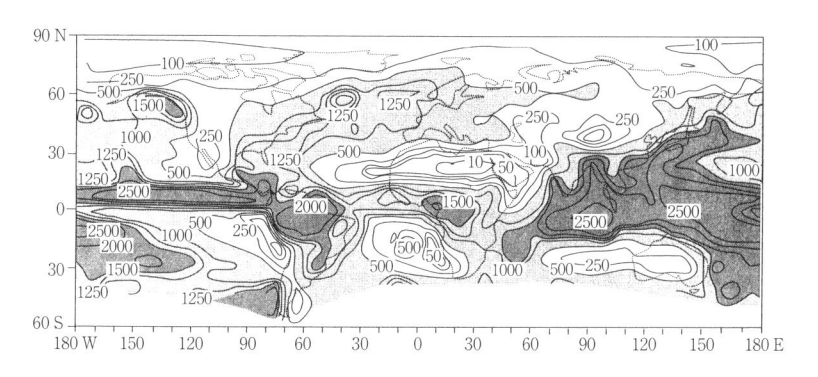

図 6・2 世界の年降水量分布
(Hartmann D. L.: Global Physical Climatology, Academic Press, 1994)

の位置は年変化を示すので，それに伴って**乾季**と**雨季**があらわれる．特に広大な高地（チベット高原）をもつアジア大陸では，乾季と雨季の季節変動が著しく，**夏季モンスーン**に伴って大量の降水がもたらされる．

中緯度（30〜50度帯）の副次的な多雨ゾーンは平均的な極前線帯（寒帯前線帯ともいう）に対応している．

6・2 気候区分と植生

さまざまな生物（特に植物）の生存範囲や生育期間は，主として日照，気温や降水量などの気候因子によって決定される．したがって，植物の生存範囲や生育期間と気候因子の分布とを関係づけることによって，全世界をいくつかの**気候区**に分類することは有意義である．このような気候区分は，自然地理学や気候学の大切なテーマとして古くから論じられ，気候分類のいくつかの方法が提案されている．

気候区分の一例を図 6・3 に示し，その区分の名称を表 6・1 に掲げる．基本的には，緯度（太陽放射量とその年変化，したがって気温は緯度によって決定される）によって**熱帯**，**亜熱帯**，**温帯**，**冷帯**および**寒帯**の気候が区分される．さらに，大陸・海洋の分布によってひきおこされる大気の循環に伴って，亜熱帯域でも**乾燥地域**と**湿潤域**の相異があらわれる．

ここで日本の気候の特徴について述べよう．図 6・3 では，日本の南西諸島は熱帯湿潤気候区に，日本の南西部半分は亜熱帯湿潤気候区に，そして東北およ

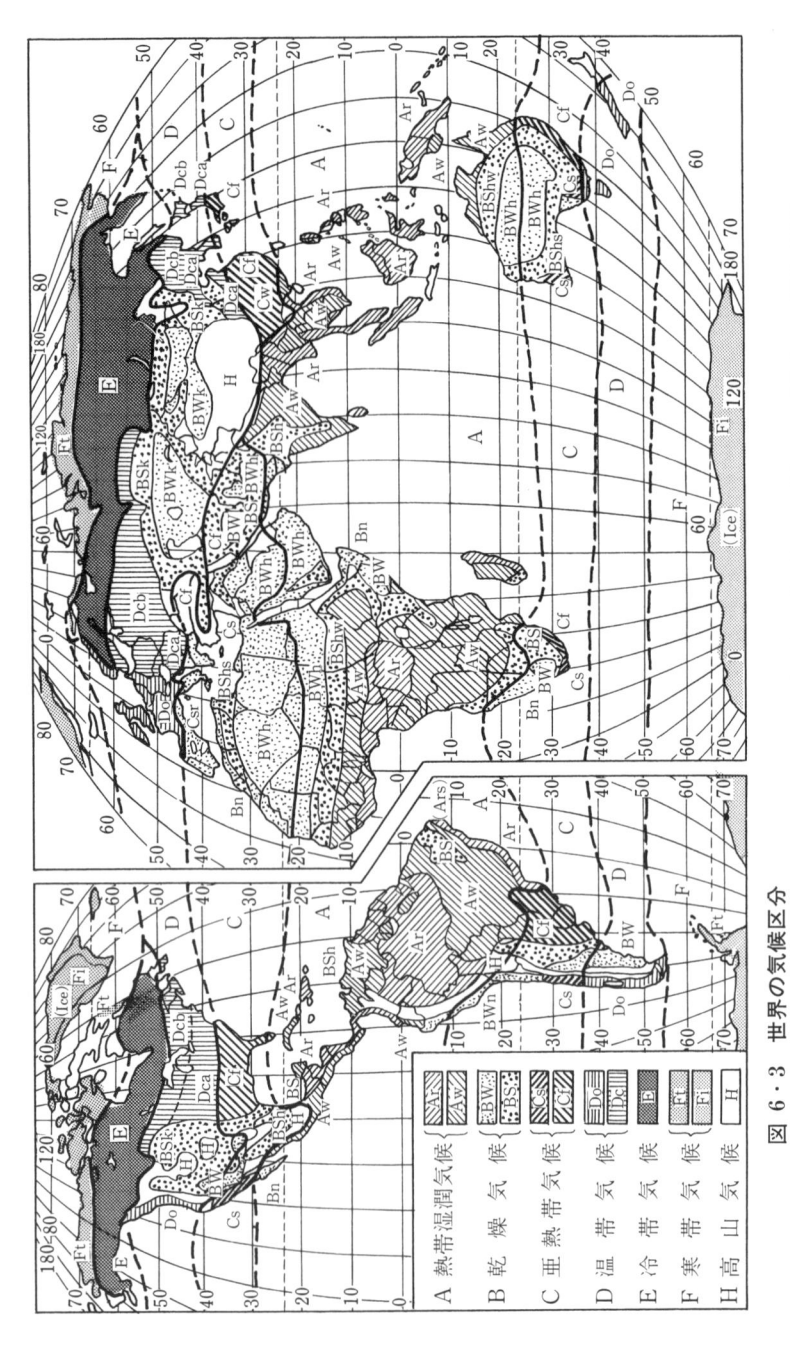

図 6・3 世界の気候区分
(Trewartha G. T. and Horn L. H.: An Introduction of Climate: McGraw-Hill, 1980)

A 熱帯湿潤気候
B 乾燥気候
C 亜熱帯気候
D 温帯気候
E 冷帯気候
F 寒帯気候
H 高山気候

6・2 気候区分と植生

表 6・1　図6・3の気候区分の説明

A	熱帯湿潤気候	Ar	熱帯多雨気候
		Aw	熱帯乾季-雨季気候
B	乾燥気候	BW	砂漠・乾燥気候
		BS	半乾燥・ステップ気候
C	亜熱帯気候	Cs	亜熱帯夏季乾燥気候
		Cf	亜熱帯湿潤気候
D	温帯気候	Do	温帯海洋性気候
		Dc	温帯大陸性気候
E	冷帯気候		
F	寒帯気候	Ft	ツンドラ気候
		Fi	氷冠・気候
H	高山気候		

び北日本は温帯海洋性気候区または温帯大陸性気候区として分類される．日本列島は，広大なアジア大陸の東岸に位置し，冬季アジアモンスーン（季節風）の影響をうけ，比較的低緯度に位置しているにもかかわらず，冬季には低温となり降雪がもたらされる．関東地方や中部地方が亜熱帯と区分されることに違和感をもつ人がおられるかも知れないが，竹，稲や照葉樹の生育する景観は確かに亜熱帯湿潤気候区の植生の特徴を示している．

なお，「日本の南西部は，亜熱帯湿潤気候区に属するから，温暖で降水量が多い」と説明している文献もあるが，この説明は正確ではない．正確には「高い気温と多い降水量の特徴によって亜熱帯湿潤気候区に分類される」というべきである．

図6・3の気候区分は植生を考慮してつくられたものであるから，当然のことながら**植生分布**と対応している．たとえば熱帯多雨気候区は**熱帯雨林**に亜熱帯湿潤気候区の多くは**広葉樹林**に対応し，また乾燥の程度により**落葉樹林**から**疎林**へさらに**草原**や**砂漠**へと変化している．冷帯から寒帯への移行に対応し，**針葉樹林**から**ツンドラ**へ，さらには**極域**の**雪氷域**へと変化している．

植生分布は**土壌**の分布とも関連する．土壌の性質はそこに生育する生物種を決定するが，その一方では生物種が土壌を形成するからである．

6・3　土壌の性質と分類

　土壌（soil）は，岩石の風化と生物の活動によって生成された物質で，地表最浅層を形成する．土壌の性質は，その起源となった岩石の種類，気候条件，植生・生物活動によってさまざまである．土壌は植物を生育させる環境として，地球環境のなかで重要な役割をもっている．一般的に**土壌の生成**（soil development）は，数千〜数万年の年月をかけて進行し変化していく．一方，土壌は浸食作用により破損され，失われていく．これを**土壌浸食**（soil erosion）とよぶ．

　前述したように土壌の形成は長期間にわたってなされたものであるから，土壌の性質には現在の気候・植生状況のみならず，過去の気候・植生状況が強く反映されている．また人類の活動に伴って，著しい土壌の変化もあらわれている．

　土壌についてもさまざまな分類がされるが，もっとも基本的な土壌分布を図6・4に掲げる．当然のことであるが，土壌分布と気候区分および植生分布とは強い関係をもっている．

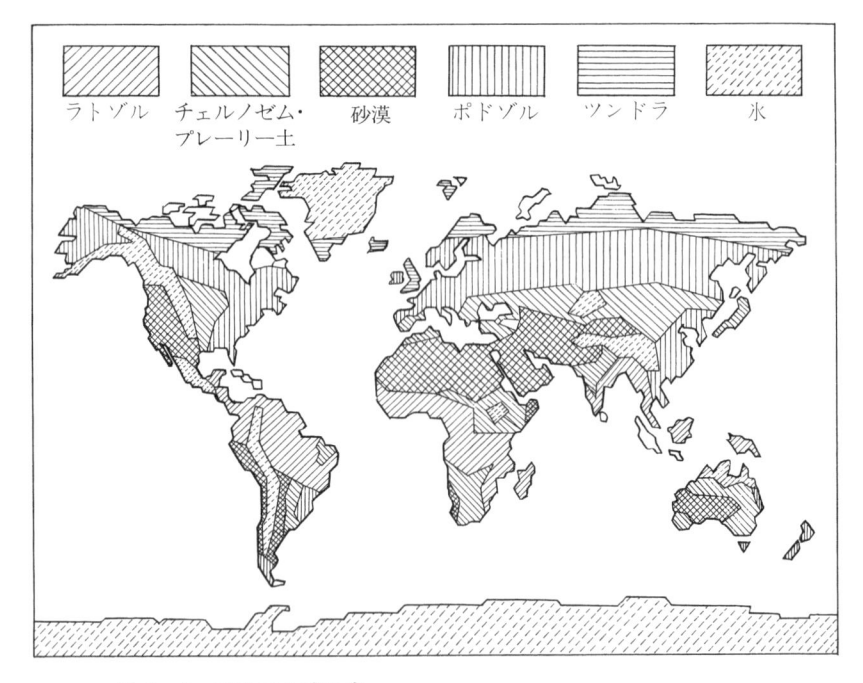

図 6・4　世界の土壌分布
（NASA Advisory Council: Earth System Science, 1988）

ラトゾル(latosols)は熱帯湿潤気候区に，**チェルノゼム・プレーリー土**（chernozems and prairie soils）は亜熱帯から温帯に，**ポドゾル**（podzolic soils）は冷寒帯に分布し，砂漠土壌は乾燥地帯に，そしてツンドラ（tundra）は寒帯域にひろがっている．

6・4　生物圏と気候

地球の気候環境は，3章3・3節で述べたように，基本的には地表がうける太陽放射エネルギーの緯度的分布と，そのエネルギーの不均一性から生じる大気の大循環によって決定される．しかし，もう一歩問題を掘り下げて考えれば，大気の下層(大気境界層)，地表，植生，土壌などを包括する**生物圏**と気候とのかかわりにふれなければならない．微生物を含む生物圏の役割はすでに5章図5・

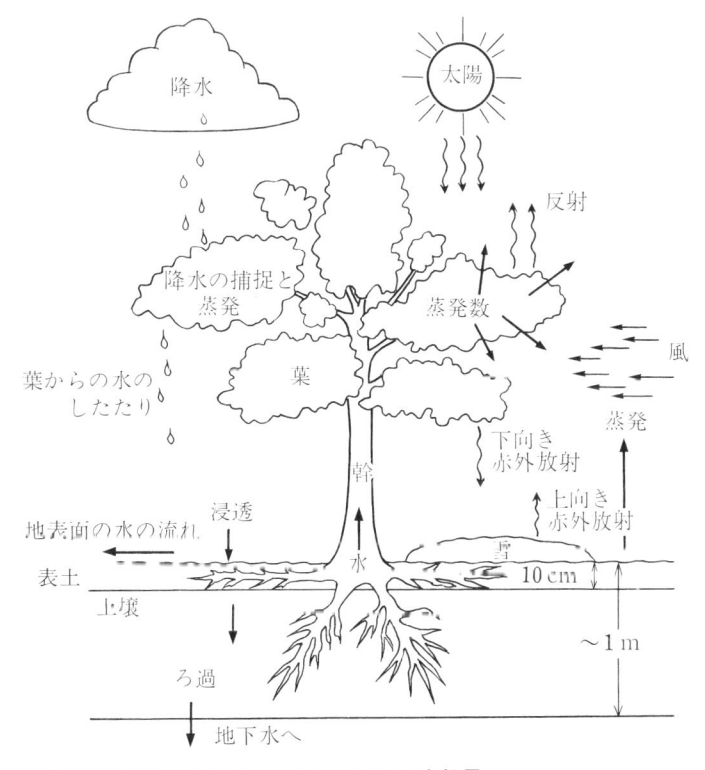

図 6・5　植物の天蓋が気候におよぼす効果
(Hartmann D. L.: Global Physical Climatology, Academic Press, 1994)

4に示した．樹木や草の葉は地面を**天蓋**のようにおおうので，plant canopy（プラント・**キヤノピィ**）とよばれる．樹木のプラント・キヤノピィにかかわるさまざまな過程を図6・5に模式的に示す．

まず太陽放射の反射および吸収は，植生の有無や性質，地表の性質によって決定される．太陽放射によって暖められた地表（植生を含めて）の熱的状況は吸収した太陽放射と，地表からの赤外放射と，顕熱および潜熱の放出とのバランスによって決定される．そして顕熱と潜熱の放出量は，植生，土壌の湿り具合，大気境界層内の風，気温および湿度によって定まる．これらの**大気境界層**の状況はまた，植生の性質によって定まる．

大気中を落下する降水粒子の一部はまず植生によってとらえられ，そのほかは地面に達する．その一部は土壌水分として蓄えられほかは河川に流出する．**土壌水分**は常に植生に補給され，また蒸発して大気にかえる．

土壌中の有機物は植生に吸収されるが，その一方枯死した植生や，生物の残骸はさまざまな微生物によって分解され，土壌にもどる．このように，生物圏はエネルギー循環，水循環および物質循環を通しての気候形成に重要な役割を果たしている．なお，海洋における生物圏については4章4・7節で述べた．

6・5　気候変動の歴史

人の数世代の時間スケールでみれば，気候状態はほぼ準定常的に保たれているが，地質時代（2章参照）の時間スケールでは大きな変化をみせている．

大気の組成の変化からみれば，原始（一次）大気の飛散，次いで地球内部からの脱ガスによる二次大気の形成，海洋の出現，生物活動による二酸化炭素の減少と酸素の増加などは，最大の地球環境変化としてあげられる出来事である．

約6億年以前の原生代末期から現在まで，3回の著しい低温期が出現している．すなわち約6億年前の原生代末期の低温期間，古生代末期の低温期間および新生代の低温期間である．これに対し古生代のデボン紀・石炭紀，中生代の白亜紀は著しい高温期として知られている．これらの大きな気候変動は，大陸の生成・分裂・移動や造山運動を伴う大陸・海洋分布の変化，二酸化炭素濃度の変化，あるいは火山活動や小天体の衝突に伴うエーロゾル濃度の変化（地球のうける日射エネルギー量の変化をもたらす）などによってひきおこされたと考えられている．

もっとも現代に近い新生代第四紀の100万年の間は低温期で，4回の**氷期**が

6・5 気候変動の歴史

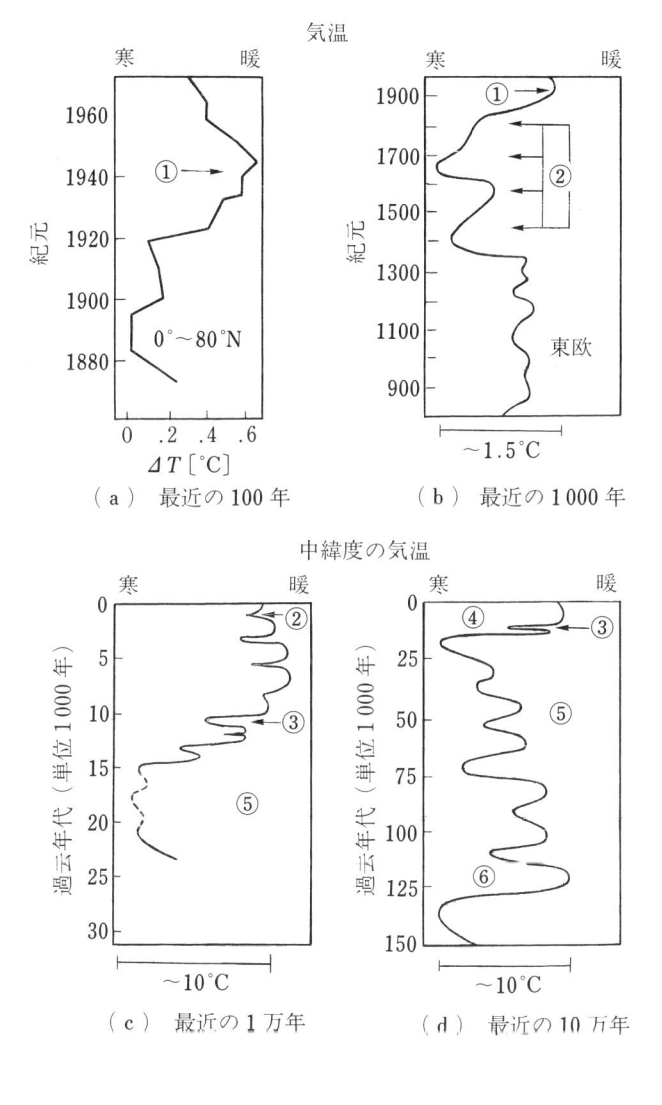

(a) 最近の100年

(b) 最近の1000年

(c) 最近の1万年

(d) 最近の10万年

① 1940年代高温期
② 小氷期
③ 新ドリアス寒期
④ 現間氷期
⑤ 最後の氷期(ウルム氷期)
⑥ 前間氷期

図 6・6 **過去15万年間の気温の変動**
(Hartmann D. L.: Global Physical Climatology, Academic Press, 1994)

出現している．最近の約15万年間の気温変動のおおよその傾向を，図6・6に示した．最後の**ウルム氷期**（欧州の氷期，北米では**ウィスコンシン氷期**とよぶ）は約25 000〜15 000年前に出現している．なおこの期間には，人類の**後期旧石器時代**が出現している．この最後の氷期以後は，気候は寒暖の変化をくり返しつつも，大勢としては温暖化の傾向をたどって現在に至る．

前述した氷期中にも，また氷期以後の温暖期にも，短い周期の気候変動の発現が何回も確認されている．近年の歴史時代では，1350〜1800年の低温期間が**小氷期**としてよく知られており，なかでも1400年頃前後および1700年頃前後はもっとも低温であった．小氷期末の1800年以降は温暖期となっている．

近年問題になってきた**地球温暖化**は，本節で述べた気候の自然的変動とは異なり，人類の化石燃料の大量消費により放出された二酸化炭素（炭酸ガス）の温室効果によるものと考えられている．これについては11章で述べる．

6・6　異常気象のとらえ方

最近，**異常気象**あるいは**異常気候**がニュースなどで伝えられることが多い．異常気象（気候）はWMO（世界気象機関：国連の専門機関の一つ）によって，25年に1回の頻度でおこる平均状況からはずれた状況を示すと定義されている．たとえば気温の月平均値についてみれば，25年間の各月について異常と定義される最大値と最小値の2回の異常値があるから，25年間には2×12の24個の異常月があることになる．つまり1地点についてみれば，ほぼ毎年1回の異常気象があることになる．降水量についても同様である．

コラム6a　新ドリアス期の低温

気候変動の原因はさまざまであり，変動の時間スケールも同じではない．図6・6に示したが，25 000〜15 000年前のウルム氷期（北米のウィスコンシン氷期）のあとは気温上昇期となる．

しかし11 000年ほど前，新ドリアス期の低温期が発現している．ウルム氷期が終わり，北米では氷河が溶け，大量の淡水がセントローレンス河をへて大西洋に流入し，大西洋の水温と塩分濃度が変化し，海流も変化し，海流による北向きの熱輸送が弱まったため，北大西洋およびその周辺で一時的に寒冷化したとされている．

このようにして定義された異常値は，標準偏差のほぼ2倍のかたよりに相当している．月平均の気温や降水量が，標準偏差の2倍も平均値からかたよると，水の供給や農業などの社会的に大きな影響が生じるので，異常気象として定義されている．このように，異常気象は天変地異などの異様な状態を意味するものではなく，その多くはきわめて普通の地球環境の変動のリズムとして認識されるべきものである．むしろ，まったく変動がなければ，それこそ異常なのである．

先に述べたWMOの定義による「異常気象」の出現する理由，あるいは出現するに至る過程はさまざまであり，簡単に説明することはできない．この議論は気象学の教科書にゆずり，最後に近年話題になっている一，二のトピックスについて述べよう．

● ブロッキング

3章で述べたように，中緯度帯の上空は西風が吹き**偏西風帯**（図6・7(a)）となっており，低気圧・高気圧が通過し天候が数日周期で変化する．ある場合には，図6・7(b)〜(d)にモデル的に示したように，西風の流れの蛇行（**偏西風の蛇行**）

コラム6b ● 標準偏差

たとえば，ある集団の体重を測定してその頻度分布を調べるとしよう．その頻度分布のグラフは，下図のようになるであろう．

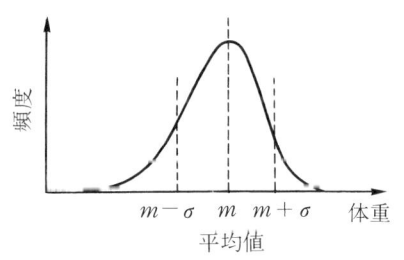

このような「釣鐘」型の分布を正規分布とよぶ．このとき平均値 $m=\Sigma x/N$，分散 $\sigma^2=\Sigma(x-m)^2/N$，標準偏差 $\sigma=\sqrt{\sigma^2}$ である．正規分布の場合では $m-\sigma \sim m+\sigma$ に入るサンプルの数は全体の約69%，$m-2\sigma \sim m+2\sigma$ に入る数は約96%，そして $m-3\sigma \sim m+3\sigma$ に入る数は99.7%である．別の表現をとれば，$m-2\sigma \sim m+2\sigma$ の範囲外のサンプルの数は約4%である．

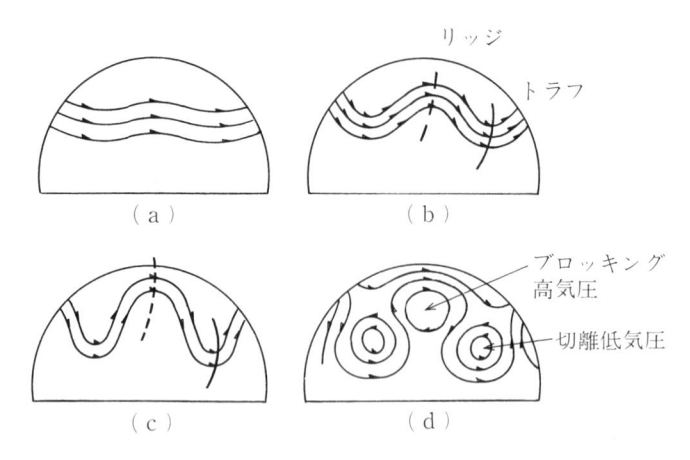

北半球の対流圏中〜上層の西風の流れ (a) がしだいに蛇行し (b)，その振幅がさらに拡大し (c)，ついにはブロッキング高気圧と切離低気圧が形成される (d)．

図 6・7　偏西風波動の増幅とブロッキング高気圧，切離低気圧の発達過程
(Barry R. G. and Chorley R. J.: Atmosphere, Weather and Climate, Methuen, 1982)

が増大し，低気圧性の渦や高気圧性の渦が西風の流れから切り離され，それぞれ**切離低気圧**や**ブロッキング高気圧**となる．

このような状況が発現すると，その状況はしばらく解消しない．中緯度の異常気象のかなりのケースは，このような切離低気圧やブロッキング高気圧に伴って発現している．

● エルニーニョ現象

異常気象は**大気と海洋の相互作用**を通して発現することもある．その例としてエルニーニョ現象について簡単にふれておこう．エルニーニョ現象は太平洋の赤道海域にみられる海洋と大気の現象である．平年の状態では図6・8に示したように大気下層では東風が吹き，ペルー近海では冷水が湧昇し，東風のため西にひろがる．この平年の状況では，太平洋の東西の海面の高低差は約 40 cm であり，熱帯の積雲活動は暖水域のあるインドネシア近海でもっとも活発である．

もし東風が相対的に弱まると，暖水域は東にひろがり水温偏差値（平年値からの差）でみた高水温域は赤道領域にひろがる．同時に積雲の活発な領域も相

6・6 異常気象のとらえ方　　　79

平年の状態

エルニーニョ
現象の状態

ラニーニャ
現象の状態

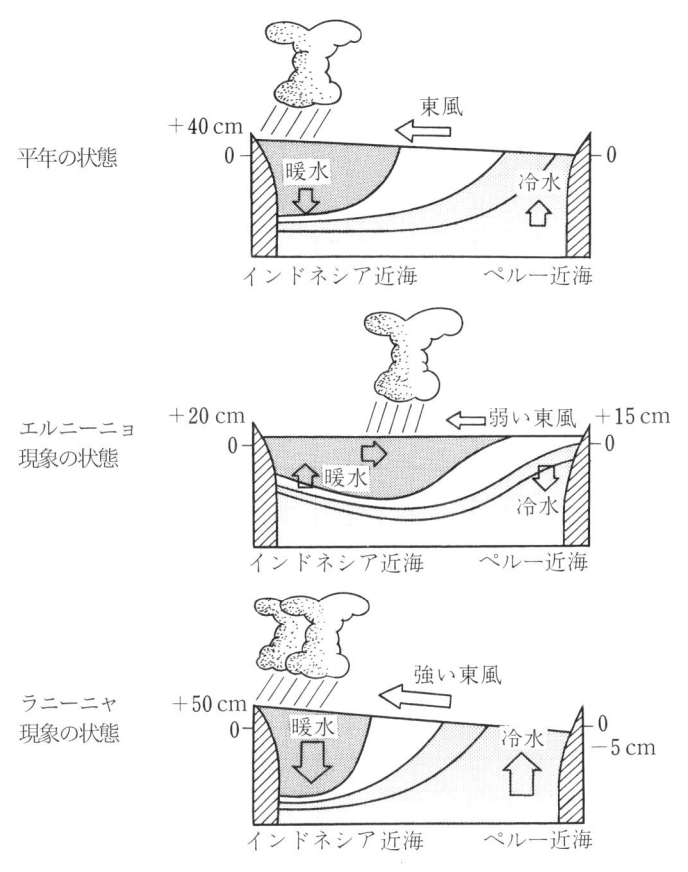

図 6・8　エルニーニョおよびラニーニャのとき
の太平洋赤道付近の大気と海洋の状態
（気象庁提供）

対的に東に移る．これが**エル・ニーニョ現象**である．

　もし東風が強まれば，冷水の湧昇は強まり暖水域は西側に押しやられる．海面水温の偏差値でみれば，東太平洋の赤道域は低温域となる．これが**ラニーニャ現象**である．当然活発な積雲対流の領域は，インドネシア近くに移行する．ここでは，説明を簡単にするため東風の変化を主体として説明したが，さらに詳しくいえば，海面水温の変化を通して気圧場も風速も変化し，大気・海洋の相互作用によってエルニーニョ現象が発現している．

　先に述べた積雲対流域の移動は，亜熱帯の循環系の位置と強弱に影響し，ひ

ろい範囲の循環と天候を変化させる一つの要因として作用することが知られている．このように，ある地域の気象現象が遠隔の地球の気象に影響をおよぼす作用を**テレコネクション**とよぶ．

7章　人類と地球環境

7章では，人類の活動の拡大が地球環境におよぼす影響について概観する．特に有害廃棄物・有害化学物質について議論する．大気汚染，酸性雨，水汚染，オゾン層破壊や気候温暖化については，ほかの章で詳しく議論する．

7・1　人類活動の急激な拡大

かつては，少なくとも20世紀なかばころまでは，大気や海洋や大地は，人類の活動に対して無限大の容量をもつものとして考えられてきた．しかし近年の人類の活動は急速に増大し，地球環境に大きな影響をおよぼすに至った．そして人類の活動に原因する環境の変化が，人類を含む多様な生物種の生存を脅かす状況を生じている．

地球の歴史約46億年に比べれば，哺乳類の出現した新生代の始まり約6500万年前はきわめて新しい出来事である．そして原人の出現した第四紀は約170万年前に始まり，現人類の直接的な祖先と思われる新人の出現は，わずか10数万年以前の出来事にすぎない．人類は火や道具の使用を開発することによって自然環境の限界を超え，しだいに生活圏をひろげてきた．図7・1に世界人口の時間的変化を示す．農耕社会の始まった紀元前8000年の**世界総人口**は，2000～3000万人と推定されている．人類の総数はゆるやかに増大し続け，1650年に

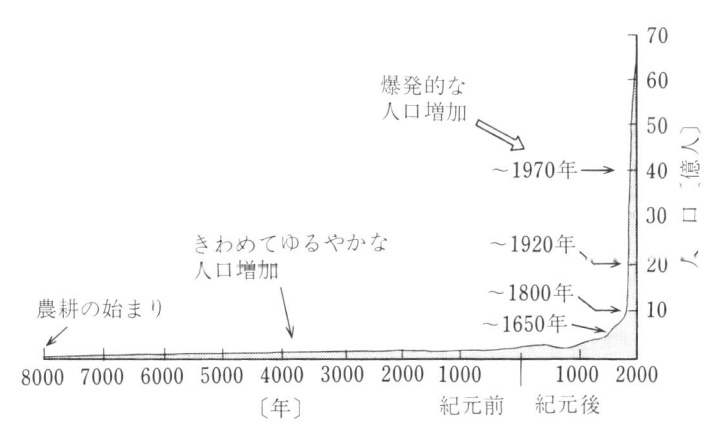

図 7・1　世界人口の増加
（石弘之：地球環境報告，岩波新書33，1988）に加筆

は約5億人に，1800年には10億人に達した．産業革命以降の急激な人口増加は，20世紀に入るとさらに加速して爆発的増加に転じ，1920年の約20億人は1975年には40億人に達し，2000年には60億人以上に達した．そして2011年10月には70億人に達した．

このような世界人口の増加は，衛生環境を含む生活環境の改善や医学の進歩による乳幼児死亡数の激減や平均寿命の伸びなどによってもたらされたもので，科学技術の進歩のたまものである．

先進地域ではすでに少子化の傾向が進み，人口はほぼ定常状態に達しているが，多くの開発途上地域ではなおも爆発的な人口増加が続いており，今世紀中には世界の総人口は100億人に達した後，安定すると推測されている．

現在でも一部の地域では，食糧生産が人口増加に追いつかず食糧不足が発生し，あるいは社会的経済的不公平などのため不幸な状態が続き，大きな問題がおきている．近い将来には，食糧・エネルギーの不足や環境悪化が危惧される．

7・2 人類による生産と消費

世界総人口の急激な増加に加え，人類の生活水準の飛躍的向上があったため，生産と消費に使われるエネルギーや物質の総量はこれまで激しい勢いで増加し，さらに増大しつつある．人類の生産と消費の指標の一つとして図7・2に世界の**エネルギー消費総量**（石油換算）の変化を示した．

エネルギー消費量は1860年の1億tが，1910年には10億tに，そして2000

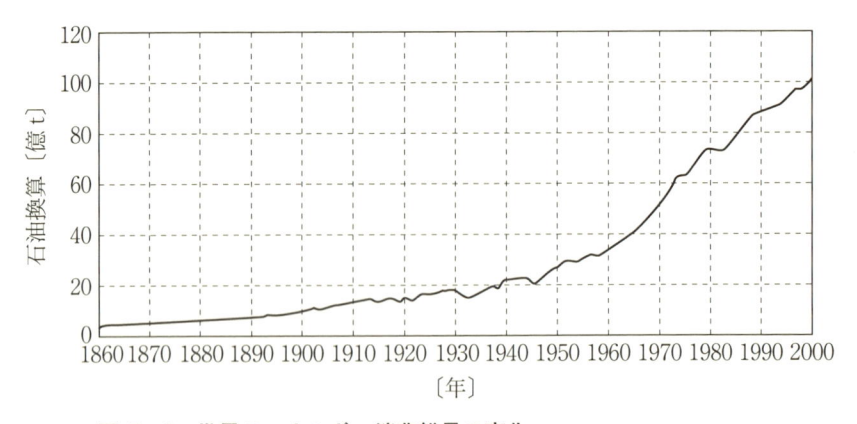

図7・2 世界のエネルギー消費総量の変化
（茅陽一監修：環境年表'04/'05，オーム社，2003）にもとづく

年には約100億tに達している．1800年から2000年までの人口増加は約6倍であるのに対し，同期間の消費エネルギーは約100倍も増加しており，個人当たりのエネルギー消費量は16倍になった．そして，2007年にはエネルギー消費量は117億tに達している．その後もさらに増加し続けている．

消費エネルギーは人類の活動を示す代表的な尺度であり，多くの物品の生産量や消費量も，ほぼ消費エネルギーと平行的な増加傾向を示している．世界の主要な工業生産物の総量とその時間的増加率を表7・1に示した．エネルギー消費量やさまざまな物質の消費量の増大は，人類活動の発展を意味し，あるいは，より高度の生活の享受を意味しているとして，最近まではほとんど無条件にポジティブに評価され，さらにより高い消費生活の欲求も当然のこととしてうけとめられてきた．

しかしながら大量のエネルギー消費と資材の消費は，同時に多くの問題をひきおこしてきた．その一つは，大量生産・大量消費に必然的につきまとう大量の**廃棄物**の発生である．表7・2に2000年代の日本における国民1人当たりの**一般廃棄物**と**産業廃棄物**の量を示した．これまでは，産業廃棄物は市民生活とは直

表 7・1 世界の工業総生産量の変化傾向

鉄鋼	1990年	7億7000万t	窒素肥料	1991年	7280万t
	2000年	8億5000万t		2000年	8160万t
	2010年	14億1000万t		2008年	9920万t
	増加率	4.2%/年		増加率	2.1%/年
セメント	1990年	11億5000万t	リン酸肥料	1991年	2880万t
	2000年	16億4000万t		2000年	3250万t
	2008年	28億4000万t		2008年	3660万t
	増加率	8.2%/年		増加率	1.6%/年
プラスチック	1990年	9900万t	自動車	1990年	4830万台
	2000年	1億6400万t		2000年	5890万台
	2008年	1億9400万t		2010年	7760万台
	増加率	5.3%/年		増加率	3.1%/年

（各官庁，産業団体の年報）による

表 7・2 日本の年間廃棄物量（2007年）

一般廃棄物	5100万t	400 kg/人
産業廃棄物	4億2000万t	3300 kg/人

〈註1〉 一部はリサイクル資源として利用されている．
〈註2〉 この他にし尿も廃棄される．

（総務省統計局：日本統計 2011）による

接かかわりないものとしてとらえられがちであったが，それは誤りであり，産業廃棄物も社会生活の発展あるいは維持から生じていることを理解しなければならない（もちろん企業が責任を負っている）．

7・3　人類の活動の自然環境への影響

　人類の活動の増大は，必然的に自然環境へ悪影響をおよぼしている．人類の活動がもたらす自然環境への影響は，その過程や影響のあらわれかたなどによって，いくつかのカテゴリーに分類することができる．試みに，人類の自然環境におよぼす影響を図7・3に掲げた．人類の活動は，必然的に図7・3中央に示した結果を伴う（したがって，実線の矢印で結んである）．一方，それがどの程度地球環境の悪化をもたらすかは，ある程度は人類の英知によってコントロールされるはずである（したがって点線の矢印で結んである）．

　自然界における「**質量保存の法則**」と「**エネルギー保存の法則**」，および「**エントロピー増大の法則**」はもっとも基本的な物理法則であり，人類の活動もこの法則の枠から逃れられない．これらの法則を「生活用語」で表現するならば「物質もエネルギーも消費すればその形態が変わる」，および「ほかのエネルギーを用いないかぎり『覆水盆に返らず』，あるいはエネルギーを加えないかぎり冷水から温水に熱はもどらない」と表現される．事実，過去に掘りつくされ廃鉱となった地下資源の鉱床は無数にある．ひとつの資源を消費しつくすと人類は次々と新資源を開発し（その結果，自然界の変化を生じている）きたが，必ず「**有限の地球**」の限界につきあたるはずである．

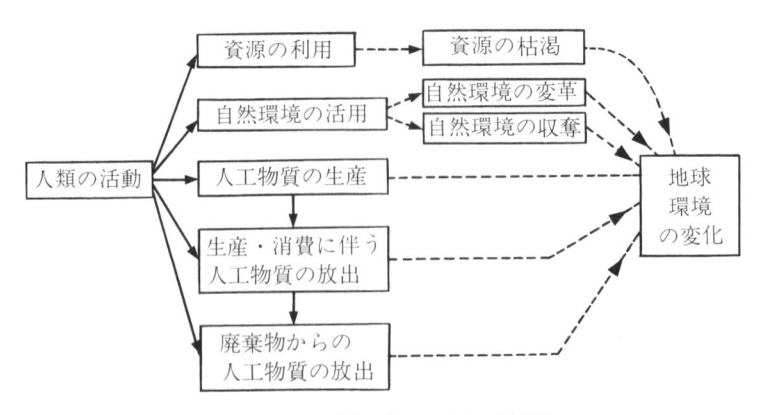

図7・3　人類活動のおよぼす影響

7・3 人類の活動の自然環境への影響

一方,太陽のエネルギーから生じる生物資源や,大気や海洋の運動や物質循環に伴って常に循環している水や空気は,太陽のあるかぎり(今後,数十億年は太陽は存在すると推定されている)無限であるように思われてきた.しかし,水や大気にもすでに限界がみられている.事実,過度の工業用水の取得,灌漑などの水利用による地下水や河川・湖沼の枯渇は,世界の各地で問題となっている.また適切な管理のされない耕地や養牧地の過開発が,森林・草原・土壌の損失をまねいている例は,連日新聞やテレビで伝えられている.

近代の工業生産の最大の特徴は,多くの**人工物質**の生産である.人工物質は,自然界にはみられない高温,高圧や触媒の存在下の反応装置によって生成される.これらの人工物質,たとえば,薬品,殺虫剤,化学肥料,人工樹脂などはわれわれに大きな利便を与えている.一方,自然によって生成された自然物(あるいは,自然物そのものを機械的に加工した物品)は,自然のプロセスによって分解され自然物に還元されるため,地球環境を大きく変化させることはない.これに対して人工物質の多くは,自然によっては容易に分解・還元されないし,また,人為的に分解すればさまざまな物質が放出され,そのうちのある物質は生物系や地球システムに影響を与える.また,大量の生産・消費に伴って副次的に多くの人工物質が放出され,その一部はやはり生物系や地球環境に悪影響をおよぼしている.現在,人工的に生成される物質は非常に多種にわたる.有害な人工物質の一例を表 7・3 に記した.

人類の活動が地球環境におよぼす影響のプロセスは,次の二種類に大別される;

表 7・3 さまざまな有害物質の一例 (順不同)

有害物質	有害物質	有害物質
カドミウム	ジクロロエタン	キンレン
鉛	ジクロロエチレン	シマジン
水銀	トリクロロエタン	DDT
リン	トリクロロエチレン	DDE
ヒ素	PCB(ポリ塩化ビフェニール)	アルドリン
ニッケル	ベンゼン	クロルデン
六価クロム	トルエン	デルドリン
四塩化炭素	ホルムアルデヒド	エンドリン
ジクロロメタン	アセトアルデヒド	ダイオキシン(テトラクロロジベンゾパラジオキシン)

①直接的な自然環境および生物系への影響
②複雑な物理的・化学的・生物学的変化を経由しての影響

直接的な自然環境や生物系への影響の典型例は、森林・草原・サンゴ礁の破壊や鉱毒による生物種の絶滅である．先進地域では多くの法規的規制により直接的な影響の発現は少なくなっているが、なお多くの開発途上地域ではこのカテゴリーの環境破壊がますます増加している．

最近は、複雑な物理的・化学的変化をへての人工物質の地球環境への影響が問題となっている．そのもの自体は安定で生物にとっても無害である二酸化炭素やフロンが、地球温暖化やオゾン層破壊をもたらすなどは、その代表的な例である．また、放出された人工物質の濃度が非常にわずかであっても、生物系の**食物連鎖**の過程で濃縮されて生物系に悪影響をおよぼすことが知られている（図7·4）．最近では微量の人工物質が生物の内分泌を混乱して悪影響を与えることが問題となってきた．このような物質は「**内分泌かく乱物質**」，「**環境ホル**

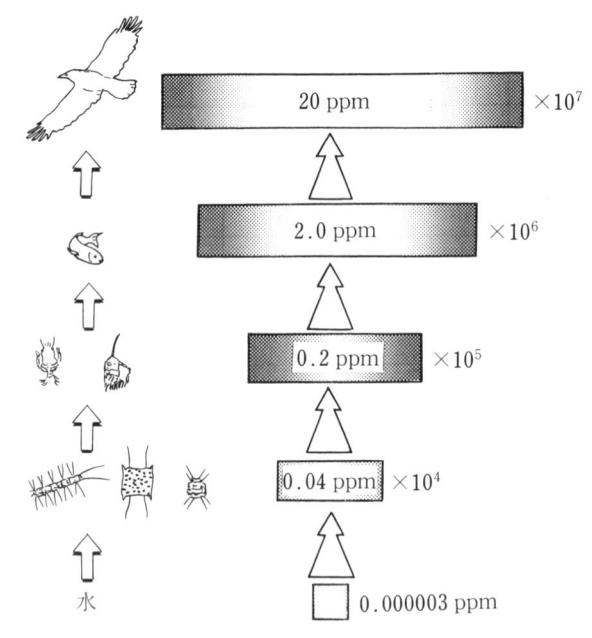

20 ppm　　×10^7
2.0 ppm　　×10^6
0.2 ppm　　×10^5
0.04 ppm　×10^4
0.000003 ppm

図7·4　水生生物の食物連鎖を通じての生体のDDT濃度の濃縮過程のモデル図
（Jones A. M.: Environmental Biology, Routledge, 1997）

モン」とよばれる．

　内分泌かく乱物質による沿岸海域の魚介類のオスのメス化がマスメディア等で大きく報じられた．しかし，これに対して下水道経由で排出されるし尿に含まれる天然女性ホルモンの影響も非常に強いとの研究結果も報告されている．

　このように，人類活動の地球環境におよぼす影響は複雑・多様化している．**ダイオキシンやPCB，キシレン**などは，このような有害物質の一例にすぎない．現在問題になっている有害物質の多くは，自然界では容易に分解されず，したがってひとたび全地球にひろがるとその影響は長期間にわたって地球環境と生態系を脅かすことになり，この点に問題の深刻さがある．人類の英知により一刻も早く有害物質の放出に終止符を打つ必要がある．

7・4　有害廃棄物問題

　すでに表7・2に示したが，日本における廃棄物の量は1人当たり年間約4000 kg（＝4 t）に達する．（ただし直接リサイクル資源として利用される量を含めるか除くかで，総量は文献によって異なる．）すなわち，日本の廃棄物の総量は年間約5億tに達する．そして，それをいかに処理するかが大きな問題となっている．

　廃棄物に含まれる「自然生産物」の処理は比較的容易であるが，多くの人工的生産物を完全に無害な物質に分解処理することは容易でなく，大きなコストを必要とする．従来，有効と思われた焼却炉がダイオキシンを発生させる問題や，放射性質物の処理の困難性は，有害廃棄物処理の困難さを示す代表的な事例である．新しく，より複雑な人工物質の生産と消費が増加するにつれ，その廃棄物処理の技術もより高度化し，必然的に処理コストも増加している．

コラム 7a　石綿の環境問題

　7章では人工的有害物質について記述した．しかし，大然に産出される物質でも有害なことがある．断熱材，防火材として使用されてきた石綿（アスベスト）は肺の中皮腫をひきおこす．高度成長期の1970～1990年代には30～35万t/年が輸入され大量に使用され，その結果大勢の被害者が発生している．その危険はかねてより知られていたのであるが，発病に至る期間が20～30年もあるため，対応がおくれ，現在の大問題をひきおこしてしまった．

具体的な処理方法としては，**埋立て**，**焼却**，および**分解処理**などがあげられるが，いずれの場合でも「処理場」が必要である．しかし自然環境の悪化を恐れ，**廃棄物処理場**の建設を避けたいという当然の住民感情のため，処理施設の建造場所をめぐる「**ゴミ戦争**」といわれた紛争もしばしば発生している．たとえば，かつて東京湾に廃棄物の埋立てを行った結果，悪臭や蝿の大発生のため周辺の居住者が苦しめられ，廃棄物の受入れ拒否の運動がおきたことがある（現在その埋立地は夢の島公園となっている）．処理場の建設コストを低く抑えるために，経済的較差のために土地価格の低い地域，自治体の環境人権意識の低い地域が廃棄物処理場として選ばれる傾向があり，地方自治体の議会や委員会で多数決によって決定されることがある．しかし，特定地域の人々の環境人権をおびやかすことを多数決で決定することは，本来の民主主義多数決の理念にはそぐわない．環境人権について最大限の考慮をはらわねばならない．

廃棄物問題の解決には高性能の処理装置の導入，そのコストの合理的かつ公平な負担，市民の理解，特に自治体と企業の責任ある対応が必要不可欠である．国内的には「**廃棄物の処理および清掃に関する法律**」が1971年に施行され，1991年，1997年，さらに2000年に改正されている．最近は，いくつかの法的規制がとられ，基本的には法規に従った廃棄物処理がなされているはずである．

しかし，現在でも，法規を破っての河川敷，海岸，山林などへの廃棄物の**不法投棄**などの行為があとを絶たない．環境省の報告によると2002年度の全国の産業廃棄物の不法投棄は約1 000件，その量は32万tに達する．法規では不法投棄した業者に撤去の責任があるが，責任者が特定されなかったり，倒産などで現状回復がされないケースが多い．2002年度には未処理な不法投棄箇所は約2 500箇所，総量は約1 100万tに達している．特に大規模かつ悪質な不法投棄は，千葉県，青森・岩手県境，岐阜県，香川県（豊島）などに見られる．岐阜県御嵩町では産廃処理場に反対する町長が襲撃されたり，栃木県鹿沼市の環境対策担当職員が殺害されるなど，産廃にかかわる暗黒組織の存在が報じられている．

不法投棄があとを絶たないのは，不法業者がいるからであるが，その背景には経済的地域較差，自治体の環境人権に関する認識の低さ，行政の不備，司法手続のおそさ，さらには罰則の甘さなどがあり，根本的には，不法業者の低価格の処理費用を承知で利用する企業があるためである．このため，現在の法律では，不法投棄の当事者のみならず，依頼者の責任も追求される．

廃棄物の不法投棄・不法処理を絶つためには，処理業者のみならず処理依頼者を含む社会全体の環境倫理の確立と，法制度，行政対応などの基本的社会体制の整備が必要であるだけでなく，廃棄物の総量を減らすことが必要である．

有害廃棄物の問題は，地域的・国内的問題にとどまらない．事実，過去には先進工業地域から，開発途上地域への有害廃棄物の輸送が行われていた．これは経済的な地域較差や法規的較差によって，該当地域内で処理するよりも，域外へ輸送するほうが低コストであることから行われたのである．開発途上地域での処理性能は低水準であるため有害物質による環境悪化はより広範囲な，かつ，より深刻な問題となり，また人道上からも許されることではない．

以上述べた問題を防止するために「**有害廃棄物の越境移動及びその処分の規制に関するバーゼル条約**」が採択され，1992年に発効している．

しかしながら最近の報道（1998年4月）によれば，一部の企業が「輸出品（リサイクル資源）」として，実質的な有害廃棄物の開発途上地域への移動を行っているという．一時的な利己的な判断によって地球環境の悪化を加速させている企業があることは大変なげかわしいことであり，地球環境保全の重要性について社会的合意形成のよりいっそうの努力が必要とされている．

なお，リサイクル資源の輸入国では，リサイクル処理の過程で生じる有害廃棄物問題がある．リサイクルがまったく廃棄物を生じないわけではない．

くり返すが廃棄物問題においては，その総量のみが問題ではなく，有害化学物質の存在が大きな問題となっている．現在，ひろく日常的に使用されている化学物質の種類は約5万種類を超え，さらに毎年1000種類以上の化学物質が開発されている．この多種類の化学物質に含まれる有害化学物質を規制する，さまざまな対策がとられている．その2, 3の例を示そう．

国際的には「**特定有害化学物質・農薬の国際取引に関する事前通報同意条約（ロッテルダム条約）（2004年発効）**」についで2001年には「**残留性有機汚染物質に関するストックホルム条約**」が採択されている．これは**残留性有害有機汚染物質**（アルドリン・デイルドリン・エンドリン・フロデン・ヘプタクロル・マイレックス・トキサフェン・ヘキサクロロベンゼン・PCB・DDT・ダイオキシンなど）の製造・使用を規制（禁止・制限）する条約である．

国内的には，廃棄物やリサイクル関連の個々の法律を束ねる「**循環型社会形成推進基本法**」が2000年に成立している．また各事業体における有害化学物質の排出量と移動量を国に届け出ることを義務づける「**化学物質排出管理促進法**」

(**PRTR法**：Pollutant Release and Transfer Register 法）による情報公開が2001年から開始されている．対象となる**有害化学物質**は354種類，対象事業所は約3万5000箇所である．（届出事業所の排出量以外の推定値も公開されている．）2001年度の排出総量は約90万t，移動量は約22万tと発表されている．主要排出物を表7·4に示す．

産業廃棄物の問題をさかのぼれば，有害化学物質を製品に使用している事実に行きつく．この根本問題に対して，欧州連合（EU）は2006年以降，「**欧州有害化学物質規制**」を行う．これは，指定された6物質（鉛·水銀·カドミウム·

表 7·4 2001年度の日本の有害化学物質排出量

化合物質名	排出総量〔万t〕
トルエン	22.1
キシレン	11.1
塩化メチレン	8.4
トリクロロエチレン	5.9
テトラクロロエチレン	3.8
直鎖アルキルベンゼンスルフォン塩酸	3.3
ホルムアルデヒド	2.8
エチレングリコール	2.7
N,N ジメチルホルムアルデヒド	2.6
パラジクロロベンゼン	2.0

コラム 7b　海外の有害化学物質に関わった事件

- ラブキャナル事件

  米国ニューヨーク州の運河ラブキャナルが有害化学物質で埋立てられた事件．これを契機として「スーパーファンド法」（包括的環境対処補償責任法）が1980年成立．

- ボパール事件

  1984年インドボパールにおける米国化学メーカの有毒ガス流出事件．これを契機に米国で「緊急時計画およびコミュニティの知る権利に関する法律」が1986年に成立

- 有害廃棄物越境問題

  1980年代，欧州·米国より他国への有害廃棄物の大量越境問題が続き，とくに1982年のセベソ事件（イタリアのセベソの農薬工場からの越境輸送）を契機に1992年バーゼル条約が発効されるに至った．

六価クロム・ポリ臭化ビフェニール・ポリ臭化ジフェニルエーテル）を全廃しない製品を EU 域内で販売しない規制である．日米欧の電機・電子関連企業も製品に使用する化学物質の情報開示基準を統一する．2017 年 8 月には，「地球規模の水銀・水銀化合物に関する汚染・環境被害防止を目的」とする**水銀に関する水俣条約**が発効した．

7・5　都市の環境変化

本節では人類の活動がもっとも集中している大都市を例にとって，環境への影響を考察してみよう．

大都市では気候が局地的に変化することが観測によって知られている．その主要な特徴は，**大気透明度**の減少，**直達日射量**の減少，気温の上昇，相対湿度の減少などである．（大気汚染については 8 章で述べる．）

都市およびその周辺の気温分布図をみると，中心部に相対的な高温域があり，等温線が同心円状に都市中心を取り巻いている．その様子は，島の等高線の形状に似ていることから「**ヒート・アイランド**」（**熱の島**）とよばれている．図 7・5 および図 7・6 に東京およびロンドンの気温分布図を掲げた．

都市の高温は夜間のみならず日中にもみられる．また，相対湿度の減少も観測されている．ヒート・アイランド，すなわち都市中心部の高温域の主要な原因として次のことが考えられている．

① **人工熱**の排出：冷暖房空調その他の排熱は，大都市では 100 W/m² 以

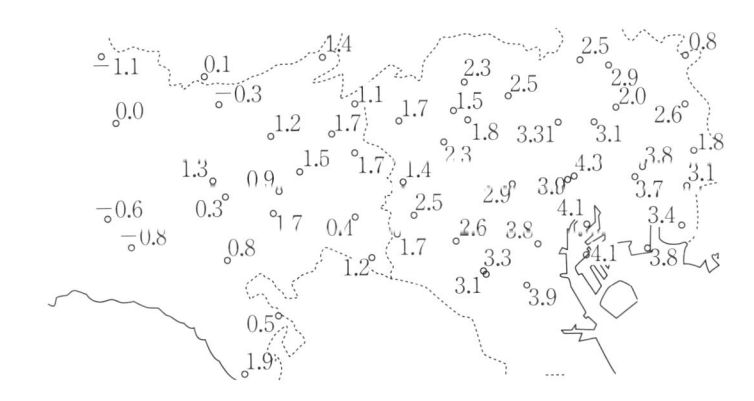

図 7・5　東京都内の 1 月 06 時の気温分布．1990〜2000 年の平均分布
(茅陽一監修：環境年表 '04/'05, オーム社, 2003)

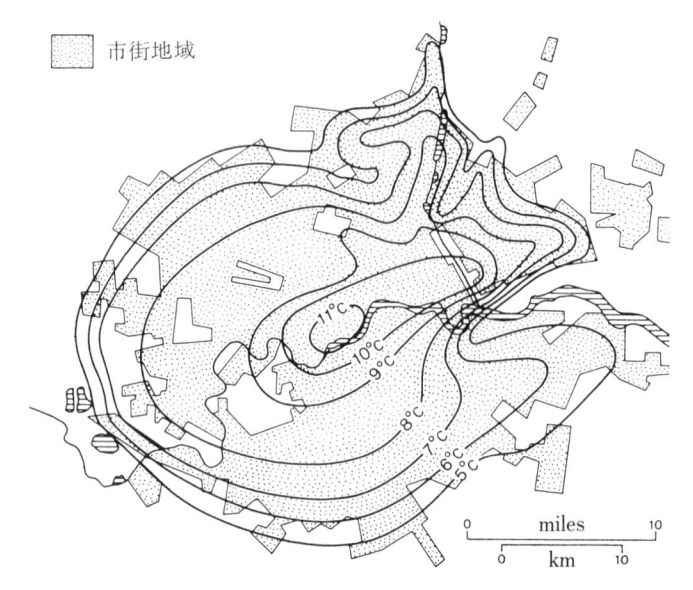

図7・6　1959年5月14日のロンドンの最低気温分布図
（Barry R. G. and Chorley R. J.: Atmosphere, Weather and Climate, Routledge, 1998）より引用

　　　上に達する（ほぼ市外域の夜間の赤外放射量に相当する）
　② 人工建造物による地面・地層の熱容量の増大（昼間に熱を蓄える）
　③ 人工建造物による蒸発量（潜熱放出）の減少と顕熱放出の増加
　④ 大気の汚染による温室効果
　⑤ 建造物による太陽放射の多重反射により受熱量の増加
などである．

　都市域における気温の上昇と，地球温暖化に伴う全地球的な気温の上昇とを，どのようにみわけるのかについては気候変動を論ずる場合の重要な問題点の一つである．日本の各気象観測所における気温上昇と，その地点（都市）の人口との関係を調べてみると，明らかに大都市ほど著しい都市気候の変化を示している（表7・5）．同様の傾向は，世界に共通して認められている．この事実は同時に，全地球的な気候変動を論ずる場合には，都市，特に大中都市域における気象データを除いて解析しなければならないことを意味している．

　本節で述べたように，都市域ではすでにエネルギー循環，水循環においても人類の影響が自然のそれと同等に近づいている．

表 7・5　東京と日本の中小都市の平均気温上昇率

〔単位：℃/100 年〕

	平均気温			日最高気温	日最低気温
	年平均	1月平均	8月平均	年平均	年平均
東　京	3.0	3.8	2.6	1.7	3.8
中小都市	1.0	1.5	1.1	0.7	1.4

(気象庁：20 世紀の日本の気象，2002 年)

7・6　騒音・振動・電磁波の環境問題

　人類の活動の増大は，多くの騒音・振動・電磁波など物理的障害をひきおこしている．このような障害は局地的であるため，これまでは地球環境問題としては取りあげられなかったが，被害(苦痛)を受ける人々の環境人権の観点からは見逃すことのできない問題である．

　騒音にかかわる規制は「**騒音規制法**」によってなされ，**環境基本法**によって基準が定められているが，現実には多数例の問題が生じている．1997 年には，1 年間～15 000 件の苦情件数があり，その発生源としては工場等（～40％），建設作業（～20％），交通機関（～10％），営業・生活騒音（～20％）があげられている．幹線道路では基準値(昼～70 デシベル，夜間～65 デシベル)以上の路線は～10 000 km に達しており，**低騒音舗装**などの対策がとられている．

　振動にかかわる規制は**振動規制法**によってなされるが，1997 年では年間～2 500 件の苦情件数があり，その発生源は工場等（～35％），建設作業（～45％），交通機関（～15％）である．2008 年における騒音，振動の苦情は～15 000 および～3 000 件であった．

　このほか，これまでの騒音・振動の規制の対象外であった「**低周波音**」(人の耳には聞きにくい低周波と聞こえない超低周波を含む)の被害が問題となっている．被害には個人差があるが，頭痛・不眠・不快などの症状があらわれる．法規制がないからとの理由で被害が無視されるべきではない．

　高圧送電線などからは**超低周波電磁波**が，携帯電話などからは**高周波電磁波**が放出されている．世界保健機関(WHO)では電磁波による小児白血病発症への影響を調査している．(日本では 1993 年に影響を否定する報告書がまとめられている．) 欧米では，高圧送電線と居住地・学校等との距離を充分にとるなど

の対応がとられはじめている．

　このように人類活動の急激な拡大にともなって新しい環境問題が発生している．前例がない，法規の対象外などの理由により被害の訴えを無視せずに，真剣に対処する必要がある．

8章 大気の汚染

すべての生物は大気の存在のもとで生存しており人類にとってももっとも重要な環境の一つである．この大気が人為的要因により汚染されることが大気汚染である．8章では大気汚染の実態，その発生する過程や対応策について学ぶ．

8・1 大気汚染とその時代的変遷

大気汚染（air pollution）とは，「産業・交通などの人の活動に伴って排出される有害物質が，地域あるいは広範囲の空気を汚染すること」を意味する．自然現象による（火山噴火，黄砂など）空気の汚染は大気汚染とは区別される．

大気汚染をひきおこす主要な物質は，燃焼や化学反応によって排出される煤塵やガス（亜硫酸ガスや自動車の排気など）である．これらの物質は人の健康（呼吸器など），生活環境や自然環境の悪化をもたらす．

人類活動の歴史的な変化に伴って，大気汚染の様相もまた大きく変化してきた．人類による空気の汚染は人類の祖先の火の使用に始まるが，それが大気汚染問題として顕在化するのは，都市域への人口集中が始まったころからである．古い記録によれば，13世紀のイングランドの女王が，ロンドンの煙で汚れた空気を避け，一時的にノッテンガムに居を移したことがあるという．16世紀後半に，ロンドンでは暖房燃料としての石炭の使用を制限することも試みられている．しかしこの時代まで，大気汚染は，まだ生活上の不快や不便の程度にしか認識されていなかった．

大気汚染問題が深刻になったのは，産業革命が進行した19世紀の先進工業地域である．ロンドン，バーミンガムなどの都市では暖房燃料に使用される石炭による汚染に加え，火力発電所や工場から排出される物質による大気汚染が著しくなった．同様の傾向は，欧州や北米など多くの工業地域でみられた．20世紀初めでは**煤煙**の被害が著しく，1910～1920年のロンドン市街域では年間1 km² 当たりの煤煙の降下量は200 t にも達したと記録されている．この量は1日1 m² 当たり 0.6 g の降下量に相当する．

19世紀の後半，ペンシルバニア（米国）で始まった石油の採掘は，自動車の使用による**排気ガス**という新しい問題を生じさせ，20世紀における環境問題をひきおこすに至った．

表8・1に1930～1970年に発生した主要な大気汚染事件の例を掲げる．ミューズの事例では，汚染物質が濃い霧とともに4日間にわたり停滞したために大きな被害をもたらし，この事件から煙（smoke）と霧（fog）の合成語であるsmog（**スモッグ**）が登場したといわれている．米国における最初の大気汚染の事件としては，ドノラ（ピッツバーグ南方約30km）の事件が有名である．ミューズおよびドノラの事件は，冬期の停滞した高気圧の内部で発生した著しい安定層下部で，しかも河川に沿った狭隘な地形が汚染物質の著しい停滞をまねいたと分析されている．

著しい大気汚染災害の例として，1952年12月のロンドンの事例は有名である．停滞した高気圧の内部の著しい安定層との条件下で，5日間にわたり霧と汚染物質が停滞し，空前の大被害をひきおこしている．このため1956年に「**大気浄化法**」が施行されたが，当時は煤煙の規制が主体であったため，イオウ酸化物などのガス物質の本格的な規制には至っていなかった．ほとんど同じ条件下で，1962年1月にも再びロンドンで大きな大気汚染災害が発生している．

このような，主として**亜硫酸ガス**を原因とする大気汚染は世界の工業地域で

表8・1　1930～1970年の世界における主要な大気汚染災害の事例

発生地と年月	被害状況	汚染物質	環境条件
ミューズ（ベルギー）1930年12月	死者60人	工業排出ガス	高気圧，無風，安定成層，霧，谷地
ドノラ（米国）1948年10月	死者18人	工業排出ガス	高気圧，無風，安定成層，霧，谷地
ポザリカ（メキシコ）1950年11月	死者22人	工場事故（硫化水素ガス流出）	安定成層，弱風，霧，盆地地形
ロサンゼルス1951年夏	老齢者の死亡者 400人	亜硫酸ガス，イオウ酸化物，窒素酸化物アルデヒドなど（白いスモッグ）	高気圧，安定成層，盆地地形
ロンドン1952年12月	数千人の過剰死亡者	亜硫酸ガス	高気圧，無風，安定成層，霧
ロンドン1962年1月	死者数百人	亜硫酸ガス	高気圧，無風，安定成層，霧

(Hoven H.: Environmental Impact, Handbook of Applied Meteorology, John Wiley, 1985) より一部を転記

多くみられたが，その後さまざまな法規的規制や技術的対策（たとえば**脱硫装置**）がとられたため，先進地域でのこのカテゴリーの汚染は著しく改善されている．東京では1970～1985年の間に亜硫酸ガス濃度は約1/5に減少し，以後ほぼ横ばいの状況となっている．

20世紀なかば以降，石炭にかわって石油の消費が増加するにつれて大気汚染の形態は，煤煙を含む**黒いスモッグ**から**イオウ（硫黄）酸化物**を主とする**白いスモッグ**へと変化し，また自動車の排気に含まれる**窒素酸化物**と炭化水素の**光化学反応**から生じる化合物による大気汚染，いわゆる「**光化学大気汚染**」が発生するに至った．ロサンゼルスにおける大気汚染はその一つの実例である．多くの先進地域では，この種類の大気汚染に関してもさまざまな法規や技術開発による対策がとられ，大気汚染による大気環境悪化は改善されている．しかしながら，中国，インドなどの人口増加の著しい巨大都市や工業地域では現在も大気汚染が深刻化しており，住民の生活が脅かされている．

さて，表8・1に関連して述べたように，これまで大気汚染は特殊な気象状態や地形的環境のもとで発生する地域的な現象として認識されがちであった．しかし，人類の生産・消費活動の増大により，大気や海洋の循環に伴う地球規模の大気汚染が大きな問題となってきた．9章で述べる「酸性雨」の問題はその典型的な例である．

また，これまでの大気汚染は有害物質による直接的な汚染の問題であったが，近年においては，直接的には生物に無害な物質が複雑な自然界のプロセスをへて地球環境を悪化させることが問題となっている．フロンによるオゾン層破壊，二酸化炭素濃度の増加に伴う地球温暖化問題がその典型例である．

このように，大気環境問題の様相は多様であり，その空間的・時間的スケールもさまざまである．そして人類の活動の多様化と拡大に伴って，その問題の所在も，さらにはその対処のあり方も時代とともに変化している．

8・2 大気環境問題に関係する諸要素

8・1節で述べた大気汚染災害の事例からもわかるように，大気汚染や大気環境問題にかかわる要因や過程は多様である．これまで逆転層の存在や煙突からの排出ガスの拡散などの局地的な気象状況のみが重視される傾向もあったが，それらは一部分の要因であり，もっと大局的に問題を考えねばならない．図8・1には大気汚染・大気環境問題の要因と諸過程を概念的に示した．以下この図の

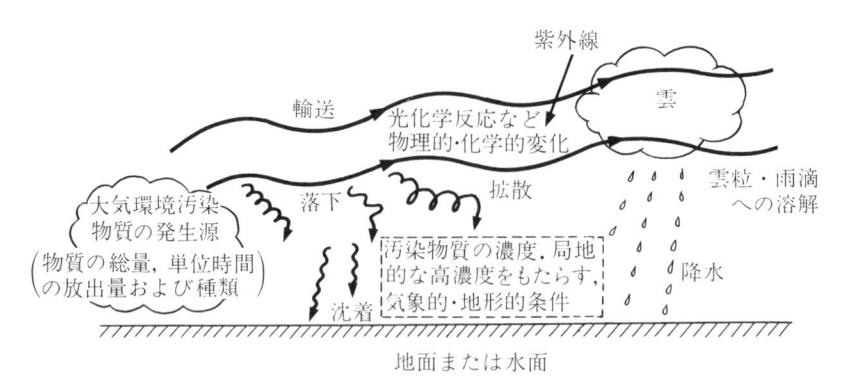

図 8・1　大気環境問題をひきおこすさまざまな過程と要因の概念図

各部分について説明を加える．

● 汚染物質濃度と落下量

　ある地点（地域）のある時刻（期間）における大気環境を定量的に記述するためには，汚染物質の各種類の**濃度**（一般に空気に対しての体積比，あるいは重量比）および汚染物質（たとえば煤煙）の**沈着・落下量**（単位時間・単位面積当たりの落下物の質量）が客観的な指標とされる．

　このため，汚染物質の濃度と落下量のみが問題であるかのように誤解されがちであるが，それは，汚染物質の**総排出量**とさまざまな過程の結果としてあらわれた状況の評価基準の一つとして理解されるべきものである．基本的には汚染物質の総量規制がもっとも大切である．

● 発生源と発生物質

　もっとも重要な事項は発生源とそこから排出される各物質の種類とその量（単位時間当たりの排出物の質量）である．工場・廃棄物処理場などは地点として特定できる**発生源**（点源）であるが，工業地域などは点源の集合体としての面的な発生域として考えられる．この場合，面積分した排出物の総量が問題となる．自動車の排気など個々の発生源は移動しているが，道路や都市全体をまとめて発生域として扱われる．

　現在世界的にみて重要とされる汚染物質は，**亜硫酸ガス**（SO_2），**浮遊微粒子状物質**（SPM，コラム 8e 参照），**窒素酸化物**（NO_x），**イオウ**（硫黄）**酸化物**

(SO_x)，**一酸化炭素**（CO），**鉛**，**アスベスト**（石綿）などであるが，7章表7・3に示した有害物質も問題となっている．無害とされたフロンや二酸化炭素（CO_2）なども，オゾン層破壊や地球温暖化などの地球環境悪化をひきおこす．

● 汚染物質の輸送と拡散

シャボン玉が風に流されていくように，汚染物質を含んだ気塊が風によって運ばれる過程を「**汚染物質の輸送**」とよぶ．

一方，煙の変化を観察すると，煙は空気の乱れのため渦を巻き，しだいに周囲にひろがり同時に濃度を減じていく．この現象を「**拡散**」とよぶ．なおいうまでもないが，拡散による濃度の減少は汚染物質がひろく分散したことを意味し，大気中の汚染物質の総量（体積積分した）は不変である．

図8・2は1986年4月26日ウクライナのチェルノブイリ原子力発電所の爆発事

1986年4月26日0時より192時間後の汚染物質の位置

移流拡散モデルによる予測例．チェルノブイリ（北緯50度，東経30度付近の白三角で示す）で1986年4月26日00 UTCに発生しはじめたトレーサーを，8日間追跡したあとのトレーサーの位置．物質は8日間発生し続けているとして計算．

図 8・2 チェルノブイリ発電所事故による汚染物質の輸送と拡散
(気象庁：数値予報課報告41, 1994)

故によって放出された粒子の分布を計算した結果であり，粒子が大規模な循環による輸送と拡散によって広範囲にひろがっていく様子が理解できる．

● 落下と沈着

煤煙など比較的大きな汚染物質は，重力による自由落下で大気中から地面に落下する．（粒径 1 μm 程度以下の粒子は，空気の抵抗と重力加速度のバランスのため落下速度が非常に小さくほとんど落下しない．）また汚染物質の一部は植物・地面などに付着・沈着して大気中からは除去される．しかし落下あるいは沈着した汚染物質は，地面や植生，地下水を汚染するので，大気中の汚染物質濃度が減少したことは汚染問題が軽減されたことを意味しない．

● 降水過程による除去

大気中の汚染物質は，大気中の水蒸気の凝結に伴って雲粒のなかに取り込まれる（**レイン・アウト**）．また，雨滴の落下中に大気中の汚染物質が雨滴に取り込まれる（**ウォッシュ・アウト**）．

上述の「アウト」は大気中から汚染物質が取り除かれることを意味し，同時に**降水の汚染**（酸性雨がその典型例である）を意味している．すなわち，凝結・降水現象による大気中の汚染物質の除去（アウト）は，降水を通しての環境問題の発生を意味し，地球全体としての環境問題の軽減にはつながらない．

● 汚染物質の変化

大気中の微粒子（エーロゾル）は凝結核として作用し，雲粒に取り込まれる．雲粒・雨粒のなかでの化学反応により，汚染物質は変化する．また太陽放射のもと光化学反応によってさまざまな化合物に変化し，その過程においてさまざまな地球環境問題をひきおこす．

8・3 大気汚染の空間的・時間的スケール

3章で大気現象について述べたように，低気圧や積雲対流などの現象はそれぞれの固有のメカニズムに関連した固有の空間的・時間的スケールをもっている．大気汚染や大気環境問題についても，その特徴的な空間スケールや時間的スケールによって，問題を整理して考えることが可能である．この立場からみた分類を表 8・2 に掲げた．ここで注意したいのは「**空間スケール**」は大気汚染

表 8・2　大気汚染と大気環境問題の空間的・時間的スケール

	空間スケール	時間スケール	具体例
局所的汚染	0.1～1 km	10分～1時間	幹線道路交差点 工場付近の高濃度汚染
小規模汚染	1～10 km	1～10時間	大都市域・工業地域の高濃度汚染
中規模汚染	数十～数百 km	～数日	光化学大気汚染 地域的酸性雨
大規模汚染	数百～数千 km	～1か月	酸性雨 汚染物質の長距離輸送
地球汚染	～10 000 km	1～100年	フロンによるオゾン層破壊 二酸化炭素による温暖化 全球的有害物質の増加

時間スケールは原因物質が発生してから，問題が発生するまでの時間スケールを意味する．したがって被害の継続時間とは一致しない．たとえば，局所的汚染の時間スケールは約1時間であるが，発生源が存在するかぎり問題は長期間にわたり継続する．

や大気環境問題が顕在化する範囲，あるいはそれをもたらす諸過程の進行する領域を示し，「**時間スケール**」は発生源から発生した物質が問題をひきおこすに至る時間スケールを示す．**汚染物質の寿命**（化学変化によって消失する速さ）も，この時間スケールを決定する要素となる．すなわち，容易に分解・消失しないフロンや二酸化炭素のひきおこす大気環境問題は長時間スケールの大気環境問題となる．したがって，直接的被害のあらわれる地域，あるいは被害の継続期間とは異なる概念である．

8・4　光化学反応と大気汚染

8・1節で述べたように，日本の今世紀後半の産業発展期には，煤煙降下やイオウ酸化物による大気汚染問題が深刻であったが，その後さまざまな法規的な規制や脱硫装置の開発導入などの技術によって，これらの被害は大幅に軽減されてきた．

その一方で1960年代から，主として自動車の排気に起因する「白いスモッグ」すなわち「**光化学スモッグ**」の問題が深刻となってきた．これは排気に含まれる窒素酸化物や炭化水素から紫外線の**光化学反応**によって生じる**オキシダント**（O_x）や**アルデヒド類**を含む「光化学スモッグ」による大気汚染である．オキシダント濃度が 0.2 ppm 以上になると，植物や人の目，呼吸器に障害を生じる．

窒素酸化物から光化学反応によってオキシダントが発生するため，窒素酸化物の最大濃度の地域および時刻と，オキシダントの最大濃度の地域・時刻とは必ずしも一致しない．たとえば関東地方では，窒素酸化物濃度は東京都心や京浜工業地帯でもっとも高いが，光化学スモッグの発生頻度はむしろ関東内陸部で高い．これは，高濃度の窒素酸化物を含む気塊が海風で内陸に運ばれ，そこでオキシダントを発生させるためである．

光化学スモッグ被害の軽減のためには，窒素酸化物（NO_x）濃度を低下させる必要がある．日本では，1970年の東京での光化学スモッグ被害発生後，**二酸化窒素濃度の環境基準**が定められ，またその発生源に対しての規制が行われている．このため，自動車台数の増加にもかかわらず二酸化窒素濃度の増加は避けられている．同様の対策は多くの先進地域でとられ，二酸化窒素総排出量は減少傾向を示している．しかし多くの開発途上地域での自動車の増加と工業活動の増加に伴って，その排出量は現在も増加しつつある．

8・5 大気汚染と気象条件

本節までは，大気環境問題の最重要ファクターとして汚染物質の総発生量の重要性をくり返し強調してきたが，表8・1に示した過去の著しい大気汚染被害の事例は，特定の気象条件下で出現した汚染物質の異常な高濃度に伴って発現している．本節では著しい**大気汚染をもたらす気象状況**を考察する．

8・2節で述べたように，汚染物質は**輸送**と**拡散**によって周囲に運ばれていく．この様子を，図8・3に模式的に示した．この図で考察する空間内における汚染物質の変化と，境界を出入りする汚染物質の量を考えよう．風による輸送は境界を出入りする $u\rho$, $v\rho$ および $w\rho$（ρ：汚染物質の濃度．u, v, w はそれぞれ東向き，北向きおよび上向きの風速）であり，$\overline{w'\rho'}$ は拡散によって上面から系外に移動する物質の流れ（フラックス）である．もし発生量が輸送および拡散による系外への流出より多ければ，当然領域内の汚染物質の濃度が増大する．

拡散は大気の乱れによるが，大気の乱れは気層の熱的安定性と鉛直方向の風速差によって定まる．通常大気の温度は高さとともに減少するが，場合によっては一定であったり（**等温層**），高さとともに増加する（**温度の逆転層**）こともある．等温層あるいは逆転層では，大気は熱的に安定であり乱れは小さく，したがって拡散量もわずかである．このような大気の状況は，高気圧圏内において出現しやすい．

8・5 大気汚染と気象条件

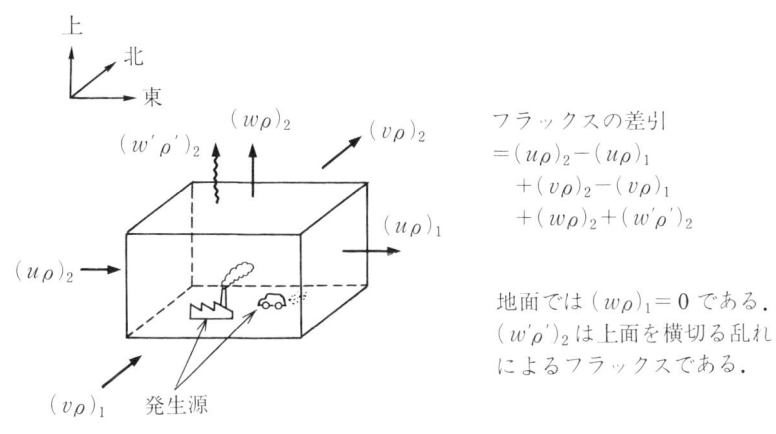

フラックスの差引
$= (u\rho)_2 - (u\rho)_1$
$+ (v\rho)_2 - (v\rho)_1$
$+ (w\rho)_2 + (w'\rho')_2$

地面では $(w\rho)_1 = 0$ である。$(w'\rho')_2$ は上面を横切る乱れによるフラックスである。

図 8・3　空間的領域内における汚染物質の発生と領域の境界を出入りする汚染物質のフラックスの概念図

また風による輸送量は，風速が小さいほど少ない．一般に風速は気圧傾度の小さい高気圧圏内で小さい．すなわち，局地的な汚染物質の濃度の増大は高気圧圏内で出現しやすい．特に盆地地形では，放射冷却や地形性下降流の効果によって，安定層や逆転層が著しく発生するため，大気汚染も深刻となる．一般に放射冷却の著しい夜間に成層は安定化し，昼間は日射による地面の加熱のた

コラム 8a　輸送と移流

東向きの風速を u，物質の密度を ρ と書けば，東向きの物質の輸送量（フラックスともいう）は $u\rho$ であらわされる．北向き，上向きの輸送も同様に書きあらわされる．一般に大気の流れは乱流を含んでいる．ここで上向きの輸送量 $w\rho$ を考えよう．$\bar{w}$ で w の平均値を示せば，乱れの部分 w' は $w' = w - \bar{w}$ である．（したがって $\overline{w'} = 0$．）同様に $\rho' = \rho - \bar{\rho}$ であるから $\overline{w \cdot \rho} = \overline{(\bar{w} + w')(\bar{\rho} + \rho')} = \bar{w} \cdot \bar{\rho} + \overline{w'\rho'}$ である．この $\overline{w'\rho'}$ が乱流による輸送である．

ある領域での汚染物質の「溜」は $(u\rho)_1 - (u\rho)_2$ であり，**フラックスの発散・収束**とよばれる．もし $u_1 = u_2$ であれば，「溜」は $(\rho_1 - \rho_2)u$ であり，これを**移流**とよぶ．一般の書物では，しばしば移流と輸送を正確に区別しないで使っているが，これは誤りである．

本来は，フラックスの発散・収束も移流も三次元空間で定義すべきものである．ここでは，概念的な説明にとどめてある．

め相対的に安定度を減じ，対流混合が活発となる．このため，汚染物質の濃度にも日変化がみられる．

高気圧圏内で形成される逆転層と，逆転層下での大気汚染の模式図を図8・4に示した．

海岸付近では，晴天をもたらす高気圧圏内においては海陸風（昼は海風，夜は陸風）が発生し，この**海陸風**による汚染物質の輸送が局地的な大気汚染を緩和する．しかし，たとえば関東地方でみられるように，海風によって沿岸工業地域から発生した窒素酸化物が内陸部に運ばれ，そこで光化学スモッグに変化するように，海陸風が大気汚染をむしろ広範囲にひろげている事実も観測され

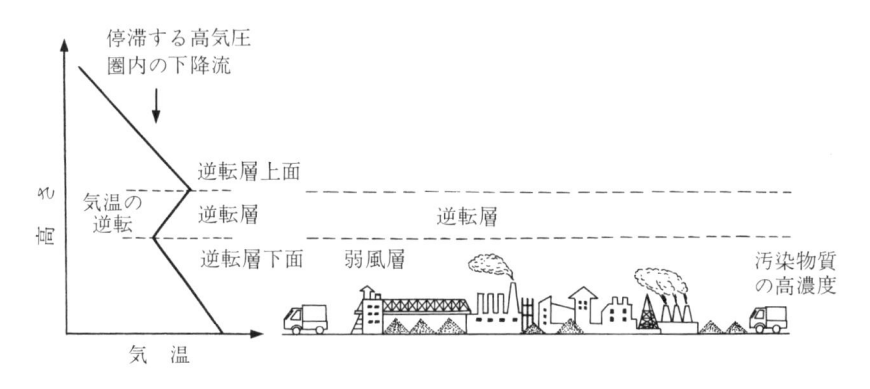

図 8・4　逆転層の下の大気汚染

コラム 8b　拡　散

大気や海洋の中で，さまざまな物質や熱エネルギーが分子の運動や流れの乱れ（渦ともいわれる）によって，ある領域（層）から他の領域に移動しひろがっていく過程を**拡散**（diffusion）とよぶ．分子運動によるものを「**分子拡散**」，渦によるものを「**渦拡散**」あるいは「**乱流拡散**」とよぶ．

大気の場合には，後者の働きが非常に大きい．渦の大きさは一定ではない．乱流のように，cmから10 mスケールのものもあるし，熱泡や積雲のように100 mから10 kmの渦もあるし，地球全体でみれば低気圧も渦の一種である．大気汚染に関係する拡散は空気の乱れによるが，一般に風の鉛直方向の変化が大きく，かつ熱的に不安定（下層が高温）だと拡散が激しい．その逆だと拡散が弱く，汚染物質が停滞して高濃度の大気汚染が発現しやすい．

ている．

8・6 公害対策から環境保全へ

第二次世界大戦後の復興期をすぎ，日本の急速や経済発展に伴って，さまざまな生活環境の悪化が社会的問題となってきた．このような生活環境の悪化を，一般に**公害問題**とよぶ．

この公害問題に対処するため，1967年に「**公害対策基本法**」が設けられた．この法律では「事業活動や人の活動に伴って発生する大気汚染，水質汚濁，土壌汚染，騒音，振動，地盤沈下，悪臭により人の健康や生活環境に被害を生ずることを公害」と定めた．1968年には**大気汚染防止法**が設けられている．この

コラム 8c　経済的発展と環境問題

人類は経済的発展を追い求めてきた．特に日本では第2次世界大戦後の復興期には経済的発展は国民的要望であった．1950年代，最新の設備をもつ鉄鋼コンビナートの建設は千葉県でも期待され，千葉市立蘇我小学校の校歌の2番には"昔をしのぶ蘇我の里，今は輝く鉄工場，煤煙天を焦しつつ，日も夜も燃える熔鉱炉"が歌われたほどであった（朝日新聞の記事による）．しかし1960年代には環境問題が顕在化し1975年には地域住民が損害賠償・公害差止め訴訟をおこし，1992年には和解（川崎製鉄の謝罪と賠償金支払）が成立している．

社会の価値観も，地球環境も時代とともに大きく変化する．あまりに過去の経由や前例にしばられず，企業，行政も司法も時代の変化に速やかに対応することが大切である．

コラム 8d　シックハウス

建築物の素材から発散する化学物質が健康障害をひきおこすことがある．このような有害化学物質を発散させる建物をシックハウスとよぶ．合板・壁紙・塗料・接着剤・化学繊維などから発散し室内にとどまるホルムアルデヒド・トルエン・キシレン等がシックハウス症の原因物質である．このような室内空気汚染による被害者は2003年頃には500万人に達したと推定されている．これに対して，まず室内化学物質濃度の指針値が設定され，ついで2003年には室内化学物質濃度を規制するための建築基準法の改正がなされ，この問題は改善された．しかし，規制対象外の物質の使用による被害は続いている．

基本法と関連諸法規によって，公害対策がとられてきた．その後，世界的に汚染問題をよりひろく，「地球環境問題の一部分」として認識する立場が強まり，国際的にも，地球環境保全の対応が進められるに至った．わが国でも1993年には，地球環境保全も含めてより統合的な環境対策を行うため「**環境基本法**」が制定された．

なお，海外では日本語の公害に相当する用語は広く使われていない．そして，より具体的な「**大気汚染**」，「**大気質の悪化**」などの表現が使われている．

上述したように，大気汚染防止・軽減のために多くの努力がなされる一方，社会の経済的発展のため，大気汚染の被害は必ずしも軽減されていない．千葉，京浜，四日市，阪神，水島などの重化学コンビナート地帯の大気汚染，および主要幹線道路での自動車による大気汚染などはその例である．後者については，大阪西淀川，川崎，兵庫尼崎，名古屋南部，東京などの**大気汚染訴訟**がおきている．

経済発展や道路交通の利益・利便は社会全体が受けるが，大気汚染の被害は，汚染物質発生源の近傍の人々が集中的に受ける．環境人権を充分に理解し重視した対応が必要である．

コラム 8e　浮遊微粒子状物質

微細な粒子状の大気汚染物質は空気抵抗のため落下せず長時間空中に浮遊する．一般的に直径 10 μm 以下の粒子状の大気汚染物質を「浮遊微粒子状物質」(Suspended Particulate Matter : SPM) と呼ぶ．これらの汚染物質が人体の呼吸器に侵入すると健康が害される．微細な粒子ほど呼吸器の奥深く侵入するので深刻な被害が心配される．直径 2.5 μm 以下の粒子状の大気汚染物質を「PM 2.5」と呼ぶ．最近中国の大都市等で非常に大きな濃度の PM 2.5 が測定されて深刻な大気汚染状態が発現している．さらに微細な直径 0.5 μm 以下の粒子状の大気汚染物質「PM 0.5」も問題になっている．

9章 酸性雨と環境問題

大気を汚染した酸性物質の一部は，大気中の降水粒子に溶けこみ酸性雨となる．この酸性雨発生の過程，環境への影響，さらに，それに対する国際的な対処を学ぶ．

9・1 酸性雨問題の発生

酸性雨問題は，8章で述べた大気汚染と同時に発生し進行した．なぜなら，大気中に放出された硫酸や塩酸などの汚染物質が空中の降水粒子に溶けこみ，雨水を酸性にするからである．この酸性の雨により，植物の生育が直接的に阻害されるだけではなく建造物が損害をうけ，さらには土壌，地下水，河川，湖沼にまで影響があらわれる．

酸性雨問題がもっとも早く顕在化したのは，先進工業地帯であるイギリスである．すでに1872年，スミス (R. A. Smith) が大著 "Air and Rain; The Beginning of a Chemical Climatology" において**酸性雨** (acid rain) という用語を用いて，大気汚染と酸性雨の問題を科学的に論じ，その社会におよぼす重要性を示している．

なお当時のイギリスの大気汚染と酸性雨については，カ性ソーダ，炭酸ナトリウムなどを合成する**ソーダ工業**（当初はルブラン工法を採用）によって排出される塩酸も大きな原因であった．その後ソーダ工業におけるソルベー工法（アンモニア・ソーダ法ともいう）の導入によって塩酸の排出はなくなっている．（現在は電解法が用いられている．）これは新技術の開発・導入が環境問題の軽減に有効かつ必要な事実を示す一例である．

ほかの工業地域においても，先に述べたイギリスと類似した酸性雨問題が大気汚染と同時的に発現した．先進地域では石炭から石油へのエネルギー転換，**脱硫装置**の導入により亜硫酸ガス (SO_2) の排出規制の努力が進められた．

なお，局地的な高濃度大気汚染を軽減するための対策の一つとして，「**高い煙突**」による上空への排気も実行されてきた．これは確かに単一の発生源付近の高濃度汚染の軽減にはある程度の効果はもつものの，広域についてみれば，よりひろく汚染物質を拡散させるにすぎない．総排出量の増大に伴って，より広範囲の大気汚染や酸性雨問題に拡大するのは当然の帰着であり，国境を越えた

大気汚染の**長距離輸送**に伴う国際的な酸性雨問題の発生をひきおこすに至った。以下の節では、この経緯をふまえて酸性雨にかかわる問題を議論しよう。

9・2 雨水の酸性度

水の酸性の程度は、**水素イオン濃度** $[H^+]$ によって決定される。水素イオン濃度は非常にわずかであるので、$pH \equiv -\log[H^+] \equiv \log(1/[H^+])$ によって表示される（コラム参照）。pH 7 は中性を、pH 7 以下が酸性を、そして pH 7 以上がアルカリ性を意味する。身近ないくつかの液体の pH 値を図 9・1 に掲げた。

純粋の水（蒸留水）の pH は 7（中性）であるが、自然の雨水は一般に酸性を示す。それは自然大気中の酸性物質が雨水に溶解しているためである。大気中の二酸化炭素の濃度はほぼ 350 ppm であり、これに平衡する雨水の pH はほぼ 5.6 となる。また、火山活動や海洋表面から大気中に放出されるイオウ化合物の総量は 1 年間に 1 億 t に達し、土壌バクテリアが放出する窒素酸化物の総量も 1 年間に約 1 億 t に達すると推定されている。その一方、土壌起源のダストや黄砂に含まれる炭酸カルシウム、酸化カルシウム、酸化マグネシウムおよび生物

> **コラム 9a　pH と酸性度**
>
> 純粋の水も、そのごく一部は
>
> $$H_2O \rightleftarrows H^+ + OH^-$$
>
> の電離状態にある。両イオンの濃度〔mol/l：モル/リットル〕の積 $[H^+] \cdot [OH^-]$ を水のイオン積とよび、一定温度では一定値をとる。測定によれば 25℃ で純水のイオン積は、
>
> $$1.008 \times 10^{-14} (mol/l)^2 \approx 10^{-14} (mol/l)^2$$
>
> である。中性では両者のイオン濃度は等しいので $[H^+] = [OH^-] = 10^{-7} (mol/l)$ である。
>
> 1909 年デンマークの化学者ソレッセン(Sörensen)は、酸性度の指標として **pH** (power of Hydrogen exponent：**水素イオン指数**)、$pH \equiv -\log[H^+]$ を定義した。すなわち、pH = 6 は $[H^+] = 10^{-6} (mol/l)$ を意味する。酸性度が強ければ pH は 7 より小さく、アルカリ性が強ければ pH は 7 より大きい。
>
> なお、実際の電離の状況は
>
> $$H_2O + H_2O \rightleftarrows H_3O^+ + OH^-$$
>
> であるとされている。また、厳密には水素イオン濃度ではなく水素イオン活動度によって pH を求める。

9・2 雨水の酸性度

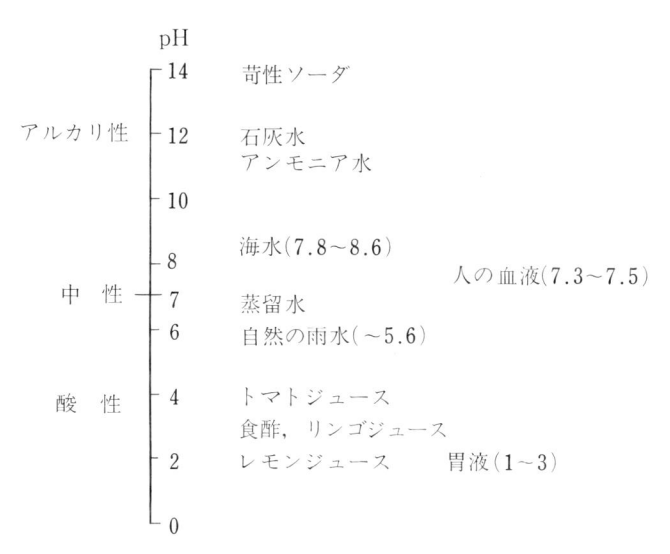

```
        pH
       ┬ 14  苛性ソーダ
アルカリ性 ┼ 12  石灰水
       │     アンモニア水
       ┼ 10
       │
       ┼ 8   海水(7.8～8.6)
       │                      人の血液(7.3～7.5)
中 性   ┼ 7   蒸留水
       ┼ 6   自然の雨水(～5.6)
       │
酸 性   ┼ 4   トマトジュース
       │     食酢，リンゴジュース
       ┼ 2   レモンジュース     胃液(1～3)
       │
       ┴ 0
```

図 9・1 さまざまな物質の pH

起源のアンモニアなどのアルカリ性物質も絶えず大気中に放出され，前述の自然発生した酸性物質の大部分を中和している．もちろん局地的な自然状態の変

コラム 9b　pH の測定

　定性的な pH の測定にはリトマス試験紙（酸に対し赤色，アルカリに対し青色反応）が用いられる．

　定量的な pH の測定には，さまざまな指示薬の変色反応が使用される．より定量的な pH の測定にはガラス電極法が用いられている．これはガラスの薄膜でつくられた容器の内側に，水素イオン濃度のわかった液体を入れ，この外側に測定しようとする液体を入れ，ガラス電極に生じる電位差を測定することにより，対象とする液体の水素イオン濃度をみる方法である．この測定方法の原理は，1909年にハーバー (Harber) およびクレメンチビッチ (Klomonciowicz) によって発見された．

　なお，酸性雨問題では pH のみに関心がよせられる社会的傾向があるが，酸性雨の化学的性質を確かめるためには pH を測定するだけでは不十分であり，溶解している各物質のイオン濃度を測定しなければならない．このためさまざまな化学的，電気的および光学的測定方法が使用されている．

動によって，雨水のpHは局地的・一時的には変動（たとえば火山噴火に伴って，強酸性の雨が降るなど）するが，地球全体について平均すれば，自然のプロセスのみの条件下では**雨水のpH**はおおよそ5.6であることが知られている．

人の活動に起因する酸性物質の大気中への放出があれば，当然雨水の酸性度も増加するはずであり，これを一般に酸性雨とよぶ．したがって，おおむねpH 5.6以下，あるいはpH 5以下の雨を酸性雨として定義する国が多い．雨水のpHが4ないし4以下になると被害が深刻化する．場合によってはpH 3〜2という著しい酸性雨あるいは**酸性霧**の観測例も報告されている．

欧州，北米および東アジアの酸性雨のpHの分布図をそれぞれ図9・2，図9・3および図9・4に掲げる．pH値が5以下である地域が広範囲にひろがっている．北米および欧州における酸性雨の状況は1990年代でもほぼ同じである．

日本で長期間にわたって雨の酸性度を観測している気象庁の綾里（岩手県）大気バックグラウンド汚染地域観測所のデータ（図9・5）によれば，1975年前後のpH約5.5は急速に減少し，1985年ころにはpH約4.5にまで酸性が強ま

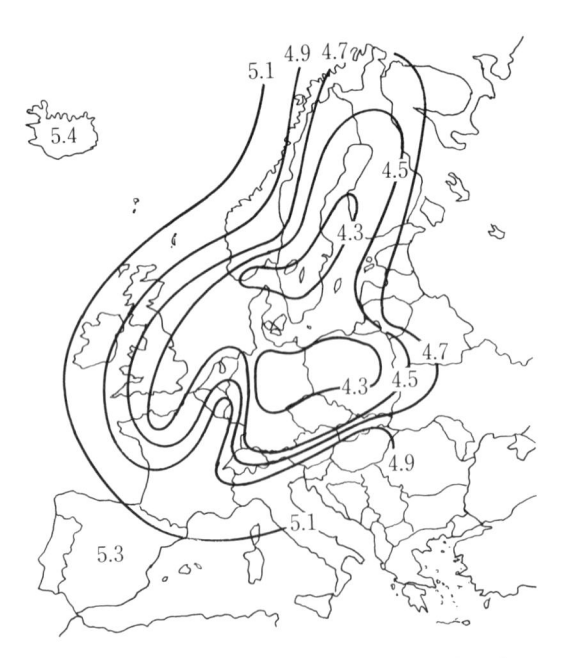

図9・2 1985年における欧州の雨の酸性度分布
（Berner E. K. and Berner R. A.: Global Environment, Prentice Hall, 1996）

9・2 雨水の酸性度

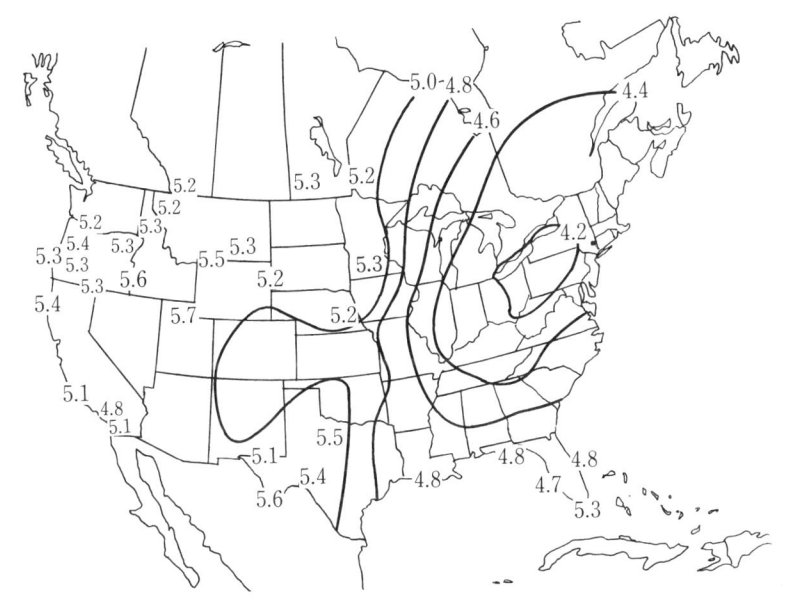

図 9・3　1985年における北米の雨の酸性度分布
(Berner E. K. and Berner R. A.: Global Environment, Prentice Hall, 1996)

コラム 9c　雨の酸性に関係する化学式

- 自然大気の二酸化炭素と自然雨水の酸性
  $CO_2 + H_2O \longrightarrow H_2CO_3$ （炭酸）
  $H_2CO_3 \longrightarrow H^+ + HCO_3^-$ （pH 約 5.6）
- 汚染物質による雨水の酸性化
  $SO_2 + 2\,OH \longrightarrow H_2SO_4$ （硫酸）
  $SO_2 + H_2O_2 \longrightarrow H_2SO_4$ （硫酸）
  $H_2SO_4 \longrightarrow 2H^+ + SO_4^{2-}$
  $NO_2 + OH \longrightarrow HNO_3$ （硝酸）
  $HNO_3 \longrightarrow H^+ + NO_3^-$
  HCl（塩化水素）$\longrightarrow H^+ + Cl^-$ （HClの水溶液を塩酸という）
- 中和の例
  $CaCO_3$（炭酸カルシウム）$+ H^+ \longrightarrow Ca^{2+} + HCO_3^-$
  NH_3（アンモニア）$+ H^+ \longrightarrow NH_4^+$

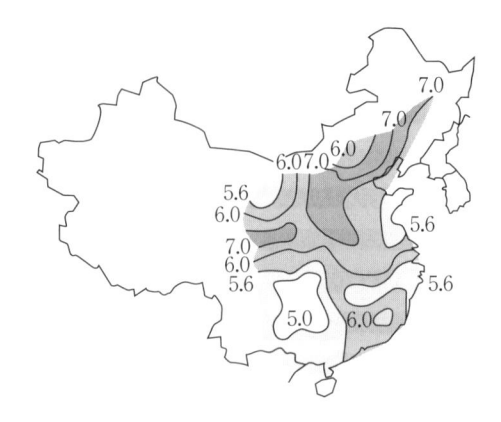

図 9・4 1981-1985 年における中国の雨の酸性度分布
(環境庁：環境白書 (平成 12 年版), 2001)

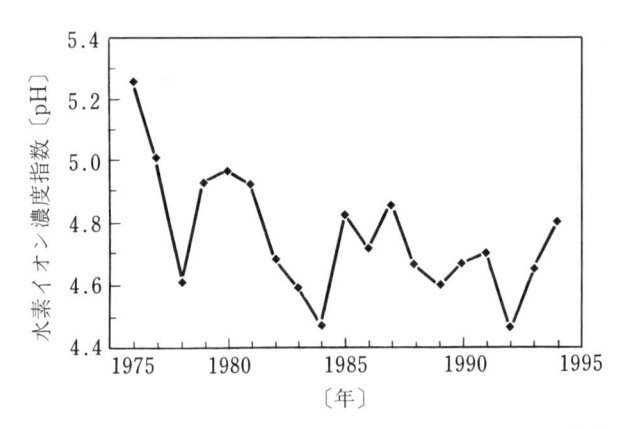

図 9・5 岩手県三陸町綾里における降水の水素イオン濃度指数の年平均の変化
(気象庁：今日の気象業務 (平成 8 年度版), 1996)

ったが，それ以後ゆるやかに回復してほぼ横ばいとなり，1995 年には pH 約 4.7 となっている．日本全国でみると，1983～1987 年 (環境庁第一次酸性雨対策調査) の pH の平均値は約 4.7 であり，1989～1992 年 (第二次調査) では pH 約 4.9 となっている．

また，一般に冬期日本海沿岸地帯で pH が低いが，原因物質である硫酸化合物が季節風によって大陸から輸送されてくるためだと考えられている．

9・3　酸性雨による被害

　酸性物質は大気中の輸送と拡散によって遠距離にわたって運ばれるから，大気中の酸性物質および酸性雨による被害は発生源付近に限定されないが，著しい被害はやはり発生源付近か，あるいはその風下の地域に集中的に発生する．
　大気中の酸性物質や**乾性沈着**(9・4 節)による直接的被害と酸性雨による被害を分類することは難しいので，ここではそれらをまとめて議論しよう．酸性雨の影響は大きく分けて，湖沼・河川（したがって魚類など水生生物）への影響，土壌・森林への影響，建造物への影響，および人体への影響に分けられる．

● 湖沼・河川の酸化

　もっとも深刻な影響があらわれているのは北欧で，1950 年代から酸性化が始まり当時 pH 6.5 程度の湖沼の多くが，現在 pH 4.5 あるいはそれ以下となっている．一般に pH 5 以下では魚類を含む生物の生存は困難になり，pH 4 に近づくとミズゴケなど強酸性に耐える生物のみが生存しうる．同様の被害は，カナダや米国北西部で著しい．一部の湖沼では石灰による中和も試みられているが，酸性化に伴った水質の悪化は，単に中和するだけでは回復されないことは多くの事例から示されている．（中和によって水素イオン濃度が減っても，水の汚染物質がなくなるわけではない．）酸性化は前述した地域の地下水にもみられ，地下水を利用する住民に影響をおよぼしている．
　日本では現在，酸性雨による湖沼の酸性化は著しくはない．日本の強酸性湖沼は，火山地域（たとえば鳴子温泉の火山湖「お釜」の pH は 2，湖水には耐酸性の強い藻が増殖しユスリカが発生している）や硫化物の多い地質の条件下で

コラム 9d　田沢湖の酸性化

　酸性雨によるものではないが，人為的な湖水の酸性化の例として田沢湖の例を掲げる．第二次世界大戦前の産業振興政策による玉保内発電所での水力発電のため，1940 年強酸性河川の玉川（源流の渋黒川の pH は 1.2）を人工的に田沢湖に導入した．当時すでに研究者が懸念を表明していたように，1937 年 pH 6.6 であった田沢湖の水は，1972 年には pH 4.4 にまで変化し，湖の生態系は完全に破壊され，田沢湖のみに生存していた辰子姫の伝説にまつわる「クニマス」は絶滅した．近年中和による対策がとられているが，絶滅種が回復することはない．

もたらされたものである．

● 森林・土壌・構造物への影響

　酸性雨の影響に加え，多くの大気汚染物質の作用が加わった複合的な効果によって，森林破壊や土壌の酸性化が進んでいる．このような被害は，現在において中欧や北米で著しい．近年「黒い三角地帯」として報道されているチェコ西北部，ポーランド南部，ドイツ東部の森林破壊は，石炭の使用に伴って排出される大気のイオウ酸化物の直接的作用の影響が大きいとされている．日本では酸性雨による森林破壊は少ないとされてきたが，部分的（おそらくは汚染物質の輸送に関係する局地的風系によると思われる）な損害が発生している．

　酸性物質による石造建造物の破損，銅・鉛などの金属建造物の腐食などの被害が生ずる．

9・4　酸性雨の生成過程と酸性物質の発生源

　人間活動によって大気中に放出された汚染物質は，大気中での複雑な化学反応をへて，**乾性沈着**として，あるいは降水に取り込まれて**湿性沈着**として，地表に落下する．酸性雨をもたらす主要な汚染物質は，**亜硫酸ガス**（SO_2）と**窒素酸化物**（NO_x）である．

　図9・6は，亜硫酸ガスを例として酸性雨がもたらされる過程を模式的に描いたものである．なお図中「**降水洗浄**」とあるのは「**ウォッシュ・アウト**」のことで，大気中の汚染物質が降水に取り込まれることを意味し，その分だけ大気は洗浄され，一方その分だけ雨が汚染されることを意味している．

　大気汚染，したがって酸性雨の被害は，一般的に汚染物質の発生源付近でもっとも著しいが図9・6に示したように汚染物質が輸送・拡散しつつ化学反応によって酸性雨に変化していくため，その被害は発生源の周囲（風下側）の数百〜数千kmの広範囲におよぶ．しかも欧州や北米などでは，大都市や工業地帯が密集し隣接しているため，相互に汚染の被害をもたらしあい，結果として図9・2および図9・3にみられるような酸性雨のひろがりをもたらすことになる．この点で，汚染物質の長距離輸送の働きは重要である．

　大気汚染や酸性雨の科学的実態や，その発生や輸送のプロセスを解明することは対策をたてるために重要であるが，問題の根源は，発生源およびその総量にあることを忘れてはならない．表9・1に，イオウ酸化物（SO_x）および窒素酸

9・4 酸性雨の生成過程と酸性物質の発生源

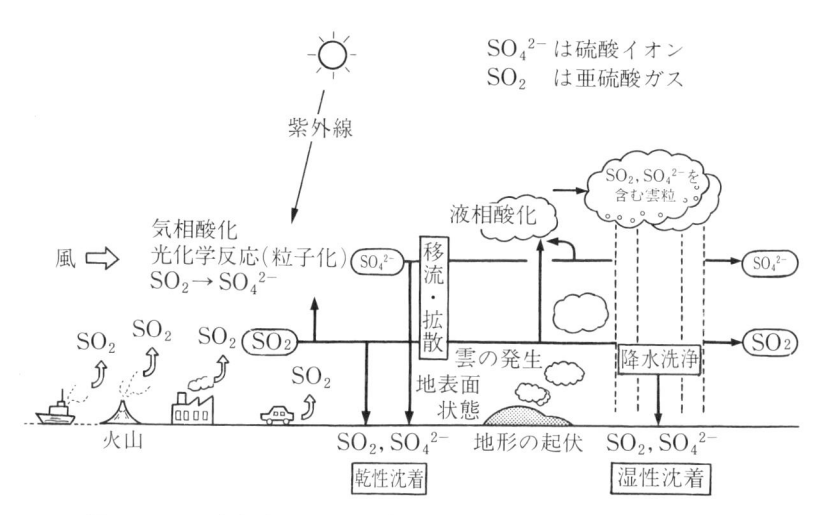

図 9・6 亜硫酸ガスによる大気汚染と酸性雨発生の模式図
(気象庁:今日の気象業務(平成8年度版), 1996) より引用

表 9・1 硫黄酸化物と窒素酸化物の排出量
( ) は 2010 年の値　　　〔単位:100万t/年〕

排出国	硫黄酸化物			窒素酸化物		
	1980	1990	2005	1980	1990	2005
アメリカ	23.5	21.5	13.3	22.6	21.3	16.9
カナダ	4.6	3.3	2.1	3.5	2.7	2.4
ドイツ	7.4	5.3	0.6	0.8	0.8	1.4
イギリス	4.9	3.8	0.7	2.5	2.8	1.6
フランス	3.4	1.3	0.5	1.7	1.9	1.2
イタリア	3.8	1.7	0.4	2.0	2.1	1.1
スペイン	3.1	2.3	1.3	1.6	1.9	1.5
ポーランド	4.1	3.2	1.3	1.2	1.3	0.8
ハンガリー	1.6	1.0	0.1	1.5	1.5	0.2
ロシア	12.1	12.0	(10.2)	2.6	2.5	(3.1)
中国	13.4	17.3	(23.4)	4.9	6.4	(7.4)
インド	2.0	2.8	(3.1)	1.7	2.3	2.6
日本	1.2	0.7	0.8	1.1	1.2	1.9
韓国	0.3	1.6	0.4	0.4	0.7	1.4

(茅陽一監修:環境年表 '04/'05, オーム社), および(総務省統計局 世界の統計 2011) より引用, 整理

化物（NO_x）の主要排出国の排出量を掲げる．なお，これらの推定値は，資料によってかなり異なることもあり，概数として理解すべきである．先進工業地域では，新技術の導入により総排出量は減少傾向を示しているが，新興工業地域では総排出量の増加が続き，全地球的な環境問題は深刻さを増し続けている．

以上の議論から明らかなように，大気汚染・酸性雨問題を解決するには原因物質の排出をなくせばよい．しかし，それは国，地域あるいは企業の経済活動の立場からは容易に実行しがたいことであり，十分な科学的事実にもとづく国民的な理解と合意なしには実現不可能である．9・5節でも述べるが，問題の科学的事実の把握がまず必要なのはそのためである．

短期的にみれば，経済的負担のかかる規制や新技術導入などの対策も，長期的にみればもっとも有利な道であることを国家的・国際的な共通認識とすることが必要である．

9・5　国際的な酸性雨対策

9・4節で述べたように，酸性雨の原因となる汚染物質はその発生源から長距離輸送により，国境や州境さらには海を越えてひろがる．したがって，ある地域の汚染物質被害の原因は他の隣接地域，隣接国にあることが少なくない．このことは，汚染物質問題をめぐって国際的対立が生ずること，そして同時に，多国間内の協力体制の確立なしには問題の解決ができないことを意味する．

時間的経緯を振り返ってみると，酸性雨被害の実態の把握，酸性雨の測定分析，その発生のメカニズムと汚染物質の輸送過程の理解などの科学的研究が行われ，その立証の上にたって初めて，国内的・国際的な協調による対処への道がひらかれている．もっとも古くから大気汚染と酸性雨被害の発生した北欧および北米では，1950年代よりこの問題について地球化学的，気象学的および生物学的研究が精力的になされており，多数の論文や報告が発表されている．

それらの多数の文献を列記することは不可能であるが，重要な論文の一例をあげれば，1955年にバレットとブローディン（E. Barrett and G. Brodin）は"The acidity of Scandinavian precipitation"を発表している．また，1968年に発表されたオデン（S. Oden）の"The acidification of air and precipitation and its consequences on the natural environment"は，北欧の酸性雨の原因に言及した論文としてよく知られている．このような正確な科学的知見が，**"長距離越境大気汚染条約"**などの国際的対応の進展につながったのである．その

時間的経過を表9・2に年表的にまとめた．

ほぼ同様の経緯は北米にもみられる．特にカナダでは，米国の工業地域からの越境物質に起因する酸性雨被害が多く，米国との交渉が続けられてきた．当初米国はこの見解に対しては否定的(表9・2の1988年NAPAP中間報告)であ

表 9・2 酸性雨対策に関する国際条約，国際協同計画など

年	国際条約・国際協同計画	欧州	北米
1972	・国連人間環境宣言(越境汚染抑制義務明記) ・国連人間環境会議 スウェーデン酸性雨環境問題提起	・西欧11か国「大気汚染物質長距離移動計測技術計画」を開始	
1979	・「**長距離越境大気汚染条約**」締結(1983発効)(LRTAP条約と略称)		
1980			・米国・カナダ「越境大気汚染に関する合意覚え書」 ・米国「酸性降下物法」制定「酸性雨評価プログラム(NAPAP)」開始
1984		・「欧州大気汚染物質長距離移動監視評価共同プログラム」(EMEP議定書)締結	
1985	・「**ヘルシンキ議定書**」締結(イオウ酸化物規制)		
1988	・「**ソフィア議定書**」締結(窒素酸化物規制)		・NAPAP中間報告(酸性雨過小評価)
1990			・NAPAP最終報告書
1991			・米国・カナダ「酸性雨被害防止のための二国間協定」 ・米国「清浄大気法」改案(酸性雨防止対策を含む)

ったが，1989年のブッシュ大統領のカナダ訪問の前後より問題の理解を深め，表9・2に略記した二国間協定や，それに対応する国内規制を進めている．

　アジアでも大気汚染や酸性雨問題が深刻化してきており，日本（環境庁（当時））を中心に，「東アジア酸性雨モニタリングネットワーク」の設置を推進してきた．このネットワークは2001年から，参加10か国において本格稼働を開始した．

　もちろん，大気汚染・酸性雨問題は前述した「大陸スケール」の範囲にとどまるわけではなく，全地球的規模での実態監視や実態解明が必要である．国際連合（UN）の専門機関の一つである世界気象機関（WMO：World Meteorological Organization. 所在地ジュネーブ）では，すでに1950年代から**全球オゾン観測システム**（GO_3OS），1960年代から「**大気バックグラウンド汚染観測**（**BAPMoN**）を展開していたが，1989年よりこれらを統合拡張した**全球大気監視**（**GAW**）を実施している．日本では気象庁がこれらの計画に参加し南鳥島（マーカス島），綾里および与那国島で精密な測定を続けている．

10章 オゾン層とオゾン破壊

これまで安全と思われていた化学物質（ハロゲン化炭化水素）が，さまざまな過程を経て，オゾン層を破壊することが明らかになった．10章ではオゾン層破壊のメカニズムを説明し，現在国際的にとられている対応策を学ぶ．

10・1 オゾンとオゾン層

　地球大気にはその主要成分である窒素，酸素およびアルゴン以外に多種類の微量気体が含まれている．**オゾン**（O_3）もそれらの微量気体の一つである．

　図10・1に**大気の鉛直構造**（気圧および高さに対する気温分布）を示す．気温は対流圏では高さとともに 6.5℃/km の比率で低下し，対流圏界面で極小値に達し，成層圏では高さとともに増加し，成層圏界面(約 1 hPa，約 45 km ほど)で極大に達する．大気中の**オゾン分圧**は成層圏中部で極大となっている．この部分をオゾン層とよぶ．

　オゾンは酸素分子の**光解離反応**によって生成されるので，紫外線の強い大気

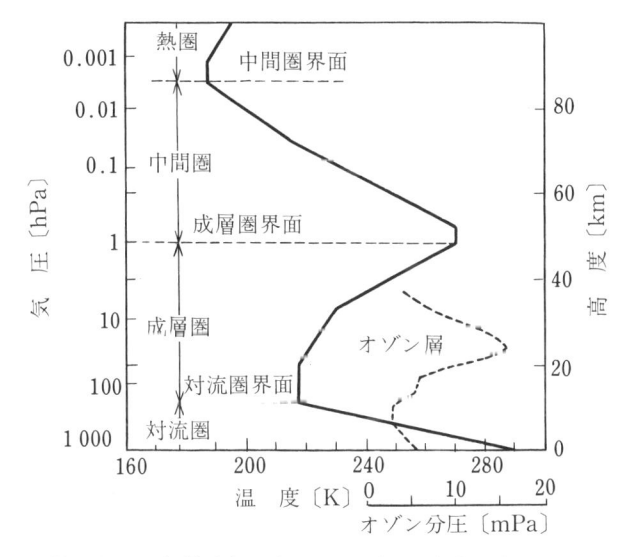

図 10・1　標準大気の気温とオゾンの高度分布
（気象庁：近年における世界の異常気象と気候変動（V），1994）

上層で高い分圧を示す．また太陽放射を吸収するためオゾン層は高温となる．図10・1のようにオゾン分圧の極大高度（約25 km）より，温度の極大高度（約45 kmほど）が高いのは上空ほど空気の密度が小さく，より昇温しやすいためである．オゾンは太陽放射の紫外線の多くを吸収し，その地表への到達を妨げる．短波長の**紫外線**は生物に対して有害であるので，オゾン層は太陽紫外線から地球の生物を保護する重要な役割を果たしている．

空気の分圧が「hPa」で示されるのに対し，オゾン分圧は「mPa（ミリパスカル）」で示されることからわかるように，オゾンの密度は非常に小さい．微量気体の総量を示すための単位として「atm-cm」が用いられる．これは0℃および1気圧の状態で，その気体のもつ厚さを計る単位である．オゾンの量は約0.3 atm-cm（＝300 m atm-cm：ミリアトム-センチメートル）にすぎない．なお空気の量は約8 atm-kmであるからオゾン量は空気の総量の10^{-6}以下にすぎない．

後述するように，オゾンの生成量は熱帯上部成層圏（5〜10 hPa，30〜40 km）で最大である．ではなぜオゾン分圧は約25 km付近で最大なのだろうか？　この疑問に答える前に，オゾン量の表示方法についてもう一度説明が必要である．**オゾン分圧**は文字どおりオゾンの圧力である．**オゾン分子密度**は1 m^3に含まれるオゾン分子の総数である．気体の状態方程式からわかるように，オゾン分圧とオゾン分子密度は比例関係にある．もう一つの重要な物理量として，オゾンの空気に対する質量比（空気1 kgにオゾンの質量がどのくらいあるか）がある．気象学では，**混合比**（mixing ratio）ともよばれる．もしオゾンの発生・消滅が

コラム 10a　オゾンの観測

オゾン量は次のいくつかの方法によって観測される．
- 光学的方法：オゾンに強く吸収される紫外線と，あまり吸収されない紫外線との強度比を測定することによりオゾン量を計る（ドブソン分光計）．
- 化学的方法：オゾンとヨウ化カリウムの反応により測定する（測定器を気球につけて飛揚させる）．
- レーザ光線による方法：レーザ光線がオゾンに吸収される性質を利用して測定．
- 衛星観測：特定の波長域における放射強度の測定にもとづいた，オゾン量の推定．

なければ，空気の運動に伴って空気の圧力や密度が変化しても，オゾン混合比は不変である．すなわち，大気の循環（流れ）によるオゾンの輸送（空気とともに移動する）を考察するためには，**オゾン混合比**は大変わかりやすく重要な量である．

図 10・2 (a) に図 10・1 と同一のデータによってオゾン分子数密度の鉛直分布を示した．当然，図 10・1 のオゾン分圧分布と同様の分布曲線がみられる．これに対し，同一のデータによってえられたオゾン混合比の鉛直分布を図 10・2 (b) に掲げると，その極大値は 35 km 付近にみられる．

10・2　オゾンの分布と季節的変化

一般に大気に関する物理量は南北方向の変化が大きく，東西方向の変化は相対的に小さい．このため分布の大局を把握するためには，東西方向（経度方向）の平均値（**東西平均：ゾーナル平均**）を調べることが便利である．

図 10・3 は 1 月，4 月，7 月および 10 月における東西平均したオゾン混合比の鉛直・緯度（南北）分布図である．オゾン混合比の極大は，その生成層である熱帯の 10 hPa 層にみられる．また混合比の等値線の分布は，オゾンが地球規模の循環系の下降流によって中緯度の下部成層圏に運ばれつつ破壊されていることを示している（循環系の図は省略）．

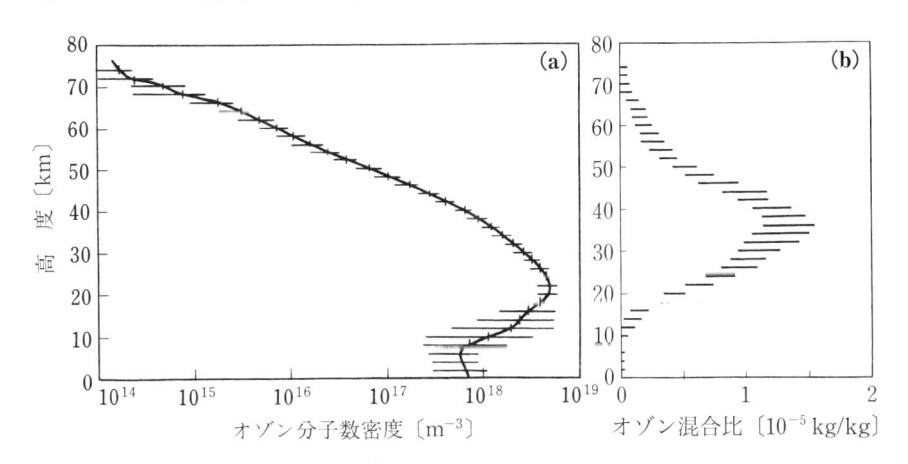

図 10・2　(a) オゾン分子数密度（分子数/m³）の鉛直分布
　　　　　(b) オゾン混合比の鉛直分布
(Dmowska R. et al. Ed: Middle Atmosphere Dynamics, Academic Press, 1989)

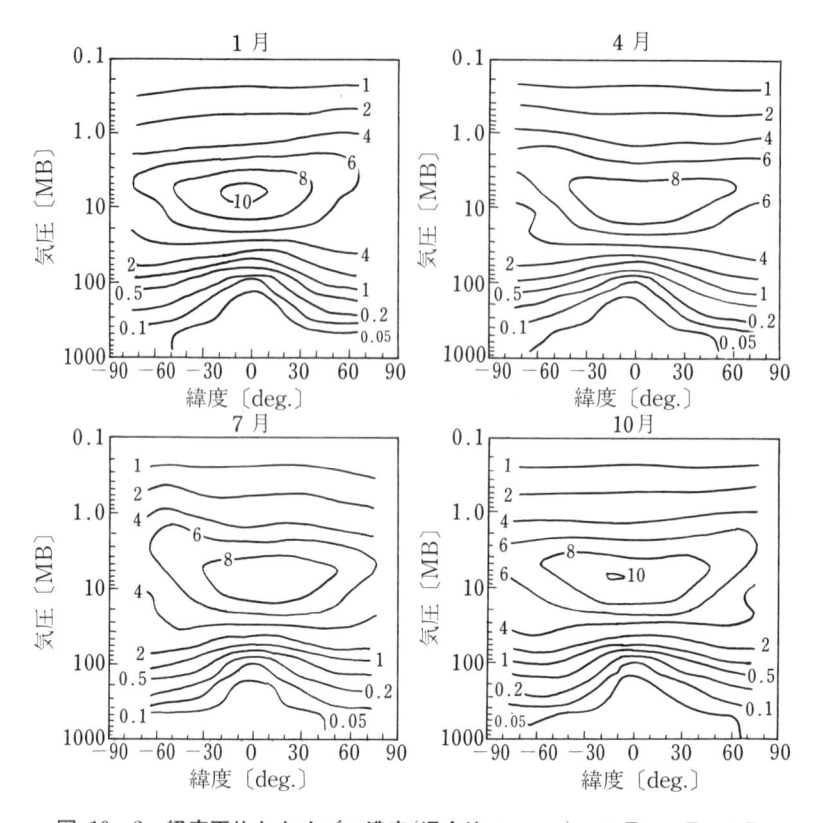

図 10・3 経度平均したオゾン濃度（混合比：ppmv）の 1 月，4 月，7 月 および 10 月の高度～緯度分布図
(Dmowska R. et al. Ed: Middle Atmosphere Dynamics, Academic Press, 1989)

次にオゾンの混合比とオゾン総量の関係を説明しよう．オゾンの混合比を χ，空気の密度を ρ と書けば，オゾンの密度は $\chi\rho$ であり，大気層全体についての総量は $\int_0^\infty \chi\rho dz$（すなわち鉛直方向の総合計を意味する高さ z についての積分）として求められる．

図 10・4 は**オゾン全量**の月別・緯度分布図である．熱帯では全年を通じて約 0.28 atm-cm（＝280 m atm-cm）の値がみられ，北半球の中高緯度では 12 月から 6 月に，南半球の中高緯度では 8 月から 1 月に極大値がみられる．なお，9 月から 10 月にみられる南極の著しいオゾン全量の極小は，後述する**南極のオゾンホール**に対応するものである．

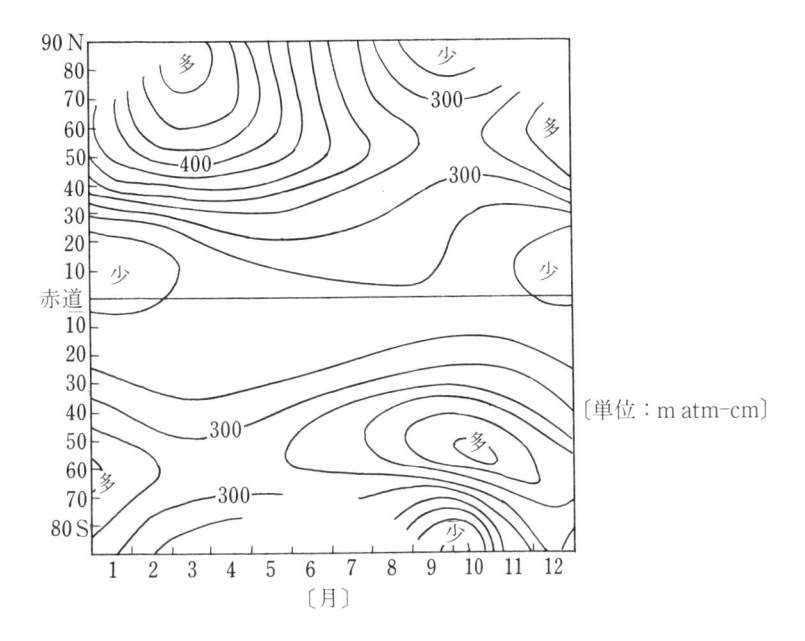

図 10・4 オゾン全量の月別・緯度分布
（気象庁：近年における世界の異常気象と気候変動（V），1994）

NASA 提供の TOMS データ（第 6 版）から作成．

10・3 オゾンの生成と破壊

　大気中では，オゾンが次々と生成されていると同時に次々と破壊され，そのバランスの結果として観測されるオゾン濃度（あるいは混合比）の分布が出現している．本節ではオゾンの生成と破壊のプロセスを説明する．このプロセスは複雑なので，どこまで詳しく議論するかで説明のしかたもかわってくる．読者はいくつかの書物を参照して，その説明の程度の差に困惑するに違いないが，「どこまで詳しく」論ずるかの差異である．

　本節では，光解離反応と触媒反応に分けて考えてみる．なお，オゾンホールに関する反応プロセスは 10・5 節で詳しく議論する．

● オゾンと光解離反応

　光解離とは，光の作用によって分子が分解することを意味する．オゾンに関

連する光解離プロセスは，記号的に次のように書かれる．

$$\left.\begin{array}{l} O_2 + h\nu \text{（紫外線のエネルギー）} \longrightarrow O + O \\ O + O_2 + M \longrightarrow O_3 + M \\ O_3 + O \longrightarrow 2O_2 \end{array}\right\} \quad (10\cdot 1)$$

ここで，Mは反応によって生じた過剰のエネルギーを運び去る「第三」の気体分子をあらわす．式 (10·1) は，形式的にはオゾンと酸素分子の生成・破壊がバランスしていることを示している．より詳しく考えれば，各反応の**反応速度**はそれぞれ反応速度係数と物質濃度によって定まり，結果として各成分気体（オゾン，酸素分子，酸素原子）間の平衡状態の濃度が決定される．この点において式 (10·1) のような化学式は，変化の速さを示す数式とは意味が異なる．

なお，オゾンも光解離する．そのプロセスは

$$\left.\begin{array}{l} O_3 + h\nu \longrightarrow O + O_2 \\ O + O_2 + M \longrightarrow O_3 + M \end{array}\right\} \quad (10\cdot 2)$$

である．

このように解離した酸素原子(O)と酸素分子(O_2)は再び結合してオゾン(O_3)がつくられる．

コラム 10b　光解離反応と平衡状態のオゾン濃度

式 (10·1)，(10·2) で示したオゾンの反応を，もっと詳しく調べてみる．

$$\begin{array}{ll} (J_2) & O_2 + h\nu \longrightarrow 2O \\ (K_2) & O + O_2 + M \longrightarrow O_3 + M \\ (J_3) & O_3 + h\nu \longrightarrow O + O_2 \\ (K_3) & O + O_3 \longrightarrow 2O_2 \end{array}$$

ここで，J_2, K_2, J_3 および K_3 はそれぞれの反応の反応速度係数である．

それぞれの物質の濃度を [ ] であらわせば，$[O_3]$ と $[O]$ の化学変化による時間変化は

$$\partial[O_3]/\partial t = -J_3[O_3] - K_3[O][O_3] + K_2[O][O_2][M]$$

$$\partial[O]/\partial t = -K_3[O][O_3] - K_2[O][O_2][M] + J_3[O_3] + 2J_2[O_2]$$

である．平衡状態は $\partial[O_3]/\partial t = 0$, $\partial[O]/\partial t = 0$ となることを意味する．これらの条件から平衡状態のオゾン濃度と酸素濃度がえられる．

● オゾンと触媒

ある物質が，それ自体は結果的にはまったく化学的に変化しないが，化学反応に関与して化学反応速度を変化させる場合，その物質をその反応に対する**触媒**とよぶ．この触媒を X とするとその反応プロセスは

$$\left.\begin{array}{r} X + O_3 \longrightarrow XO + O_2 \\ XO + O \longrightarrow X + O_2 \end{array}\right\} \quad (10 \cdot 3)$$

となる．合計すれば

$$O + O_3 \longrightarrow 2 O_2$$

であり，これは式 (10·1) の最後の式と同一のオゾン分子の破壊を意味する．

大気中で X の役割を果たすのは，水酸化合物 (HO_x)，窒素酸化物 (NO_x)，塩素原子 (Cl) および一酸化塩素 (ClO) であり，自然起源および人工起源の物質から生じる．式 (10·3) の反応速度も，それぞれの反応速度係数と関与する物質の濃度で決定されることはすでに述べた．たとえば酸素原子 (O) の濃度の小さい 20 km では，式 (10·3) によるオゾン破壊はあまり重要ではない．

触媒 X としては，近年人工起源のハロゲン化合物（コラム 10 c 参照）が注目されているが，すべての塩素化合物が，式 (10·3) の触媒として作用するわけではない．有効な触媒として作用するのは塩素原子 (Cl) と一酸化塩素 (ClO)

コラム 10c　ハロゲン化炭化水素

ハロゲン化炭化水素は，炭化水素（メタン（CH_4），エタン（C_2H_6）など）の水素の一部または全部が**ハロゲン元素**（塩素＝Chlorine＝Cl, フッ素＝Fluorine＝F, 臭素＝Bromine＝Br……）で置換された物質の総称である．

日本では Cl と F で置換された物質を**フロン**，Br を含む物質をハロンという．実例としてはフロン 11（CCl_3F），フロン 12（CCl_2F_2），フロン 22（$ClClF_2$），フロン 113（$C_2Cl_3F_3$）などである．なおフロンは日本特有の用語である．

国際的な用語は次のとおりである．

　　FC＝フルオロ・カーボン：フッ素化した炭化水素
　　CFC＝クロロ・フルオロ・カーボン：塩素・フッ素化した炭化水素
　　HCFC＝ハイドロ・クロロ・フルオロ・カーボン：水素原子を残して塩素・フッ素化した炭化水素

（注）水素＝Hydrogen＝H，炭素＝Carbon＝C

で，これらをオゾン破壊に関しての**活性塩素**（物質）とよぶことがある．同様の意味で，臭素原子（Br）と一酸化臭素（BrO）は**活性臭素**（物質）とよばれる．

これに対して，塩素化合物の90％以上を占める塩化水素（HCl）や硝酸塩素（ClONO$_2$）などはオゾン破壊反応には関与しない**不活性塩素化合物**である．

ハロゲン化炭化水素の紫外線の光解離反応によってClやClOが発生しても，それらは大気のメタン（CH$_4$）や二酸化窒素（NO$_2$）と化学反応をおこし，ただちにHClやClNO$_3$に変化する．したがって，一般的にはClやClOによる式(10・3)の反応はおこらない．しかしHClやClNO$_3$は南極の極成層圏雲の氷晶の表面反応で塩素に変化しオゾンを破壊する（10・5節参照）．

10・4 南極のオゾンホール

成層圏オゾンの著しい減少が最初に観測されたのは，南極においてである．1982年に日本の南極観測隊は，**中層大気国際協同研究**（MAP）の一環として**昭和基地**においてオゾン層の研究観測を行い，1982年の春（南極の春：9月ころ）のオゾン全量が著しく減少していることを明らかにした（忠鉢，1985年）．イギリスの南極観測によっても，春のオゾン全量の減少が確認され，フロンによるオゾン破壊が主張され（Farmanほか，1985年），さらに人工衛星によるオゾン観測データの分析から，オゾンの減少が南極上空の広範囲にわたる現象であることが確認されるに至った（Stolarskiほか，1986年）．オゾン量分布図上では，南極上空のオゾン層の穴のようにみえることから，これを「**オゾンホール**」とよぶようになった．その後過去のデータも解析され，1970年代後半から南極オゾンの減少が始まっていたことが知られた．オゾンホールの規模は，その後ますますひろがり，今日に至っている．

図10・5は1993年のオゾンホール域の最低オゾン全量と，オゾンホールの面積（オゾン量220 m atm-cm以下の面積）の時間変化を示す．オゾンホールは南極の春に出現し，ほぼ3か月にわたり維持されている．

オゾンホールの面積は，1980年から1993年まで増加傾向を示し，以後，ほぼ横ばいの状況となっている（図10・6）．

図10・7は1979年10月および1996年10月の南半球における月平均オゾン全量分布を比較したもので，著しいオゾンホールの拡大がみられる．

このような近年のオゾンホールの出現は，自然現象としては説明できないの

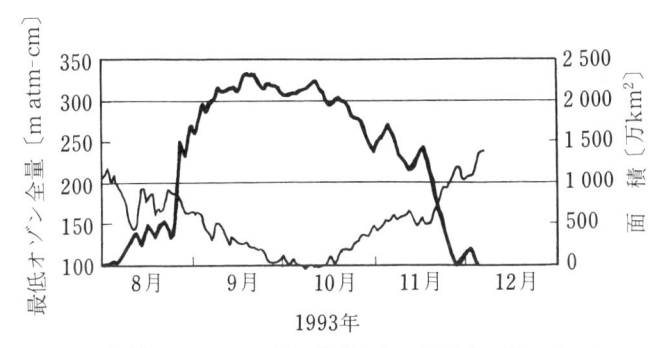

10・4 南極のオゾンホール

図 10・5　1993年のオゾンホールの規模の推移図

ロシアの衛星メテオール3号に搭載された TOMS (Total Ozone Mapping Spectrometer) からのデータをもとに解析した 1993 年のオゾンホールの最低オゾン全量(細線)と面積(太線)の推移を示す.

(気象庁：近年における異常気象と気候変動 (V), 1994)

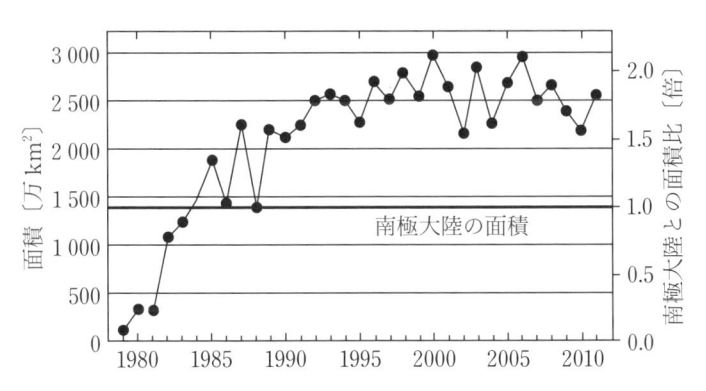

図 10・6　オゾンホールの面積(オゾン全量が 220 m atm-cm 以下の領域の面積) の経年変化. 図は 1979 年以降の年最大値の経年変化. 米国航空宇宙局 (NASA) 提供の TOMS および OMI データをもとに作成.

(気象庁：オゾン層観測報告, 2010)

で，その原因が研究され，人工物質であるフロンなどの塩素化合物によるオゾン破壊のプロセスが解明されるに至った．

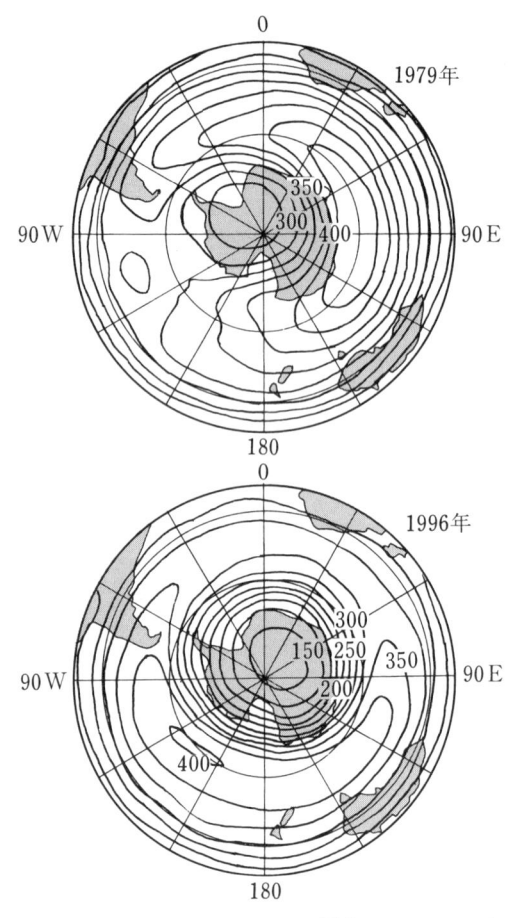

〔単位:m atm-cm〕

図 10・7　1979 年および 1996 年 10 月の月平均オゾン全量の南半球分布図
(気象庁:今日の気象業務(平成 9 年度版), 1997)

10・5　オゾンホールにおけるオゾン破壊

　オゾンの著しい減少がなぜ，特に南極の春(9〜10月)にみられるのであろうか？　現在このプロセスは次のように理解されている．

　① **極夜渦**域内の著しい低温

② 低温下に発生する**極成層圏雲**の発生
③ 極成層圏雲の氷晶表面での塩素ガス（Cl_2）の発生
④ 春期に光解離された塩素（Cl）によるオゾンの破壊

以下，このプロセスを説明する．

● 極夜渦の形成

　冬期，極域は太陽光があたらない**極夜**となり，放射冷却により著しく低温となり，極を中心とした低圧部が形成され，同時に極を中心とした渦状の循環が形成される．これを**極夜渦**（polar night vortex），あるいは単に，**極渦**（polar vortex）とよぶ．この強い渦の内部には，周囲からの空気の流入がないため著しい低温が維持され，気温は$-80°C$まで低下する．

● 極成層圏雲の発生

　成層圏の温度が$-78°C$以下になると，成層圏中の微量気体である硝酸ガスや水蒸気が昇華して大きさ$1\,\mu m$（100万分の1 m）程度の微細な氷晶となる．この氷晶が集まった雲を**極成層圏雲**（PSC）とよぶ．

　主要な不活性塩素物質である塩化水素（HCl）と硝酸塩素（$ClONO_2$）は，気体中では反応しないがPSCの氷晶表面を介して次の変化をする．

$$ClONO_2 + HCl \longrightarrow Cl_2 + HNO_3$$

硝酸（HNO_3）はPSCに取り込まれ，塩素分子（Cl_2）は大気中に放出される．

● 春期の光解離された塩素によるオゾンの破壊

　極夜渦域内の成層圏で生成された塩素ガス（Cl_2）は，南極の春になると光解離によって活性塩素である塩素原子（Cl）となる．

　オゾンホールに関係する15・25 kmの層では，酸素原子（O）の濃度が小さいので，式（10・3）以外の触媒反応を考えねばならない．その一つは

$$\left.\begin{array}{l} Cl + O_3 \longrightarrow ClO + O_2 \\ ClO + ClO + M \longrightarrow ClOOCl + M \\ ClOOCl + h\nu \longrightarrow Cl + ClOO \\ ClOO + M \longrightarrow Cl + O_2 + M \end{array}\right\} \quad (10 \cdot 4)$$

である．ここで，$ClOOCl$は**酸化塩素二量体**である．Mの役割は，式（10・1）と同様である．ここで，O_3を破壊するClが再び形成され，それが次々とO_3と

反応することとなる．この触媒反応では太陽光線のエネルギー $h\nu$ が必要である．したがって，この反応は極夜が終わった時期におこる．この反応はオゾンホールのオゾン破壊の約70％に寄与していると考えられる．

このほかに，太陽光線のエネルギー $h\nu$ を必要としない触媒反応として

$$
\left.\begin{array}{l}
Cl + O_3 \longrightarrow ClO + O_2 \\
Br + O_3 \longrightarrow BrO + O_2 \\
ClO + BrO \longrightarrow Br + Cl + O_2
\end{array}\right\} \quad (10 \cdot 5)
$$

が考えられ，オゾンホールのオゾン破壊の約25％を説明すると考えられている．この場合でも，O_3 を破壊した Cl と Br が再びあらわれ，次々と O_3 との反応をくり返す．

前述したように各反応の進行は反応速度係数と，関係物質濃度で決定される．1987年9月，チリ（南緯62度）から南極大陸（南緯72度）にかけて高さ約

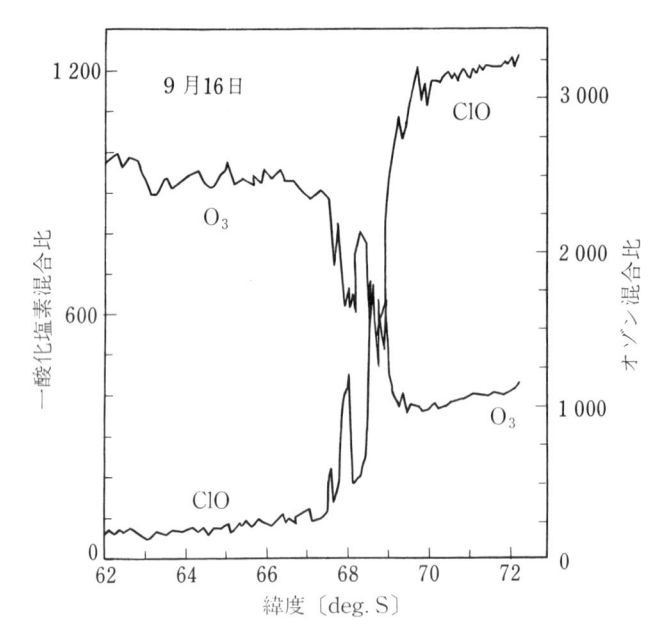

1987年9月チリから南極にかけての高度18kmにおける航空機観測．

図 10・8　オゾン濃度（混合比）と一酸化塩素濃度（混合比）の逆相関
(Berner E. K. and Berner R. A.: Global Environment, Prentice Hall, 1996)

18 km で飛行した航空機観測（図 10・8）によれば，オゾンホール内部では著しくオゾン混合比が減少し，同時に一酸化塩素（ClO）混合比が増加している．

図 10・9 は，南極昭和基地におけるオゾンゾンデ観測によって得られたオゾン分圧の高度分布図である．実線は 2009 年 10 月 4 日のオゾン分圧の高度分布を，破線はオゾンホールが出現する以前の 1968–1980 年の 10 月の平均オゾン分圧の高度分布を示す．2009 年 10 月 4 日における成層圏内のオゾン分圧の著しい減少が見られる．

● 夏期におけるオゾンホールの解消

春から夏にかけて日射の増大により極域成層圏の気温は上昇し，極渦は弱まり，外部との空気の交換によりオゾンホールは解消（南極オゾン量増加）し，同時に極域から外部に流出する空気のため周囲のオゾン濃度が減少する．

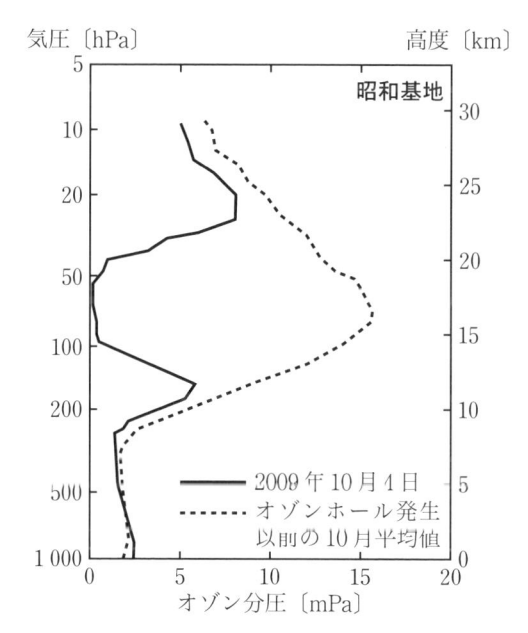

図 10・9　オゾンホール時期の昭和基地にけるオゾンの鉛直分布の一例．
点線は 2009 年 10 月 4 日のプロファイル．
黒線は 1968〜1980 年の 10 月の月平均値．
（気象庁：オゾン層観測報告 2010）

10・6 全球的なオゾンの減少と紫外線の増加

南極のオゾンホールほど著しくないが,赤道上空を除いて全球的にもオゾンの減少が観測されている.

中緯度におけるオゾン濃度の減少は,オゾンホールからの低オゾン濃度の空気の流出によるほか,下部成層圏でのオゾン破壊によるものと考えられている.これは,**成層圏エーロゾル層**(エーロゾルとは大気中に浮かぶ微小粒子のこと)の液滴表面の化学反応によるものとされている.

1980〜1995の期間の観測の結果は,全球オゾン量が約3%/10年の割合で減少していることを示している(図10・10).この変化は,ほぼ定常的な全球大気の振舞いからみれば,異常に大きな減少率である.しかし,1995年以後は減少傾向は見られない.

オゾン層破壊が問題となるのは,オゾンの減少により紫外線の吸収が減り,その結果として地上に到達する有害紫外線の増加をもたらすからである.図10・11は,**太陽放射エネルギーのスペクトラム**(波長に対する放射エネルギーの分布)である.太陽の表面温度は6000K(絶対温度)であり,点線で示されたスペクトル特性をもっているが,大気中のさまざまな物質によって選択的に吸

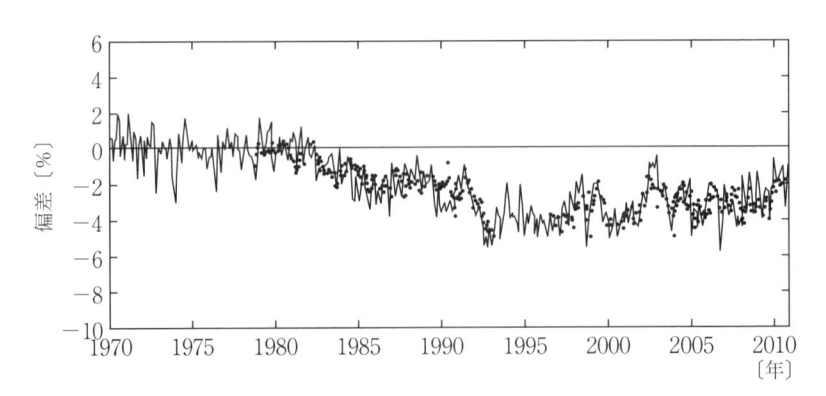

世界平均のオゾン全量の1970〜1980年の平均値と比較した増減量を%で表した.この増減量は季節変動,太陽活動,QBO(約2年の周期をもつ成層圏循環の変動)などの影響を除去している.実線は地上観測点のデータ,●は北緯70度で平均した衛星観測のデータ.地上観測点のデータは「世界オゾン・紫外線データセンター」が収集したデータ.衛星観測のデータは米国航空宇宙局(NASA)提供のTOMSおよびOMIデータを使用.

図 10・10 世界のオゾン全量の経年変化

(気象庁:オゾン層観測報告 2010)

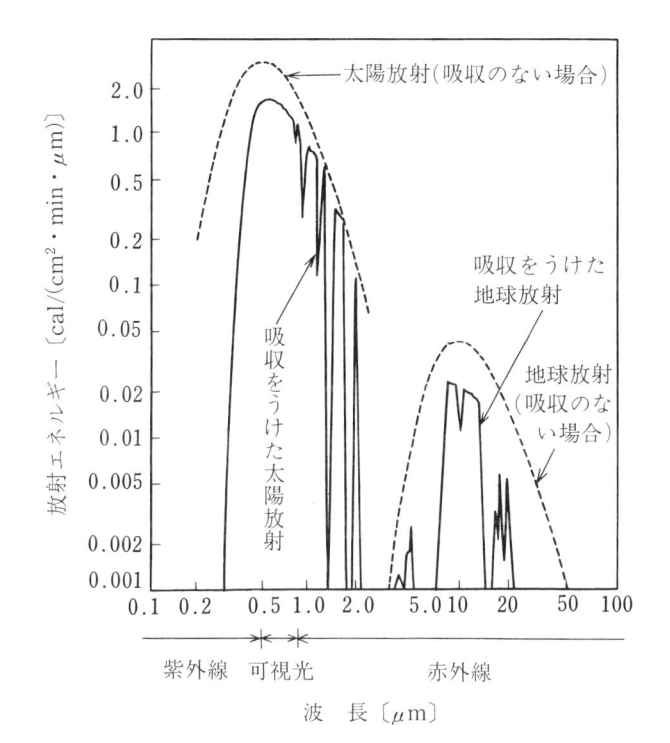

図 10・11 太陽放射と地球放射のスペクトラム
(波長に対する放射エネルギーの分布図)
(Berner E. K. and Berner R. A.: Global Environment, Prentice Hall, 1996)

収され，地上に到達する放射のスペクトラムは虫食い状になっている．

可視光(ほぼ 0.8〜0.4 μm の波長域)より短い波長の放射(電磁波)である**紫外線** (ultraviolet ray：UV) は，波長により

  A 領域紫外線 UV-A (0.40〜0.32 μm)
  B 領域紫外線 UV-B (0.32〜0.28 μm)
  C 領域紫外線 UV-C (0.28〜0.10 μm)

に分けられる．

UV-A は可視光線に近く，大気による吸収をあまりうけずに，地上に達するが，人体や生物への害は少ない．波長の短い UV-C は，人体や生物への影響が大きいが(波長が短いほど影響が大きい)，吸収も非常に大きいのでオゾン量が多少減少しても地上には到達しない．問題になるのは **UV-B** である．オゾン量

が減少すると吸収が減り，より多くの UV-B が地上に達するからである．

増加する有害紫外線の人体への影響は，**皮膚ガン**や**白内障**の増加としてあらわれる．オゾン破壊が問題になる以前から，日射の強い地域に居住する白色人種に皮膚ガンの発生が多いことが知られており，それらの地域では紫外線の増加が心配されている．

オゾン層オゾンが 1% 減少すると，地上に達する UV-B は 2% 増加し，米国環境保護局の推定では，米国内の皮膚ガン患者は約 6 000 人/年増加し，白内障患者は 1% 増加するという．オーストラリアでもオゾン層オゾンが 1% 減少すると，皮膚ガン患者は 5 000 人/年増加するといわれている．

では，日本ではどうなっているのだろうか？ 図 10・12 は日本の各観測所におけるオゾン全量の変化を示している．低緯度ではほとんど変化していないが，高緯度の札幌では 1965〜1995 年の間に 20 m atm-cm 減少した後は変化していない．さいわい地上に達する UV-B の明確な増加はまだ認められていない．これは，日本では雲や降水が多くオゾン量の減少がただちに地上に達する UV-B の増加をもたらさないからである．

日常生活において過度の紫外線は避けなければならない．有害紫外線量を示すために「**紅斑紫外線量**」が用いられている．これは地上に達っする各波長帯の紫外線量に"影響の重み"を乗算し，それを合計した量であり，1 平方 m 当

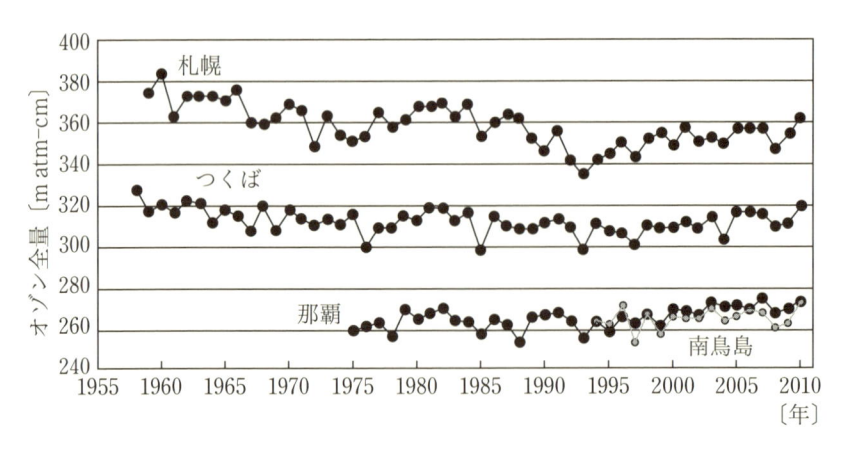

札幌，つくば，那覇，南鳥島におけるオゾン全量の観測開始から 2010 年までの年平均値．

図 10・12　日本のオゾン全量年平均値の経年変化
(気象庁：オゾン層観測報告 2010)

表 10・1　UV インデックスに対応した紫外線対策

UV インデックス	対　策
1〜2：弱い	安心して戸外で過ごせる
3〜5：中程度	できるだけ日陰に入る
6〜7：強い	長袖シャツ，日焼け止めクリーム，帽子を使用する
8〜10：非常に強い	外出を控える
11〜：極端に強い	必ず長袖シャツ，帽子，日焼け止めクリームの使用

(環境省：紫外線環境保健マニュアル 2008) による

たりのワット (W/m^2) で表される．日本での最大値は〜400 mW/m^2 以下である．

日常生活のためには，紅斑紫外線量を 25 mW/m^2 単位で指標化した「**UV インデックス**」が使用される．

紫外線を吸収する雲 (量) と水蒸気量が予測できるので，紅斑紫外線量も予測されるわけである．気象庁は毎日 UV インデックスを発表している．

表 10・1 に UV インデックスに応じた紫外線対策を示す．

10・7　オゾン層の保護

オゾン層オゾン破壊のプロセスは複雑であるが，すでに 1974 年にはフロンによるオゾン破壊の学説 (Rourland による) が発表されている．その後のさまざまな研究によって，オゾン層破壊の原因が**ハロゲン化炭化水素**にあることが定説となっている．1930 年代に開発され人工的に合成されたフロンなどの物質それ自体は，安定した無毒の性質をもち，工業用洗浄材，冷媒，エアスプレーなど多様な目的に使用されている．その生産量は表 10・2 に示したように，1940 年ころから急激に増大している．それらは，使用されたあとは大気中に放出されるため，大気中の濃度もまた急速に増大してきた (表 10・3)．化学的に安定したフロンなども成層圏では光解離し塩素や酸化塩素などに分解され，それがオゾン層破壊をもたらすことはすでに述べた．

したがってオゾン層の破壊を防止するためには，フロンなどの大気中濃度を低下させることが必要とされる．この問題に対する世界の対応は，比較的速やかであった．1978 年に米国・カナダ・北欧ではフロンを使用したスプレーの使用を禁止し，1981 年には UNEP (United Nations Environment Programme：国連環境計画) で「**オゾン層保護条約**」の作成が合意された．1985 年には**オゾ**

表 10・2 世界のハロゲン化炭化水素の生産量

〔単位：万 t〕

	CFC-11	CFC-12	HCFC-22	HFC-134a
1940	0.02	0.5		
1950	0.7	3.5		
1960	5.0	9.9		
1970	23.8	32.1	5.6	
1980	29.0	35.0	12.6	
1990	23.3	23.1	21.4	0.01
1996	2.2	4.9	27.1	8.0

CFC-11, CFC-12は特定フロン，HCFC-22, HFC-134a は代替フロン．
（茅陽一監修：環境年表 '04/'05, オーム社，2003）

表 10・3 日本におけるフロンの大気中濃度の変化

〔単位：pptv〕

	1980	1985	1990	1994	2010
CFC-11	170	220	260	260	245
CFC-12	300	410	500	520	535

pptv＝10^{-12} v/v：体積比で 10^{-12}
（茅陽一監修：環境年表 '98/'99, オーム社，1997 および気象庁オゾン層観測報告 2010）

ン層の保護のためのウィーン条約（1988 年発効），1987 年には**オゾン層を破壊する物質に関するモントリオール議定書**（1989 年発効）がそれぞれ採択され，特定フロン 5 種類，特定ハロン 3 種類の生産削減が同意された．その後も，何回かの締約国会議でより厳しい規制が定められてきている．

この結果，特定フロン類（CFC-11, CFC-12 など）の生産量は 1987 年をピークとして減少している．しかし，すでに大気中に放出されたフロンはその化学的安定性のため，なお長期間にわたって高濃度を保つであろう．事実，生産の停止にもかかわらず，1988 年以降も濃度は横ばいの状況を続けている．世界のハロゲン化炭化水素の生産量を表 10・2 に示した．また日本におけるフロンの大気中濃度の変化を表 10・3 に示した．

世界一律の規制には開発途上国からの反対もあるため，いくつかの特例処置も設けられており，今後どのように濃度が減少するかが問題である．また現在は無害と信じられている代替物質（**代替フロン**）の振舞いについても，注意し

て見守る必要があり，オゾン層問題は現在でも解決されていない．

　日本は，1988年のウィーン条約およびモントリオール議定書に加入し，それらに定められた国際取決めを実行するため，1988年の「特定物質の規制等によるオゾン層の保護に関する法律」（通称，**オゾン層保護法**）を制定し，以後逐次必要な改正を重ねている．これによって，日本国内でのフロンなどの消費，生産の規制や回収が進められている．

　なお，ハロゲン化炭化水素の何種類かは強い温室効果気体でもあり，気候温暖化を軽減するためにも，その排出を規制しなければならない．

　フロンの他亜酸化窒素（N_2O）もオゾン層破壊に関与する．現在N_2Oは年間約1000万t放出されている．その主要な排出源は硝酸などの化学肥料や家畜からの排出である．世界の農牧業の拡大によって，N_2Oの排出量は増加するであろう．なお，N_2Oは温室効果気体でもある．

10・8　北極のオゾンホール

　これまでに北極圏でも10年間あたり数%のオゾン量の減少が観測されていた．北極圏のオゾンの減少が南極に比べて著しくないのは，北半球では大規模な地形の影響のため大気の流れが複雑であり，北極では南極ほど強い極渦が安定して維持されないためである．

　しかし，近年では，年によっては北極でも強い極渦が維持されることがある．その状況下では，低温の極渦のなかでオゾンが破壊され，顕著なオゾンホールがあらわれる．図10・13は2011年3月25日に観測された北半球のオゾン全量の分布図である．北極上空で著しくオゾン層が減少している（〜225 m atm-cm）．

　南極ではほぼ極を中心として同心円状のオゾン等値線が見られる（図10・7）に対し，図10・13では，カムチャツカ半島からスカンジナビア半島に伸びる細長いオゾンホールが見られる．これは北半球では，大規模な地形の影響を受け，円形（同心円的）な極渦が形成されないためである．このように，比較的に人口の多い北欧上空までオゾンホールが伸びていることは，紫外線の増加が多くの人々に影響を与えることを意味する．この点においても，今後の北極のオゾンホールの状況が注目されている．

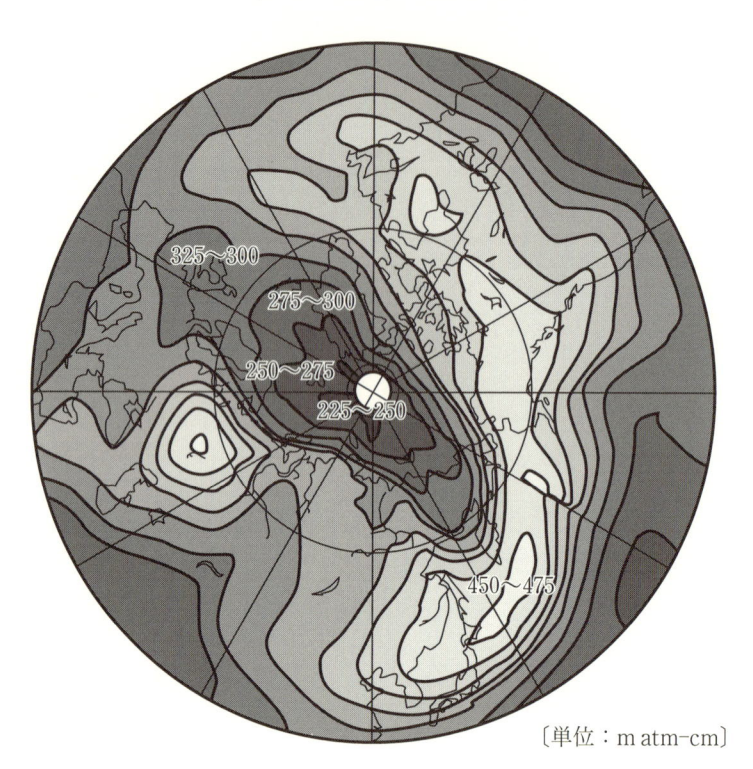

138   10章 オゾン層とオゾン破壊

〔単位：m atm-cm〕

図 10・13　2011 年 3 月 25 日の北極上空のオゾン量分布
　　　　　（国立環境研究所による）

11章 地球温暖化問題

これまで無害と思われていた二酸化炭素，フロンやメタンなどの大気中濃度が増加し，温室効果のために地球温暖化がすすんでいる．11章では大気の温室効果のメカニズムを学び，現在の気候温暖化の実態を理解する．さらに，この問題に対する国際社会の対応の状況を学ぶ．

11・1 気候変動と地球温暖化

約46億年以前に始まった地球の形成と，それ以後の地球環境の変化の概要については2章で，また新生代第四紀を中心とした気候変動については6章で議論した．現在（沖積世）は4回の氷期のあとに出現した温暖期にあたる．この間にも小氷期とよばれる低温期が出現しているが，全体としては若干の変動をくり返しつつも，温暖な気候状態が続いている．

本章で議論するのは，最近の約100年間における著しい**温暖化の問題**である．1890～2010年の全球の平均地上気温の経年変化を図11・1に示す．1890～1940年の約50年間は気温の上昇期で，1940年はそのピーク時にあたる．その後，約25年間は気温の下降期で，1965～1970年は低温期であった．この低温期に一部の軽率な研究者が「氷期の到来説」などを唱え，結果として気象学・気候学の信用をおとしめてしまった．

その後，現在に至る約30年間は気温の上昇が著しく，地球温暖化が問題視されている．先に述べたように1960年代の低温期はあるものの，この100年間は全体として明らかに気温は上昇傾向にある．全球平均気温の上昇率は$0.68°C$/100年である．なお北および南半球の平均気温の上昇率は，それぞれ，$0.71°C$/100年および$0.66°C$/100年である．このような分析は年平均のみならず，各季節平均，各地域平均についても行われている．気温上昇は特に北アジアの寒候期に著しく100年内に$1°C$以上の上昇率を示している．

小氷期（1400～1700年）と現在の温度差は約$1.5°C$であり，また第四紀の氷河期と間氷期（その間隔は約10 000年のオーダー）の温度差は数℃ほどであることと比較するならば，過去1世紀の気温上昇率は非常に大きい．

図11・1に示した気温上昇の影響は，**海面水位の変化**（図11・2）にもあらわれている．気温が上昇すると海洋の表面からしだいに水温が上昇し，順次深い層におよんでいく．この結果，海水が膨張し水位が上昇する．さらに気温上昇に

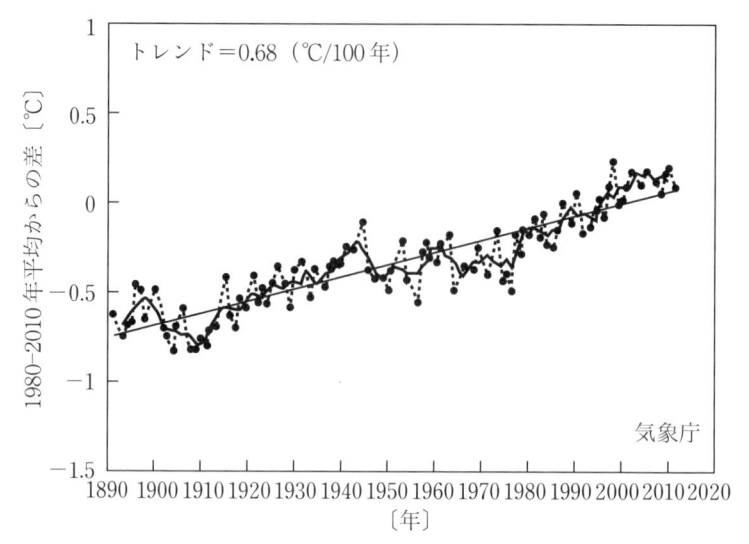

各年の値を細線で，5年移動平均を太線，長期変化傾向を直線で示す．
(注) 世界・日本の平均気温の算出方法
世界の平均気温は，世界各地で観測された陸域の気温と海面水温のデータをもとにしており，緯度5度×経度5度の格子ごとに平均値を算出し，これらを緯度ごとの面積の違いを考慮して世界全体で平均した値である．

図 11・1　世界の年平均気温偏差
(気象庁資料による)

伴って，氷河や南極の氷冠などが溶けて水位が上がる．

　前述した気温上昇期と同時に進行している現象は，著しい大気中の二酸化炭素濃度の増大である．**二酸化炭素濃度**の連続観測は1950年代よりハワイのマウナ・ロア観測所で行われており，その著しい増加がキーリング（Keeling）らによって発表されている．図11・3はその結果を示している．植物活動の季節的変化に対応して二酸化炭素濃度も季節変化する（植物の活動期に減少）が，年平均値全体としてみれば明瞭な増加傾向を示している．地球大気平均二酸化炭素濃度も1985年の345 ppmから2020年の410 ppmに増加している（気象業務のいま，2021年版より）．

　これまで多くの研究の結果，この二酸化炭素濃度の増大に伴って，近年の気温上昇がもたらされたと考えられるに至った．この**地球温暖化**のメカニズムについては以下の節で議論しよう．

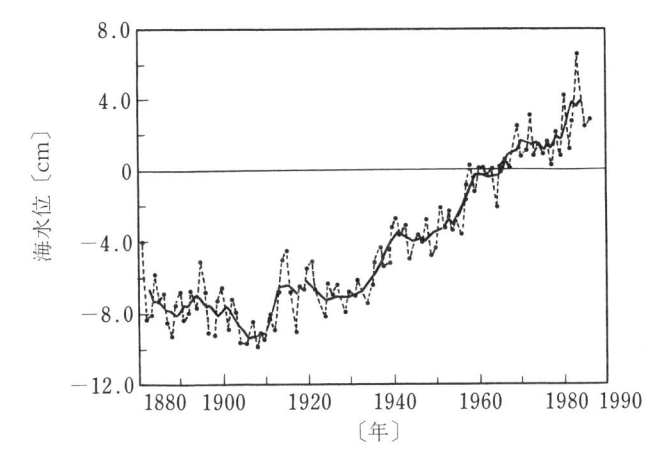

11・1 気候変動と地球温暖化　　　141

1951～1970年の平均水位を基準（0 m）として示す（Banet, 1988）。点線は各年の年平均値を，実線は5年間の移動平均値を示す。

図 11・2　1880～1985年の間の世界の平均海面水位の上昇
　　　（Hartmann D. L.: Global Physical Climatology, Academic Press, 1994）

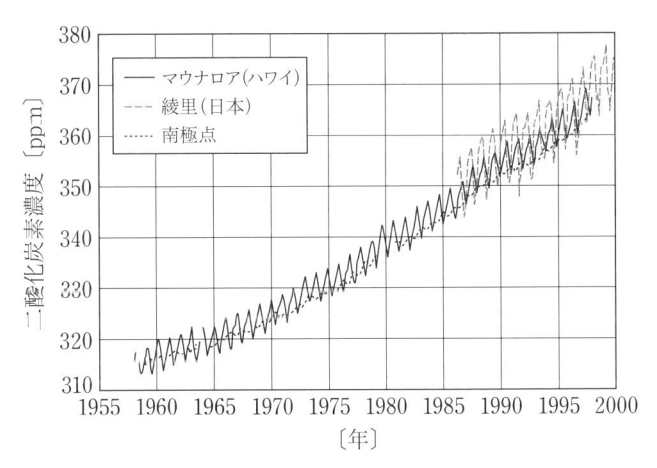

マウナロア，綾里，南極点における大気中の二酸化炭素月平均濃度の経年変化を示す。

図 11・3　大気二酸化炭素濃度の経年変化
　　　（気象庁：気候変動監視レポート 2000, 2003）

11・2　大気の放射バランスと温室効果

現在の地球に対して系外から与えられる唯一のエネルギーは，**太陽放射エネルギー**である．この太陽放射エネルギーのもとで，地表と大気はいかほどの温度を保つであろうか？　この基本的な考察から温室効果を議論しよう．

● 太陽放射と太陽定数

太陽表面から放射される放射エネルギーは，太陽からの距離の2乗に反比例して弱まりながら遠方に達していく．太陽・地球間の平均距離（$=1.496\times10^{11}$ m）の地点において，太陽放射に鉛直な平面がうける太陽放射 $S=1.37\,\mathrm{kW/m^2}$ を**太陽定数**とよぶ．

● 大気のない地球の表面温度

大気のない仮想的な地球の全体を考える．図11・4に示したように，地球の断面積は πr^2 であるから，地球のうける太陽エネルギー A は，$A=S(1-a)\pi r^2$ となる．ここで a は**反射率**（**アルベード**）である．a の観測値は0.3である．

地球表面の温度が T_e（絶対温度）であれば，**ステファン-ボルツマンの法則**により地球表面から放射されるエネルギー B は，$B=4\pi r^2\sigma\cdot T_e^4$ である．ここで $4\pi r^2$ は地球の表面積，**ステファン-ボルツマン定数** σ は，$\sigma=5.67\times10^{-8}$ W/(m²・K⁴) である．放射バランスの条件は $A=B$ であるから $(1-a)\pi r^2 S=4\pi r^2\sigma T_e^4$ となり，これから $T_e=[(S_0/4)(1-a)/\sigma]^{1/4}=255\,\mathrm{K}\approx-18\mathrm{℃}$ がえられる．これは実際の地球の平均表面温度（$\approx15\mathrm{℃}$）よりかなり低い．これは，大気の温室効果を考えないからである．

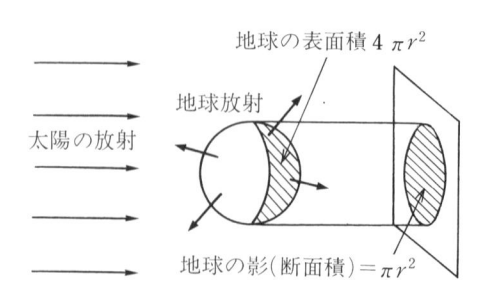

図11・4　大気のない地球の放射バランスの概念図

温室効果

　大気のある地球の放射バランスの概念図を，図 11·5 に示す．太陽放射(そのエネルギーの大部分は，可視光線付近の短波長域に集中している)の約 30% は反射され宇宙空間にかえるが，残りの約 70% は地面に吸収され地面を暖める．一方地面放射（赤外線など長波長の放射）は，大気中の**温室効果ガス**に吸収され大気を暖める．大気から上向きの放射は宇宙空間に逃れるが，下向き放射は再び地表にむかい地表に吸収される．結果として，大気のある地球の表面温度は，大気がないと仮定した場合よりも高温に保たれる．以上が温室効果の概念である．(なお，図 11·5 では，地表から放出される顕熱，潜熱，大気中での水蒸気の凝結熱は省かれている．)

　ここで図 11·6 のような，完全に地表からの赤外放射を吸収する大気層を考え，放射バランスを計算してみよう．ここでは，大気は太陽放射は吸収しないと仮定する．地球・大気系全体のバランスは，$S_0(1-\alpha)\pi r^2 = 4\pi r^2 \sigma T_A^4$ である．これから $T_A = 255\,\text{K} \approx -18°\text{C}$ がえられる．これは T_e と同じ温度である．大気層についてのバランスは $\sigma T_S^4 = 2\sigma T_A^4$ だから $T_S = T_A \cdot 2^{1/4} = 303\,\text{K} \approx 30°\text{C}$ とな

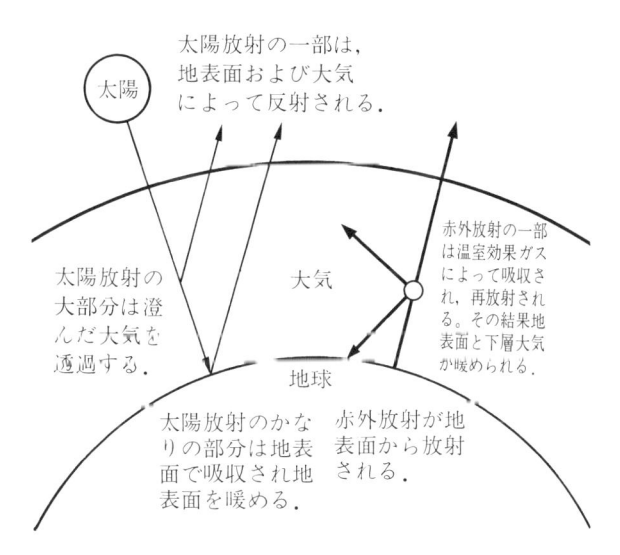

図 11·5　大気の放射バランスと温室効果の概念図
(気象庁：近年における異常気象と気候変動 (V)，1994)

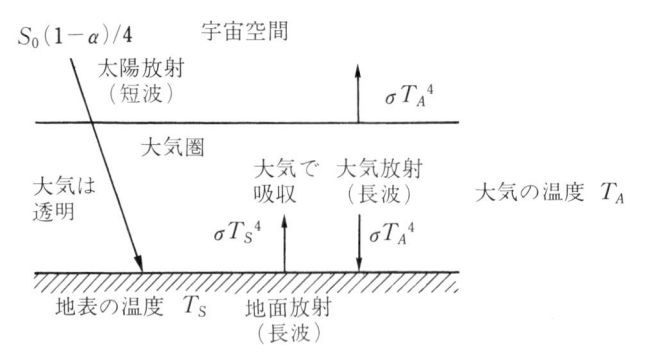

図 11・6　大気の温室効果のモデル図

る．これは実際の地球表面温度よりも 15°C ほど高すぎる．なぜなら，完全に地面放射を吸収する大気を仮定したからである（地球の実際の大気は，地面放射を完全には吸収しない）．

　もし大気の赤外放射吸収能力が非常に強ければ，どうなるのであろうか？この場合，上層大気は下層大気からの赤外放射を完全に吸収してしまう．このような状態を 2 層の大気で考えた概念図を図 11・7 に示す．地球・大気系の放射バランスは，$S\pi r^2(1-\alpha) = 4\pi r^2 T_1^4$ であり，これから上層大気の温度 $T_1 = 255 \text{ K}$ $(= T_e)$ がえられる．大気第一層のバランスは $2\sigma T_1^4 = \sigma T_2^4$，大気第二層のバランスは $\sigma T_1^4 + \sigma T_S^4 = 2\sigma T_2^4$ であり，これから $T_S = 336 \text{ K} (\approx 62°C)$ がえられる．さらに大気が強い温室効果をもつならば，三層の大気を考えればよい．この場合には $T_S = 361 \text{ K} (\approx 88°C)$ という高温になる．

　しかし，大気の温度は温室効果だけで決定されるわけではない．地球大気の

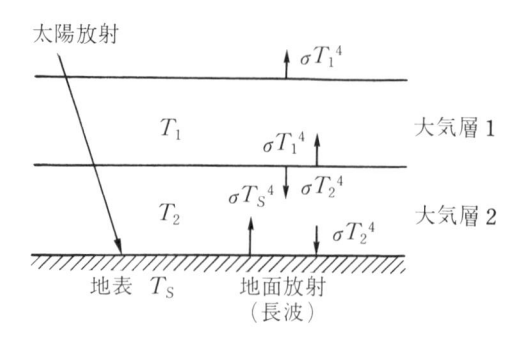

図 11・7　放射平衡の 2 層モデルの概念図

表 11・1 金星・地球・火星の大気の温室効果

(IPCC 1990)

	太陽定数(比)	反射率	表面気圧	主要温室効果気体	温室効果がないときの地表温度	地表面温度(観測値)	温室効果
金 星	1.91	0.78	90 気圧	$CO_2 > 90\%$	$-40°C$	$477°C$	$523°C$
地 球	1.00	0.30	1 気圧	$CO_2 \approx 0.04\%$ $H_2O \approx 1\%$	$-18°C$	$15°C$	$33°C$
火 星	0.43	0.16	0.007 気圧	$CO_2 > 80\%$	$-57°C$	$-47°C$	$10°C$

金星，火星についての数値は文献によりかなりの差がある．
(気象庁：近年における世界の異常気象と気候変動(V)，1994)
ただし，太陽定数と反射率は(国立天文台編：理科年表，丸善，1995)による

場合では，気温が高さ 100m 当たり 1°C の割合以上で減少すれば，熱的に不安定となり対流が発生し，断熱上昇膨張による温度変化と断熱下降圧縮による昇温によって気温を変化させる．このように放射と対流によってもたらされる平衡状態を**放射対流平衡**とよぶ．

● 金星・地球・火星の大気の温室効果

表 11・1 に金星・地球および火星の太陽定数，アルベード(反射率)，気圧(ほぼ大気の質量を示している)，主要な温室効果気体，および大気がない場合の仮想的な表面温度と実際の表面温度を示した．大量の二酸化炭素の大気層をもつ金星では，温室効果が約 500°C にも達している．しかし金星の二酸化炭素に比べれば，10 万分の 1 にもおよばない地球でも温室効果が約 30°C もあることに注意したい．このように二酸化炭素濃度と温室効果が比例しないのは，ある程度赤外放射が吸収されると，それ以上の吸収がなくなるからである．

11・3 地球大気中の温室効果ガスの増加

さまざまな気体の放射吸収能力を調べることにより，その増加がどのような効果をもたらしたかを評価することができる．図 11・8 は IPCC 第 3 次報告が示したいくつかの要因の温室効果に対する寄与を示したものである．このように，現時点での主要な**温室効果気体**は二酸化炭素(CO_2)，フロン類(CFCs)，メタン(CH_4)および一酸化二窒素(N_2O) である．

1958 年以降のマウナ・ロアにおける二酸化炭素濃度の変化は，すでに図 11・3 に示した．最近では多くの地点で測定が続けられている．さらに過去にさかのぼると，氷冠の**氷のコア**を採取し，氷のなかの気泡を分析することにより，二

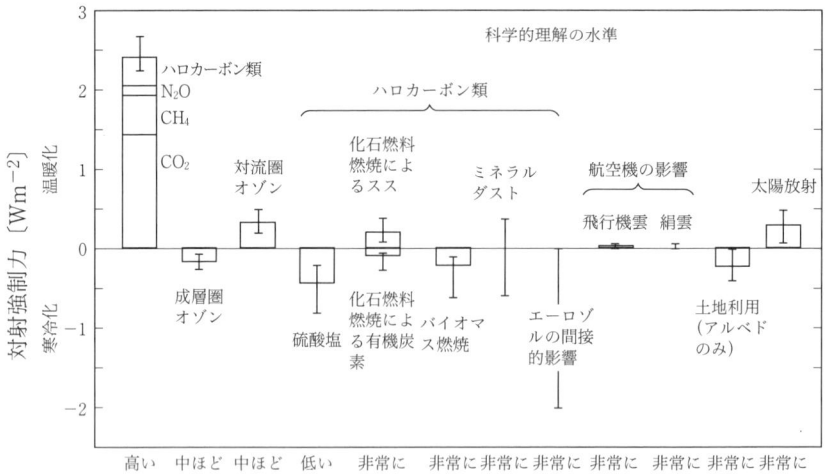

**図 11・8　気候変化をおこす多くの因子の放射強制力と
その科学的理解水準**
(気象庁：20世紀の日本の気候，2002)

酸化炭素濃度を測定することが行われている．図11・9は南極でえられた結果であり，900〜1800年の期間には約280 ppmの濃度が保たれていたことがわかる．産業革命(1850年)のころからその増加が始まり，特に1950年ころその増加が著しい．図には，**化石燃料使用**による二酸化炭素の放出量も示しており，放出量と濃度は平行して増加していることが示されている．

ここで問題となるのは，化石燃料から放出された二酸化炭素のうち，どれだけが大気中の濃度増加に寄与するか？　である．この問題は，つきつめれば地球システムにおける**炭素循環**の問題となる．多くの研究にもかかわらず，この問題にはまだ正確な決着がついていないが，おおよそ図11・10に示した炭素循環の状況がえられている．また，大気と海洋間の二酸化炭素交換，海洋中での炭素循環の概念図を図11・11に示した．人間活動によって放出される量の絶対値は，相対的には大きくはないが，自然状態の微妙なバランスを崩すにはけっしてわずかな量ではない．

すでに図11・8に示したが，二酸化炭素以外の人工起源気体の温室効果も大きい．図11・12は，二酸化炭素(CO_2)，メタン(CH_4)，一酸化二窒素(N_2O)お

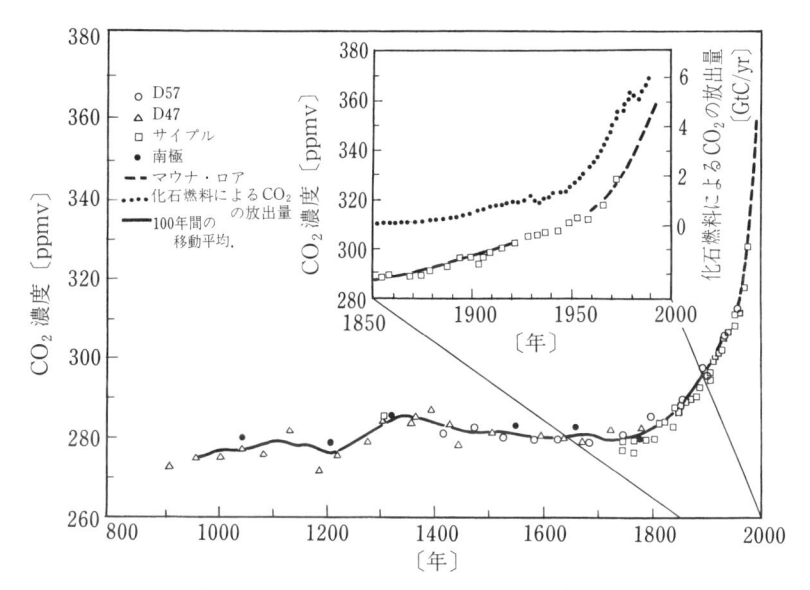

D 57, D 47, サイプルおよび南極の 4 か所のアイス・コア（いずれも南極大陸）の資料による．また右上の図には，化石燃料による炭素放出量〔単位：GtC/年〕を示している．

図 11・9 900～1958 年の大気中の二酸化炭素（CO_2）濃度（氷河中の気泡の解析からの推定値，およびマウナ・ロア観測所の測定値）
(IPCC: Climate Change 1995, UNEP, 1995)

および CFC-11 の濃度変化を示す．メタン（CH_4），一酸化二窒素（N_2O）および CFC-11 の増加傾向は，二酸化炭素（CO_2）のそれよりもさらに急速である．

後述するように現在，温室効果気体の規制が国際的に進められている．しかし，排出が規制されたとしても，すでに放出された気体はしばらくは大気中に残留するため，規制即温室効果気体濃度の急速な回復を意味しない．この点で各気体の「寿命」(破壊されずに存続する期間) も温室効果を考える場合の重要な要素となる．表 11・2 には主要なハロゲン化炭素の濃度，その変化率および寿命を掲げる．

さらに表 11・3 に主要な人工起源の温室効果気体の濃度，濃度変化，放射強制力，寄与率および残留期間をまとめて示した．なお，図 11・8 と表 11・3 の各気体の寄与率が若干異なるが，それはさまざまな見積りから生じる差異である．

148　　　　11章　地球温暖化問題

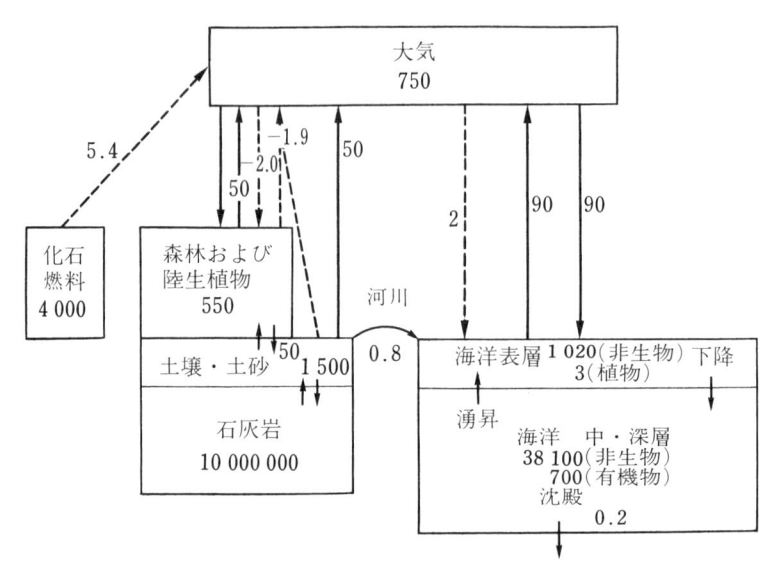

```
                    ┌─────────────┐
                    │    大気      │
                    │    750      │
                    └─────────────┘
     5.4      50  -1.9  50    2    90   90
              -2.0
  ┌─────┐  ┌─────────┐                ┌──────────────────────┐
  │化石 │  │森林および│   河川         │海洋表層 1 020(非生物)下降│
  │燃料 │  │陸生植物 │                │          3(植物)       │
  │4 000│  │  550    │                │                        │
  └─────┘  └─────────┘   0.8          │  湧昇                  │
           ┌─────────┐                │         海洋 中・深層   │
           │土壌・土砂│ 50             │         38 100(非生物) │
           │  1 500  │                │           700(有機物)  │
           └─────────┘                │         沈殿            │
           ┌─────────┐                │          0.2           │
           │ 石灰岩   │                └──────────────────────┘
           │10 000 000│
           └─────────┘
```

〔貯蔵量単位：GtC=10^9 tC．フラックス単位：GtC/年〕
自然起源のフラックスは実線の矢印，人工起源のフラックスは破線の矢印で示す．

図 11・10　炭素循環の概念図
　　　　　(Berner E. K. and Berner R. A.: Global Environment, Prentice Hall, 1996)

CO_2
（二酸化炭素）
大気と海洋間
の交換

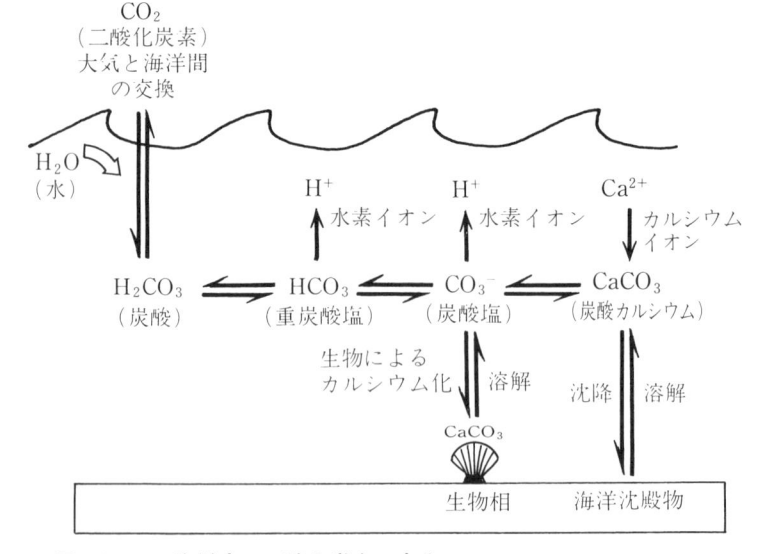

H_2O　　　　　　H^+　　　　H^+　　　　Ca^{2+}
（水）　　　　　↑水素イオン　↑水素イオン　カルシウムイオン

H_2CO_3 ⇌ HCO_3^- ⇌ CO_3^- ⇌ $CaCO_3$
（炭酸）　　（重炭酸塩）　（炭酸塩）　（炭酸カルシウム）

生物による　　　溶解　　　　沈降　溶解
カルシウム化

　　　　　　　　$CaCO_3$
　　　　　　　生物相　　海洋沈殿物

図 11・11　海洋中の二酸化炭素の変化
　　　　　(Jones A. M.: Environmental Biology, Routledge, 1997)

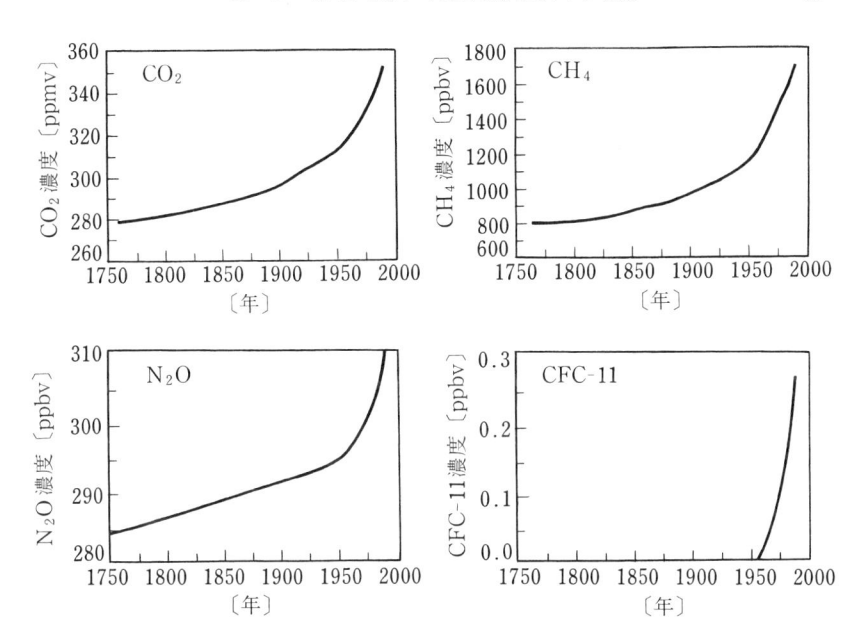

11・3 地球大気中の温室効果ガスの増加

図 11・12 二酸化炭素 (CO_2), メタン (CH_4), 一酸化二窒素 (N_2O) および CFC-11 の濃度変化
(Berner E. K. and Berner R. A. : Global Environment, Prentice Hall, 1996)

表 11・2 いくつかのハロゲン化炭素の濃度, 濃度変化および寿命

物質名		混合比 [pptv]	年間の増加率 [pptv]	年間の増加率 [%]	残留期間 [年]
CCl_3F	(CFC-11)	280	9.5	4	65
CCl_2F_2	(CFC-12)	484	16.5	4	130
$CClF_3$	(CFC-13)	5			400
$C_2Cl_3F_3$	(CFC-113)	60	4〜5	10	90
$C_2Cl_2F_4$	(CFC-114)	15			200
C_2ClF_5	(CFC-115)	5			400
CCl_4		146	2.0	1.5	50
$CHClF_2$	(HCFC-22)	122	7	7	15
CH_3Cl		600			1.5
CH_3CCl_3		158	6.0	4	7
$CBrClF_2$	(Halon 1211)	1.7	0.2	12	25
$CBrF_3$	(Halon 1301)	2.0	0.3	15	110
CH_3Br		10〜15			1.5

(Hartmann D. L. : Global Physical Climatology, Academic Press, 1994)

表 11・3 産業革命以前に比べて増加した温室効果気体の濃度，変化率，放射強制力，寄与率および残留期間

気体	産業革命以前の濃度 1765年 [ppm]	濃度 1990年 [ppm]	濃度変化率 [%/年]	放射強制力 ΔQ [W/m^2]	寄与率 [%]	残留期間 [年]
CO_2	279	354	0.5	1.5	61	50〜200
CH_4	0.8	1.72	0.9	0.42	17	10
成層圏 H_2O	—	—	—	0.14	6	
N_2O	0.285	0.310	0.25	0.1	4	150
CFC-11	0	0.00028	4.0	0.062	2.5	65
CFC-12	0	0.000484	4.0	0.14	6	130
他のCFCs	0			0.085	3.5	
合計				2.45	100	
成層圏 O_3 減少				−0.08	−3.3	

(Berner E. K. and Berner R. A.: Global Environment, Prentice Hall, 1996)

● エーロゾルの影響

これまで火山の大噴火によって大量の**エーロゾル**が成層圏中に放出され，地表に到達する日射をさえぎる**日傘効果**により気温の低下をひきおこしたことが知られている．人為起源の硫酸エーロゾルおよび自然起源の硫酸エーロゾルも同様の効果をもっている．表11・4には，温室効果気体による放射の変化と硫酸エーロゾルなどの効果を比較して示した．表中？で示したバイオマス焼却（植物などの焼却，森林火災など）のように，まだ定量的にはよく知られていない原因も残っている．なお，IPCC 第2次以降の評価には硫酸エーロゾルの日傘効

表 11・4 さまざまな原因による放射強制力の変化

原　　　因	W/m^2
人工起源の硫酸エーロゾルによる減少	−0.28*
自然起源の硫酸エーロゾルによる減少	−0.26*
エーロゾルによる雲のアルベード増加による減少	?
バイオマス焼却による減少	?
二酸化炭素増加（280 ppm から 355 ppm）に伴う増加	1.5
他の温室効果気体増加による増加	0.9

*印は Kiehl and Briegleb (1993) による数値．この数値は Charlson et al (1991) の約1/2である．
(Berner E. K. and Berner R. A.: Global Environment, Prentice Hall, 1996)

果も考慮されている.

11・4 地球温暖化とその影響の予測

　本節までは,温室効果気体の性質とその能力(**放射強制力**),その濃度の増大傾向を調べた.しかし,ここまでの議論だけでは将来の気候状態を正確に予測できない.それは,次の理由による.温室効果気体濃度が増加すれば,当然放射の平衡状態が変化する(11・3節参照).そして,それに伴って温度が変化する.温度の変化に伴って,気圧分布や大気の循環がかわり,雲や降水の分布,雲量,雨量も変化し,森林や植生も変化する.雪や氷の分布も変化し,それらに伴ってアルベード(反射率)も変化する.海洋もまた変化すれば,海洋・大気間の二酸化炭素などの気体の交換も変化する……など.このような単純な足し算ではわからない過程(現象)を,**非線形過程**という.地球システム(1章参照)は複雑な非線形システムであるから,さまざまな効果の単純な足し算や補外(外挿)だけでは将来を正確には予測できないのである.

　未来の気候状態を予測するには,先に述べた複雑な過程を数式化し,まずある時点 t_0 における変化率を計算し,その変化率にもとづいて,Δt (Δt:ある短い時間間隔を意味する)後,つまり $t_1 = t_0 + \Delta t$ の状態を求める.ついで t_1 における変化率を求め,$t_2 = t_1 + \Delta t$ の状態を計算し……,とこのくり返しによって将来の状況を知ればよい.このような「数値計算のソフトウェア」を「**気候数値モデル**」とよぶ.この計算量は,非常に大きいのでスーパーコンピュータや超並列計算機などを使用して計算する.どのような過程を,どのような正確さでこの「モデル」に組み込むか,が問題であり,それはわたしたちが地球システムに関して,どれだけの知識をもっているかによって決まる.

　地球温暖化予測に関してもっとも重要な要素は,今後の温室効果気体の排出

コラム11a　放射強制力

　まずある平衡状態を考え,次になんらかの状態の変化(太陽放射の変化,反射能の変化,温室効果気体濃度の変化)を与えたとしたとき,圏界面を通る放射量が変化する.この変化を放射強制力(radiative forcing)とよぶ.この量に対応して対流圏の平均気温も変化する.各気体の単位質量の変化がひきおこす放射強制力がえられれば,各気体の濃度変化のもたらす温室効果が評価される.

量の見通しであるが，これは自然現象ではなく人為的に決まる．したがって，人工的な排出量をいくつか想定し（シナリオ），その条件下で気候数値予測モデルによる予測計算を行うことになる．

これまで世界の多くの研究者が，気候変動のメカニズムと過程を調べ，それを気候モデルに組み込んで，将来の予測研究を行っている．研究が始められた当初は，将来予測についていくつかの研究成果の間にはかなりの差異があったが，最近の研究においては，そのような差異は少なくなっており，地球温暖化についての予測はかなり正確になりつつある．

現時点では，2014年にまとめられたIPCC (Intergovernment Panel on Climate Change：気候変動に関する政府間パネル）の第五次報告が，地球温暖化についての世界の共通認識とされている．この報告の主要な事項は次のように要約される：

① 大気中の二酸化炭素濃度は，産業革命前の280 ppmから現在の360 ppmまで増加している．
② 過去100年間に，地球の平均気温は0.3〜0.6℃上昇し，海面は10〜25 cm上昇している．この気温上昇は人類の活動の影響を考えることなしには説明できない．
③ 中程度の人口増加と経済成長を仮定し，かつ国際的な二酸化炭素排出

コラム11b　気候モデル

　地球の大気や海洋の状態の変化はいくつかの物理法則によって説明される．したがって，ある時点の全地球的物理状態を，大気や海洋中に想定した格子点（立体的なゴバンの目のような点）上のいくつかの物理の数値によって規定すれば，各格子点上でのそれらの物理量の変化が計算され，微小時間後の状態が予測される．これをくり返せば，将来の気候が予測される．この基本的原理は気象予測に使用される「数値予報モデル」のそれと同一であるが，気候モデルの場合には長期間について予測するため，大気と海洋，さらには雪氷，土壌水分，エーロゾル，雲，植生，プランクトンなど非常に多種類の物理量の計算を取り込まねばならない．気候モデルの精度を上げるには，地球全体にわたるいくつかのプロセスのより正確な理解が必要である．気候モデルによる温暖化研究の御功績により，真鍋淑郎博士は2021年ノーベル物理学賞を受賞された．

規制の努力がなされない場合は，21世紀末のCO_2濃度は700 ppmに達し，地上温度は1.5～5.5℃増加し，海面水位は0.1～0.8 m上昇する．気温上昇は，特にアジア大陸の高緯度で著しい．

この気候変化にともなって
　① サンゴ礁島嶼，デルタ地帯などの低地の水没
　② 自然植生（森林など）の損傷（植物は移動による順応が困難のため）
　③ 乾燥地域のより深刻な乾燥化
　④ 水資源の枯渇
　⑤ 農業生産の減少
　⑥ マラリアの流行地域の拡大
などの深刻な影響があらわれるであろう．

11・5　温暖化に対する世界的な対応

　大気中の二酸化炭素濃度の増加と，それに起因する気温上昇の可能性は，すでに前世紀前半から学問的には指摘されていた．この問題の科学的研究が進み，重要な問題として認識されたのは，1970～1980年以降である．多くの科学的な会議のみならず，国際的・国家的な観点からの議論が重ねられてきた．

　そのうち1972年の**国連人間環境会議**は，地球環境問題をはっきりと提起した点において，一つの転機をもたらした．

　1988年UNEP（国連環境計画）とWMO（世界気象機関）の共同で設立した**IPCC（気候変動に関する政府間パネル）**は，地球温暖化を科学的に分析し，その予測にもとづいて問題の原因と，とるべき対応に関して国際的な共通認識を深めるため大きな役割を果たしている．その第一次および第二次評価報告は，それぞれ1992年および1995年にまとめられ，2001年には第三次評価がなされた．2014年には第五次評価がまとめられた．

　1992年にリオデジャネイロで開かれた**国連環境開発会議**（通称，**地球サミット**）は「リオ宣言」や「**アジェンダ21**」によってよく知られている．これ以降，環境問題の一つのキーワードとして「**持続可能な開発**」（sustainable development）が使われるが，地域間・世代間の公平性への考慮なしには，地球環境の維持が困難だからにほかならない．

　この会議において，多くの国が「**気候変動枠組条約**」に署名し，1994年に発効するに至った．その後数回にわたり締約国会議（COP）がもたれ，実行の細

部にわたる取決めが進められてきた．また各国は国際的合意を実行するため，各国内法規を制定し，また計画をたててその実行を公約している．具体的には，二酸化炭素など温室効果気体の規制を義務づけ，北欧諸国などでは対策の費用として，「**炭素税**」をすでに導入している．しかし，温室効果気体の規制は各国の経済問題への影響が大きく，計画の実行には多くの困難な問題が残されている．2001年のCOP 6再開会議においても1997年のCOP 3で採択された**京都議定書**が実行されず，アメリカが離脱する事態が生じた．2002年の「**持続可能な開発に関する世界主脳会議**」（ヨハネスブルク）でも総論的合意は得られたものの具体的事項の合意には至らなかった．

その後，京都議定書締約国の推進が進み，2005年2月京都議定書は発効するに至った．その主たる内容は，2008～2012年の期間について先進国が温室効果ガスの排出量を基準年（1990年）に比して～5％削減することである．具体的目標は，日本の6％，EUの8％削減である．米国は7％削減であったが，京都議定書から離脱して独自の政策をとっている．議定書では上記の削減目標のほか，吸収量の取扱い（たとえば植林），共同達成，排出量取引，排出削減共同実施，クリーン開発メカニズムなど削減実施に関係する手続なども定められた．

2000年の世界の炭素換算総排出量は～64億tであり，主要排出国は1位米国（～24％），2位中国（～12％），3位ロシア，4位日本，5位インドであった．2007年においては総排出量は～79億tに増加し，主要排出国の順位は1位中国（～21％），2位米国（～20％），3位ロシア，4位インド，5位日本と変化した．これまで1人あたりの排出量の少なかった人口の大きな開発途上国の急激な生産の増大が，大きな排出量の増加を引き起こしている（15章15・11節参照）．

この状況下で2009年12月，COP 15が開かれた．EC諸国や日本は大きな削減目標を提示したが，米国の削減目標は2005年比17％（1990年比～4％）と低く，中国は，国内総生産（GDP）あたりの削減目標とする省エネルギーを努力目標（すなわち，総排出量の削減目標を示さない）にするにとどめた．

現在では，先進工業国の経済は化石燃料に大きく依存しており，その削減は容易ではない．開発途上国の経済は発展し続けており，当然炭素排出量も増加するであろう．また国民1人あたりの炭素排出量には，先進工業国と発展途上国との間に大きな差異があるため，現在の水準を基礎とした削減率を決定することには大きな不公平であるとする不満・反対がある．

上述したように，2012年以後の対応について，COP 15, 16においても全世界

的に実効性のある炭素総排出量削減目標の合意に達することはできなかった．

EU 諸国，日本等では CO_2 排出量削減の努力が続けられている一方，開発途上国では経済成長に伴って CO_2 排出量が急増している．2009 年の CO_2 排出量は炭素換算量で~80 億 t に達し，各国の排出量順位は 1 位中国 (23.7%)，2 位米国 (17.9%)，3 位インド (5.5%)，4 位ロシア (5.3%)，5 位日本 (3.8%)，6 位ドイツ (2.6%) と変化している．

この状況下で 2011 年 12 月，南アフリカ（ダーバン）で COP 17 が開催され，京都議定書以後(2013 年以後)の新枠組の設定が議論された．2015 年の COP 21 のパリ協定では，「世界の気温上昇を 2℃ 以下に，できれば 1.5℃ に抑え込む努力目標」を掲げた．しかし，その後の研究結果や，各地の洪水・旱魃などの異常の頻発があったため，2021 年の COP 26（グラスゴー）では，1.5℃ を世界目標と位置づけた．その実現には「CO_2 排出量を 2030 年まで 45%（2020 年比）減少，2050 年に実質 0 にする必要がある」とした．

2019 年における CO_2 排出量を表 11・5 に示す．排出量の多い，中国，米国，インド等の実行が最大の課題である．

各国の経済問題と深くかかわり，国際的合意に達するのは容易ではないが，人類共通の理念を持った協同が強く望まれる．

CO_2 排出の削減の実現は容易ではないが，例えば，欧州（特に北欧とドイツなど）で**リニューアルエネルギー**（更新されるエネルギー）として，風力発電が着実に増加しているなどの明るい展望も見えてきた事は心強い．

CO_2 排出量削減のためには，**原子力エネルギー**，**バイオマスエネルギー**，リニューアルエネルギー（水力，風力，太陽光など）の利活用が必要である．しかし，原子力については原子炉事故による放射性物質の汚染と放射性廃棄物処

表 11・5 2019 年における二酸化炭素排出量

世界合計	330 億トン
中国	107
米国	53
インド	24
ロシア	22
日本	11
ドイツ	7

IEA（国際エネルギー機関）資料

理，バイオマスについては価格，水力についてはダムの堆積埋没・自然環境破壊などの問題がある．風力・太陽光についての利用は増加しているが，未だ総需要に占める割合は多くない．エネルギー利用の効率化（例えば，発電の効率化，送電のロスの軽減）なども進められている．さらには核融合，水素発電，太陽光による水の分解（水素の分離）等の技術開発も進められているが未だ実用段階に至っていない．

　上述の技術的対応に加えて，エネルギー消費の節減が必要である．きめ細かな節減の積み重ねも大切であるが，国・社会全体での政策的節減は更に重要である．世界各地で，またバブル経済崩壊後の日本でさえもエネルギーを大量に消費する巨大な公共建造物，商業施設，産業施設，娯楽施設が建造・運営され続けられ，大量の物資を遠距離輸送しエネルギー総消費量を増やし続ける現状を憂慮せざるを得ない．

　最終的には，すべての「地球市民」のライフスタイルの変革と生活意識の転換，さらにはその総意の政策への反映が強く求められている．

　多くの国（日本も含めて）が「脱化石燃料」，「二酸化炭素ゼロ排出」の目標を掲げているが，代替エネルギー源の具体的な準備が必要である．日本では原子力発電に期待する意見もあるが，安全性確保・使用済み核廃棄物の処理等の具体的対応が必要である．

12章　海洋と水の環境問題

人類の活動の影響は河川・湖沼・地下水のみならず海洋の環境問題にもあらわれている．特に容量の小さな河川・湖沼では問題は深刻であるが，近年では巨大な容量をもつ大洋にまで化学物質による汚染がひろがりつつある．

12・1　人類と海洋・水の環境

海洋の地球システムにおける役割はすでに述べたが，河川・湖沼はさまざまな用水の源として，海洋は水産資源を生みだす場としても重要である．

海洋・湖沼・河川の環境は自然的要因によって変化するが，近年では人為的要因による変化が著しい．海洋・湖沼・河川の汚染は「人為的原因による水の化学的変化とそれに伴う生態系の変化」を意味する．

生活・産業廃棄物の投棄，事故による有害物質の流出，埋立て，生活・産業排水，大気汚染物質の水面への降下などが水の汚染の直接的原因である．近年では重金属，DDTやPCBなどの有害物質による影響が特に問題になっている．

海洋の水の総量は非常に大きく海水の自然浄化作用も人為的影響に比べて大きいと考えられてきたため，安易な廃棄物の排出が続けられ，現在の環境悪化を招いてしまった．特に，狭く浅い内海や縁海での環境悪化は著しい．

12・2　海洋を汚染する物質

本節では，海洋汚染をもたらすいくつかの物質について説明する．

● 重 金 属

海洋汚染に関連する**重金属**としてカドミウム(Cd)，水銀(Hg)，クロム(Cr)，銀(Ag)，銅(Cu)，コバルト(Co)，鉄(Fe)，ニッケル(Ni)，鉛(Pb)およびスズ(Sn)がある．またアルミニウム(Al)，ヒ素(As)およびセレン(Se)も海洋汚染物質として知られている．

重金属などによる汚染は工業地域の近海で著しく，**魚介類への濃縮**を通じての人体への被害を発生させる．1953～1960年の，水俣湾の有機水銀による海洋汚染被害はその一例である（91頁，**水銀に関する水俣条約**参照）．図12・1に，金属水銀から有害な有機水銀への変化過程を模式的に示した．

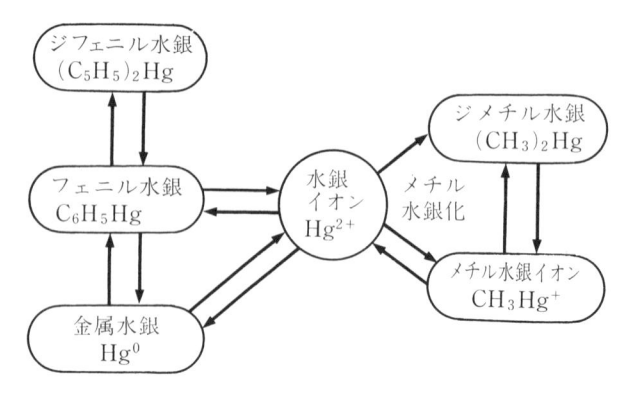

図 12・1 金属（無機）水銀の有機水銀への変化の過程
(Jones A. M.: Environmental Biology, Routledge, 1997)

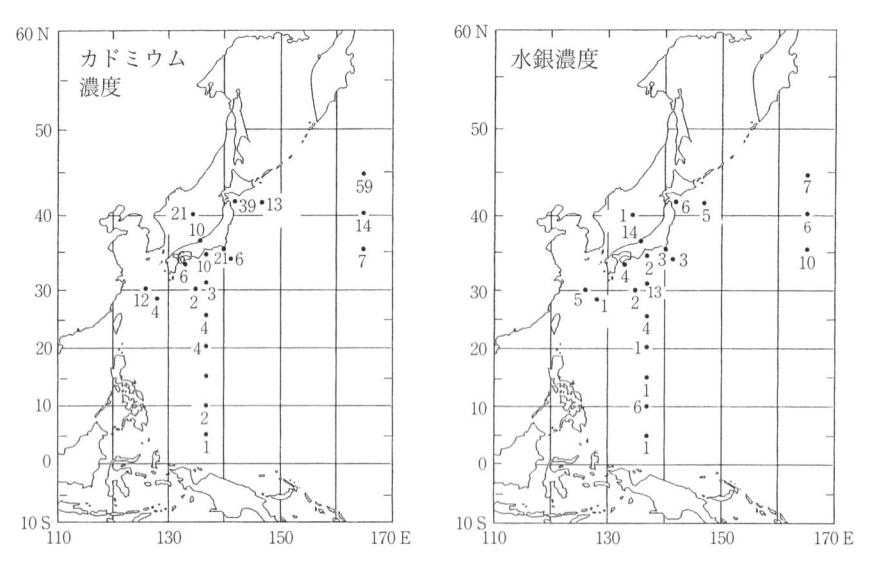

図 12・2 2001年夏季，北西太平洋の表面海水中のカドミウムおよび水銀濃度
〔ng/kg〕
(気象庁：大気・海洋環境観測報告第3号, 2003)

　重金属濃度は沿岸・近海で高いが，海流による輸送や拡散によって大洋にひろがっていく．図12・2は北西太平洋のカドミウムおよび水銀の濃度分布である．

表 12・1 北西太平洋における海水および生物の
有機塩素化合物の濃度

〔単位：$\mu g/kg$〕

	PCB	DDT	BHC
表層水	0.3	0.1	2
動物プランクトン	2	2	0.3
イワシ	50	40	2
イルカ	3 700	5 200	80

PCB：ポリ塩化ビフェニル
BHC：ベンゼン・ヘキサクロライド（殺虫剤）
（茅陽一監修：環境年表'98/'99, オーム社, 1997）

● 有機塩素化合物

DDT, PCB, ディルドリンなどの**有機塩素化合物**の危険性については，5章で述べた．1970年代より多くの先進国では規制処置がとられているが，一部の地域ではまだ使用され続けている．これらの物質の分解は非常に遅く，海流によって輸送されて近海のみならず，ひろい海域で検出されている．その濃度は沿岸で高く大洋や極域では低いが，おおむね PCB および DDT 濃度は，それぞれ $5 \sim 50$ pg/l および $5 \sim 30$ pg/l となっている．なお，有機塩素化合物は生物の食物連鎖で濃縮される（5章参照）．表12・1に北西太平洋における海水および生物体の PCB, DDT および BHC 濃度を掲げる．なお，工業地帯の近海や湾では，重金属と有機塩素化合物の汚染は重複しておきている．

● 石　油

船舶からの排出，船舶・陸上施設からの漏えいにより，**石油系炭化水素**が海中にひろがるほか，固形物として**タール・ボール**が浮遊する．図12・3に北西太平洋における表面海水中の石油系炭化水素濃度密度分布，および浮遊タール・ボールの単位面積当たりの量の分布図を示す．いずれも沿岸海域で高濃度を示すが，海流によって大洋中にもひろがっている．「**海洋汚染及び海上災害の防止に関する法律**」の施行（1988年）以来，タール・ボールは減少傾向にある．

タンカーの沈没，座礁事故による大量の原油の流出は，その周辺の海域や海岸に大きな被害をおよぼす．1978年フランスのブルターニュ半島沖でのタンカー「アモコ・カジス号」事故による原油（22万t）の流出事件，1988年のアラスカにおけるタンカー「エクソン・バルディーズ号」座礁事故による原油（4万kl）

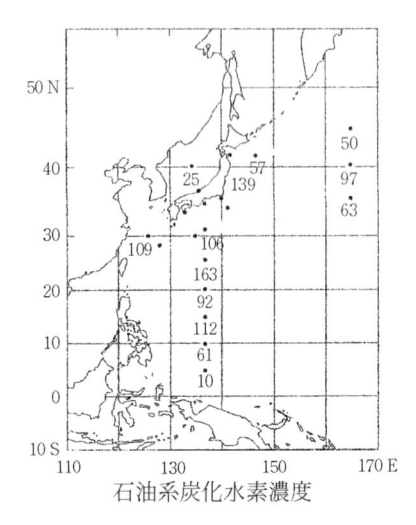

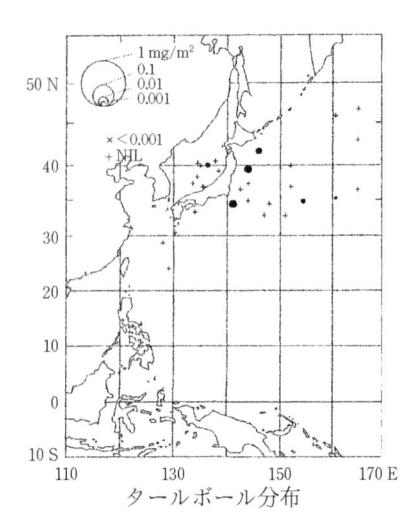

図 12・3 2001年夏季の北西太平洋の表面海水中の石油系炭化水素濃度〔ng/kg〕およびタールボール分布（気象庁：大気・海洋環境観測報告第3号，2003）

流出事故は最大級の被害をもたらした．日本海では1997年1月山陰沖でロシア船籍タンカー「ナホトカ号」が座礁して6 000 kℓの石油が流出した．

● プラスチックなどの固形物

プラスチック廃棄物，釣糸，魚網，などの廃棄物が海上を浮遊し，海洋と海岸を汚染して生物にも影響を与えている．図12・4は北西太平洋における浮遊プラスチック密度の分布図である．1988年「海洋汚染及び海上災害に関する法律」の施行によって海洋投棄が禁止されたが，改善されていない．海外の大量の廃棄物も日本に漂着している．波浪等で破砕されたプラスチックの細片「**マイクロプラスチック**」による海洋生物の汚染が広がり，この点からも廃棄物海洋投棄が問題になっている．

12・3　海洋汚染と生態系

● 水質の指標

生態にかかわる水質の指標として，COD (Chemical Oxygen Demand：**化学的酸素要求量**)，BOD (Biochemical Oxygen Demand：**生物化学的酸素要求量**)，DO (Dissolved Oxygen：**溶存酸素量**)，pH，**全窒素量**および**全リン量**が

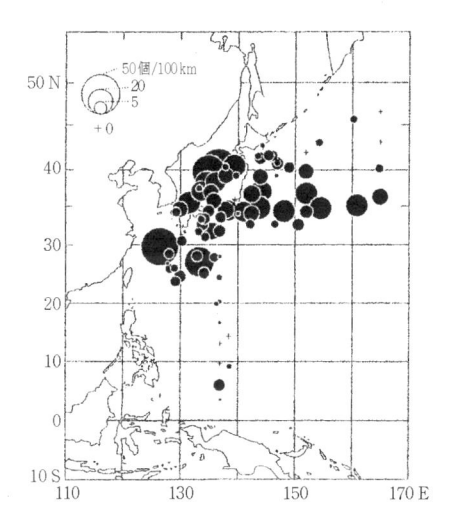

図 12・4 北西太平洋における浮遊プラスチックの分布 (2001年夏季)
(単位100 km の航行当たりの検出個数)
(気象庁: 大気・海洋環境観測報告第3号, 2003)

使用される．

　通常（ひどく汚染されていない）の海域では，COD，BOD は約 2 mg/l 以下，溶存酸素は 6～7 mg/l 以上，pH は約 8, 全リンおよび全窒素量はそれぞれ 0.05 mg/l および 0.5 mg/l 以下である．

コラム 12a　COD・BOD・DO

- COD (Chemical Oxygen Demand): 化学的酸素要求量
　水中の還元性有機物を酸化するのに要する酸化剤（通常，過マンガン酸カリウム）の量を当量酸素量 (mg/l) であらわした量．水中の有機物含有量の一つの指標．有機物が多いほど COD の数値は大きい．
- BOD (Biochemical Oxygen Demand): 生物化学的酸素要求量
　好気的微生物が水中の有機物を分解するのに要する酸素量 (mg/l)．通常 20℃で 5 日間中の分解に使用された酸素量によってあらわす．水中の有機物含有量の指標の一つ（有機物の種類によっては，微生物で分解されないものもある）．
- DO (Dissolved Oxygen): 溶存酸素量
　水 1 l に溶けている酸素量 (mg)．水が低温ほど多く含まれる．15℃ の淡水なら，最大 10 mg/l の酸素を含むことができる．

● 赤　潮

窒素化合物，リン化合物の濃度が増加すると（これを**富栄養化**という）．プランクトンが異常発生し海水が赤褐色などに変色する．これが**赤潮**とよばれる現象である．赤潮の発生は魚介類に被害を与え，水産業に影響をおよぼす．

1970年代まで，赤潮は主として工業地域・人口密集地域の内海・湾に発生する局地点現象とされていたが，1980年以降その発生の大規模化，長期化がみられると同時に発現地域もひろがってきた．

● サンゴ礁の破壊

熱帯・亜熱帯大陸東岸海域に生息するサンゴが石灰質の骨格を積み上げ，海面に達した地形を**サンゴ礁**という．サンゴ礁には，多くの生物がサンゴ体内に共生する藻類の光合成生産物に依存して生息している．サンゴ礁における生物多様性と光合成生産力は非常に大きく，石灰化・光合成を通して地球規模の炭素循環にもかかわっている．

現在多くの地域のサンゴ礁が，沿岸開発の人為的影響や海面変動の影響により破壊されかかっている．今後10〜20年間に壊滅が心配される「危機的」な地域は，カリブ海沿岸，アフリカ東岸，マダガスカル島周辺，インド半島南部，インドシナ半島沿岸，インドネシア海域，フィリピン周辺，中国南岸から日本の南西諸島にかけてひろがっている．

● マングローブの減少

マングローブは熱帯・亜熱帯の河口沿いの潮間帯に生育する植物および植物群落の総称である．地球上のマングローブの面積は約1 600万 km^2 に達する．マングローブも海岸・河口の生態系の構成因子として重要であるが，近年，農地・養殖池への転換，産業目的の伐採，海岸開発，土砂流入などの原因によりその面積は減少している．

12・4　海洋環境保全の国際協力

著しい海洋汚染は，重化学工業地域・人口密集地域に囲まれた内海や近海で発生している．その典型的事例は，北海，バルト海や地中海にみられる．これらの海には多くの河川が流入し，多くの国から汚染物質が排出・廃棄されている．

表 12・2　海洋環境保全にかかわる国際条約

1954	「1954年の油による海水汚濁の防止のための国際条約」
1972	「廃棄物その他の物の投棄による海水汚染の防止に関する条約」(ロンドン・ダンピング条約)
1972	「船舶および航空機からの投棄による海水汚染の防止のための条約」(オスロ条約)
1973	「1973年の船舶による汚染の防止のための国際条約」
1974	「陸上源からの海洋汚染の防止のための条約」(パリ条約)
1974	「バルト海海洋環境保護条約」(ヘルシンキ条約)
1975	「地中海汚染防止条約」(バルセロナ条約)
1978	「1973年の船舶による汚染防止のための国際条約に関する1978年の議定書」(MARPOL 73/78条約) (油, 有害物質, 汚水, 廃棄物排出規制, 船舶設備・構造規制)
1978	ロンドン・ダンピング条約改正(海上焼却の規制)
1981	「海洋法に関する国際連合条約」(国連海洋法条約)
1990	「IMO油汚染に対する準備, 対応および協力に関する条約」(COPRC条約)

また全地球的な海洋汚染には，より多くの国と原因が関与している．

したがって，海洋汚染は国際協力なしには解決できない．このため，いくつかの条約や議定書がつくられてきた．それらを表12・2にまとめた．1970年代，あいついでさまざまな条約によって規制が強化されてきた事実からも，海洋汚染がさしせまった深刻な事態になったことがうかがえる．しかしながら，現在でも海洋汚染は十分には阻止されてはいない．すべての国，すべての企業，そしてすべての市民の現状認識と規制の実行が望まれる．

12・5　湖沼と河川の環境

湖沼と河川の汚染の原因も，本質的には海洋のそれと同じである．しかし湖沼・河川の容量は海洋に比べてけた違いに小さく，人為的影響に対してはるかに脆弱である．

自然状態で魚類が生息しうる通常の湖沼・河川の水質の目安は，おおよそCODで$3\sim5$ mg/l，DOで$6\sim7$ mg/l，全リンで0.1 ng/lおよび全窒素で$0.5\sim1$ ng/lとされている．この状態からはずれると，水質の悪化が進んでいると考えられる．

首都圏においては，霞ヶ浦(面積168 km^2，最大深度約7 m，平均水深約4 m)は，**富栄養化**(リン，窒素が増加すること)した湖水として知られている．COD

も1950年代の4 mg/lから1990年の8 mg/lに増加している．1970年代から，夏期には**アオコ**（藍藻類のミクロキスティスなど）が大発生し，湖面をおおい，魚類を大量死させることもある．アオコは葉緑体をもち，リンや窒素を使用して光合成を行うので，富栄養化の進んだ湖沼で大発生する．海外では，アオコのだす「ミクロキスティン」が肝臓障害を起こす可能性が指摘されている．霞ヶ浦では水質の変化に伴って，1990年代なかばからアオコにかわって糸状藍藻類の「オシラトリア」，「フォルミディウム」の発生が増加している．前者は毒性物質をだし，後者は水道のカビ臭の原因になるといわれている．

このような湖沼・河川の汚染は，程度の差はあっても全国で進んでいる．

湖沼・河川の水は，水道や用水の水源としても利用されるので，その水質保全がはかられている．現在「環境保全法」によって「**生活環境の保全に関する環境基準**」および「**人の健康の保護に関する環境基準**」が定められている．

「生活環境の保全に関する環境基準」では湖沼・河川・海洋別に，また使用目的によってそれぞれpH，COD，DO，浮遊物質量，大腸菌群数などの基準が定められている．「人の健康の保護に関する環境基準」では，さらに詳しく重金属，塩素化合物，炭化水素などの26数種におよぶ物質の基準が定められている（表12・3）．

湖沼・河川・海洋の汚染防止のためには，まず廃棄物の流出を規制しなければならない．このため「**水質汚濁防止法**」にもとづいた排水基準も定められている．特に水質の悪化の著しい湖沼に対しては「**湖沼水質保全特別措置法**」が1984年に制定され，2005年には改正が行われている．環境保全のため，この基準の遵守が強く望まれる．

大陸の大河の多くは複数国を貫流している．それらの国際河川の環境保全には国際協力が必要である．スイスアルプスに水源をもち，北海に注ぐライン河は代表的な国際河川の一つである．ライン河はその流域に工業地帯を含み，1960年代より汚染問題が深刻化してきた．1969年6月の魚類大量死は，殺虫剤による汚染と推定されている．このような環境悪化に迫られて1976年に「**ライン川化学汚染防止条約**」が関係国によって採択されている．

12・6 地下水の汚染と水道

地表に達した降水の一部は直接河川に**流出**（run off）し，ほかは土壌に浸透する．その一部は土壌水分として蓄えられ，残りは重力によりさらに下降して

地下水となる．この過程で土壌は水の不純物をろ過・吸収する．土壌微生物も不純物を分解する．さらに地下水を含む帯水層でのイオン交換により，良質な水となる．このような自然のしくみで，飲用水にもなりうる貴重な水資源がつくられている．

しかし，近年は地上で排出される廃棄物のため，地下水の水質悪化が問題となってきた．地下水の保全は人の健康保護のためにも大切であり，表12・3に示した「人の健康の保護に関する環境基準」が地下水についても適用されている．

最近，この基準を大きくはずれる地下水の汚染が発見されている．その主た

表 12・3 「人の健康の保護に関する環境基準」による地下水質環境基準項目および基準値

項　目	基準値
カドミウム	0.01 mg/l 以下
全シアン	検出されないこと
鉛	0.01 mg/l 以下
六価クロム	0.05 mg/l 以下
ヒ素	0.01 mg/l 以下
総水銀	0.0005 mg/l 以下
アルキル水銀	検出されないこと
PCB	検出されないこと
ジクロロメタン	0.02 mg/l 以下
四塩化炭素	0.002 mg/l 以下
1,2-ジクロロエタン	0.004 mg/l 以下
1,1-ジクロロエチレン	0.02 mg/l 以下
シス-1,2-ジクロロエチレン	0.04 mg/l 以下
1,1,1-トリクロロエタン	1 mg/l 以下
1,1,2-トリクロロエタン	0.006 mg/l 以下
トリクロロエチレン	0.03 mg/l 以下
テトラクロロエチレン	0.01 mg/l 以下
1,3-ジクロロプロペン	0.002 mg/l 以下
チウラム	0.006 mg/l 以下
シマジン	0.003 mg/l 以下
チオベンカルブ	0.02 mg/l 以下
ベンゼン	0.01 mg/l 以下
セレン	0.01 mg/l 以下
硝酸性窒素および亜硝酸性窒素	10 mg/l 以下
フッ素	0.8 mg/l 以下
ホウ素	1 mg/l 以下

（茅陽一：環境年表'04/'05，オーム社，2003）

る原因物質は，テトラクロロエチレン，トリクロロエチレン，ヒ素，シス-1,2-ジクロロエチレンおよび鉛である．局地的であるが，基準値を数百倍も上まわるテトラクロロエチレンやトリクロロエチレンの濃度が検出されている．

　これらの有機塩素系化合物は，電子部品，精密機械などの洗浄材として優れた性質をもっているため，これまで多量に使用されてきた．これが，なんらかの取扱いの誤りで流出し地下水を汚染したものと考えられる．

　地下水の流速はゆるやかで（流速：数 cm/日〜数百 m/日）あるため，ひとたび汚染すると長期間にわたって回復は困難である．工業生産の複雑化に伴って，より多種の人工物質が生産・消費されるので，今後は表 12・3 以外の物質についての監視も必要とされるであろう．

　直接飲料水として使用される水道に関しては，当然より厳しい基準が求められる．**「水道法」**に基づく水道の水質基準（2004 年施行された新基準）では，50 項目の対象が含まれている．これからも，監視項目が強化されるであろうが，産業界，地方自治体も市民も，問題を正しく理解して対処しなければならない．

13章 砂漠化と森林破壊

元来，乾燥地域や森林の分布は，自然の気候的要因によって決定されるが，人類の活動の増加によって人為的な砂漠化や森林破壊が進み，地球環境の悪化が進行している．この問題の状況と，国際社会の対応を議論する．

13・1 人類の土地利用

砂漠化と**森林破壊**の問題は，ともに人類の土地利用に関連して発生している．地球の土地面積（地球全表面の約30%を占める）のうち，さまざまな種類の土地が占める面積比を表13・1に示した．20世紀の現在において，砂漠および放牧地を含めた乾燥～半乾燥地域の合計は，全土地の約1/2を占め，森林（熱帯および中・高緯度の合計）は約1/4を占め，農耕に利用できる面積は約1/8にすぎない．

6章で述べたように，地球上の**植生分布**は基本的には気温（年平均気温よりも，むしろ最低気温および最高気温が植物の生存を決定する重要要素である），および降水量と蒸発量の差である．人類の出現する以前には，気候条件にしたがって森林，草原，乾燥地の範囲が定まっていた．人類が農耕と牧畜を始めてから，森林や草原をその目的のために使用し現在に至った．特に20世紀における急激な人口増加，さらに人口増加を何倍か上まわる生産消費活動の増加に伴って，土地利用の範囲をひろげてきた．この間，灌漑や水資源の管理，農業技術の進歩もはかられてきているが，自然の限界を超えた人類の活動の拡大が，

表 13・1 地球の土地区分

土地の種類	全土地面積に対する比率 [%]
農耕地・人類居住地	10～13
放牧地（草原）	20～25
熱帯以外の森林（主として針葉樹）	10～15
熱帯雨林・森林	13～18
砂漠	25～30
ツンドラ・山岳高地	6～9
沼沢・湿地・湖沼・河川	2～3

(Hartmann D. L.: Global Physical Climatology, Academic Press, 1994)

結果として砂漠化，森林破壊の問題をひきおこし地球環境を悪化させるに至った．

13・2 砂漠と砂漠化の気候学的背景

6章で地球上の年降水分布（図6・2）と気候区分（図6・3）を説明したが，砂漠・乾燥地域との関係について復習しておこう．地球の第一の多雨域は，北半球の北東貿易風と南半球の南東貿易風の収束する熱帯収束帯（ITCZ）である．そして第二の多雨ゾーンは，中緯度の極前線帯（寒帯前線帯）である．

この二つの多雨ゾーンの中間は地球を取り巻く亜熱帯高気圧におおわれ，全体として下降流（空気が下降する）のゾーンであり，乾燥し，降水量は非常に少ない．乾燥地域がほぼ南北両半球の亜熱帯に沿って分布しているのは，このためである．また山脈の風上では，地形性上昇で降水があり，水蒸気を消費した気流が山脈の風下斜面を下降すれば乾燥する．また大陸の内部では海洋からの湿った気流が到達しない．大洋の東側（大陸の西側）では，冷たい湧昇流のため海水が低温であり下降流が生じる．これらの要因が組みあわさり，現実の乾燥地域があらわれる．図13・1に砂漠および乾燥地域の分布図を示した．このように，地球上に乾燥地帯や砂漠が存在するのは当然な自然的現象である．

砂漠地帯では降水が少なく，一方高温で乾燥している地面からの蒸発が多く，土壌は乾燥し植物の生存には厳しい環境である．

乾燥地域の極側には極前帯が，赤道側には熱帯収束帯が位置しているから，乾燥地域の両側にむかって降水量は増加する．すなわち，準（半）乾燥地帯は乾燥地帯の両側にひろがる．この地域では，降水帯の季節変動のため降水にも年変化（**乾季**と**雨季**）がみられる．

砂漠・乾燥地帯では単に降水量が少ないだけでなく，年々降水量の変動が大きい．いろいろな量の変動の程度を示すためには，さまざまな統計的な表示方法があるが，図13・2には降水の**変動度**（$\Sigma|R_n-\bar{R}|/N\cdot\bar{R}$）を示す．ここで$\Sigma$は合計を，| |は絶対値を意味する記号であり，$R_n$は$N$年間の各年における年降水量を，$\bar{R}$はその平均を示す．熱帯収束帯や極前線帯は降水量が多く，かつその年降水量の変動度は相対的に小さい．（ただし$\Sigma|R_n-\bar{R}|/N\cdot\bar{R}$から理解されるように変動の絶対値は大きい．）これに対して，乾燥地帯では年降水量が少なく，変動度が非常に大きい．具体的にいえば，乾燥地帯ではある年には比較的降水量が多く（その地域としては）とも，ほかの年には極端に少なくなる．

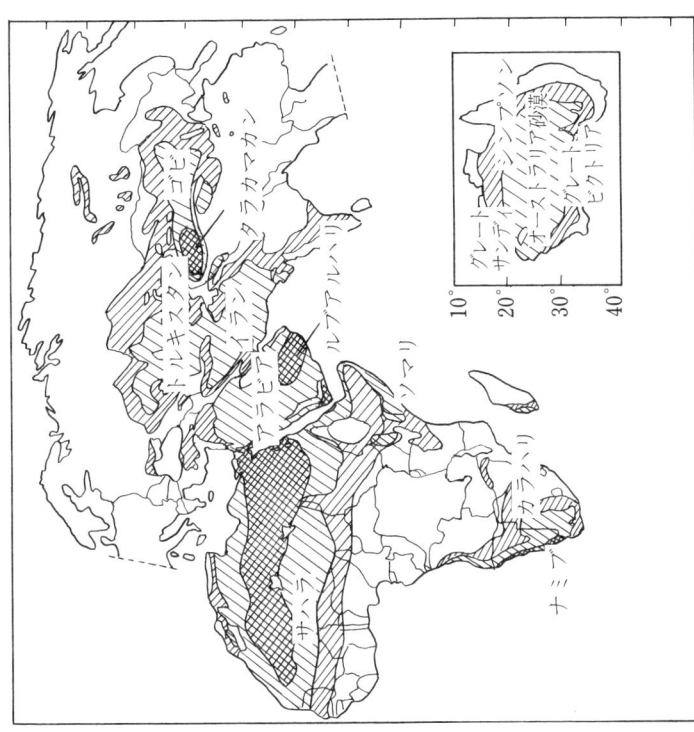

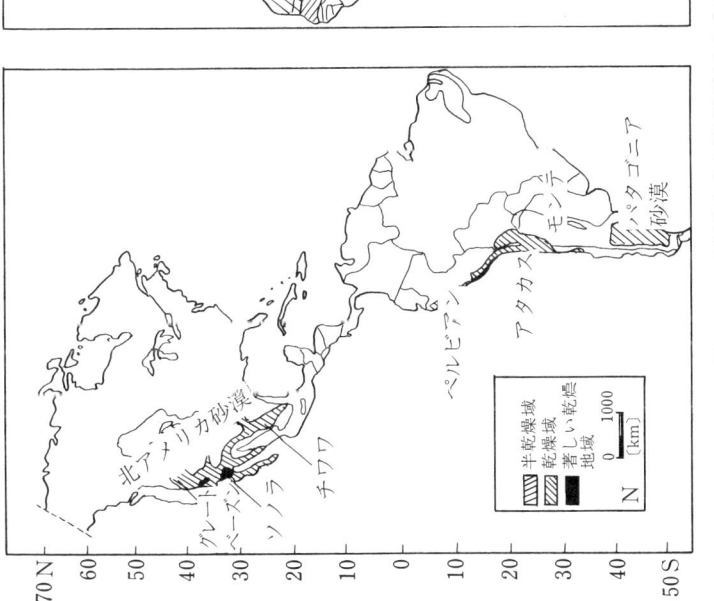

図 13・1 砂漠および乾燥地域の分布
(Hartmann D. L.: Global Physical Climatology, Academic Press, 1994)

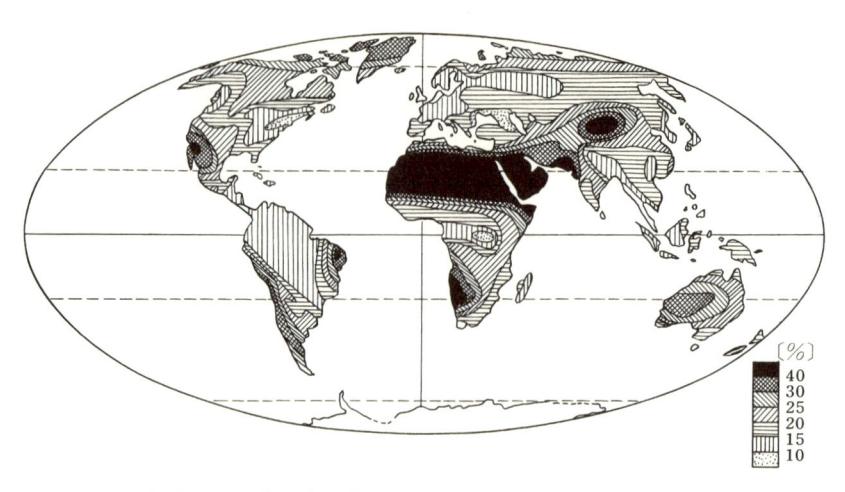

図 13・2 年降水量の変動度分布
(Barry R. G. and Chorley R. J.: Atmosphere, Weather and Climate, Methuen, 1987)

　降水量に比較的恵まれた年に，人工的な農耕や牧畜によって自然的な土地環境を破壊してしまうと，相対的な乾燥・少雨年には，たちまち土地が荒廃してしまう．これが砂漠化問題の気候学的背景である．

　なお，乾燥地域に連なる熱帯乾湿気候区（6章参照）では，乾季と雨季があり年降水量は少なくないが変動度もかなり大きい．すなわち，乾燥地帯に比べて変動度は少ないが，降水の量の変動幅は大きく，この地域にもしばしば洪水や干ばつに悩まされる．

コラム 13a　準乾燥地帯の干ばつ

　準乾燥地帯でも，降水量の変動率，変動幅もともに大きい．比較的豊かな降水量に恵まれた期間が長く続くと，農耕地が本来の気候学的な可耕限界を超えてひろがる．そして，もし自然のリズムとしての小雨期間がやってくると，自然植生による保護を失った土地は著しく乾燥し，不安定となって，農耕不能となるばかりか，土壌の流出 (soil erosion) によって大地そのものが劣化する．

　スタインベックの小説「怒りの葡萄」は，1930年代米国の中西部でおきた干ばつに苦しんだ人々を描いた文学作品だが，その干ばつの背景には，前述したような気候学的な背景もあったのである．

13・3 砂漠化の意味

　砂漠化とは「乾燥地域・半乾燥地域の気候変動や人間活動の影響を含む，多くの原因によってひきおこされる土地の劣化 (land degradation)」のことである．ここでいう「**土地**」とは土壌，水資源，表層や植生を含む概念であり「**土地の劣化**」とは，土壌の流出 (soil erosion) や河床への堆積，地下水の枯渇，土地の塩化，自然植生の多様性の減少など複合的プロセスによってもたらされる「土地の生産能力」の劣化を意味する．

　ここで先ほどの定義の中で述べられている「気候変動」について，考察しておきたい．たとえば現在代表的な乾燥地であるサハラ砂漠の付近は，かつての氷河期には降水量は現在よりもはるかに多く，多種類の生物が生息していた．このような気候変化は1万～10万年の時間スケールの変動である．一方，13・2節で述べた降水の変動は通常の自然のリズムとしての変動であり，きわめて自然な変化である．むしろこのような変動のない時代が続けば，それこそ異変なのである．したがって，問題の本質は自然のリズムである変動にさえ対処でき

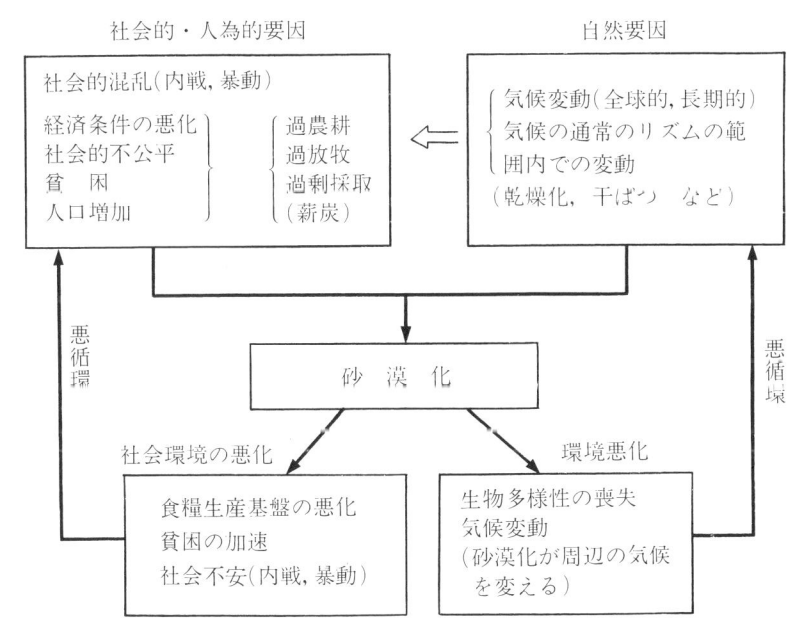

図 13・3　砂漠化の自然的（気候的）および社会的要因の概念図

ない社会的要因にあると考えざるをえない．

以上の砂漠化の自然的および社会的要因を図13・3に概念的にまとめた．

次に現時点における砂漠化の状況を表13・2にまとめた．また現在砂漠化の著しい地域を図13・4に示した．13・2節で述べた気候学的条件により，砂漠化は砂漠の周辺で進行している．（砂漠そのものではすでに砂漠化している．）

表 13・2 1990年代における砂漠化の状況

(資料：UNEP 1991)

砂漠化の影響をうける人口	約9億人（総人口の約1/6）	
砂漠化の影響をうける土地	約36億ha（全陸地の約1/4）	
世界の耕作可能な乾燥地のうち砂漠化地域の割合	アフリカ	約29%
	アジア	約37%
	北米	約12%
	南米	約8%
	オーストラリア	約11%
	欧州	約3%

(環境庁地球環境部編：地球環境キーワード事典，中央法規，1997)より抜粋，整理

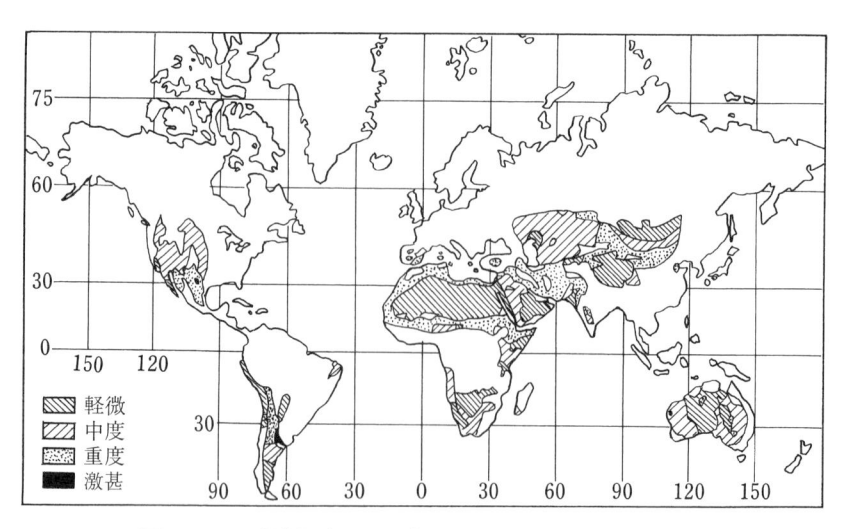

図 13・4 砂漠化地域の分布
(茅陽一監修：環境年表'97/'98，オーム社，1997)

13・4 砂漠化防止

　砂漠化や土壌浸食は，古くから問題視されていたが，それが全地球的立場から認識されるようになったのは 1968～1973 年の**サヘル**（サハラ砂漠の南縁に沿って大西洋岸からスーダンに至る乾燥地帯）の干ばつのためである．このころから砂漠化防止は，干ばつに苦しむ乾燥地域の人々を助けるという人道的な立場と同時に，全地球的な環境問題として取り組むべき課題として認識され始めた．この前後，多くの国際会議での検討をへて，1977 年の「国連砂漠化防止会議」で「**砂漠化防止行動計画**」（PACD）が採択され，いくつかの実行的処置が進められてきた．

　しかし，そのような努力にもかかわらず，1983～1984 年に再びサヘルで大干ばつが発生した．この干ばつ以降，砂漠化には多くの社会的要因が関係することがあらためて理解され，総合的防止対策が進められることになった．1994 年には，「**砂漠化防止条約**」が採択され 1996 年に発効している．この条約の目的は「国際的な連帯と協調によって，砂漠化の深刻な影響をうける諸国の砂漠化を防止し干ばつの影響を緩和する」ことである．そして当該国における対策の実施の義務とともに，先進国の支援を義務づけている．

　日本の国土はさいわい豊かな降水に恵まれ，国土内での砂漠化の問題はないが，先ほどの国際的義務を果たすため，政府開発援助（ODA），政府機関やボラ

コラム 13b　乾燥地域のさまざまな問題

　土地の塩化：乾燥地帯では農業に灌漑が必要である．しかし蒸発の著しい乾燥地域では灌漑が適切でないと水に含まれている塩分が地面に残留し，やがて高濃度になると農耕に適さなくなる．これが「**土地の塩化**」である．

　水資源の枯渇：湖沼・河川・地下水の容量は有限であり，限界を超えた取水は水資源そのものを枯渇させ，より大きな環境悪化をひきおこす．

　アラル海（かつては面積 7×10^4 km^2，平均水深 15 m）は塩湖で，シル・ダリヤ川とアム・ダリア川が注いでいる．周辺の灌漑の取水のため河川が枯渇し，アラル海の水位低下と面積の縮少がもたらされ，周囲一帯の著しい乾燥化が進んでいる．

　中国の黄河でも，大量の取水のため流量が減少し，乾燥期には途中で河の水がなくなる「尻なし川」の様相を呈することも伝えられている．

13・5　森林と地球環境

　地球システムにおける生物系の役割についてはすでに5章で述べたが，本節では特に樹木の集団である**森林の役割**を考える．図13・5は樹木の役割を示す概念図である．

　樹木の葉は日光をうけ，光合成の機能によって二酸化炭素と水から有機物をつくりだし，酸素を放出する．根は土壌から水とミネラルを吸収する．つくられた有機物により樹木は生長し，**バイオマス**が植物体として蓄えられ，その一部は他の生物種の食料となって多くの生物種の生存を支える．樹木の落葉や，枯死した樹木，樹木によって生存した生物の排出物や死体も，すべて菌類や土壌微生物のエネルギーとして活用され，最後には分解されて熱と水と空気とミネラルにもどる．この過程による一定の組成をもつ大気の維持と物質循環は，樹木のもっとも大切な機能である．

　樹木の葉は日射のある部分を反射し，ある部分を吸収し，日射の地面への直接的な到達をやわらげる．樹木の葉は降水をいったんうけとめ，徐々に水滴を

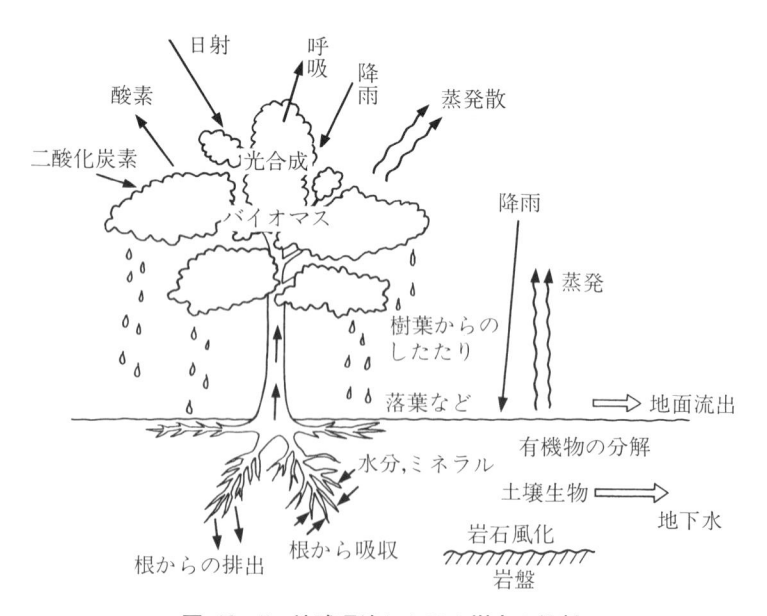

図 13・5　地球環境における樹木の役割

地上にしたたらせ,いわば貯水池の役割を果たす.地面からの直接的な蒸発に加え,葉面から蒸発散によって空気を湿らす.これらの作用はすべて,おだやかな地面,土壌と大気の環境をつくりだすことに貢献している.たとえば,盛夏でも木陰は涼しくここちよいのはその実例である.

このように大切な樹木の集まりである森林の面積は,地球上のどれほどの広さを占めているだろうか.各地域における森林面積,土地面積に占める森林面積の割合(森林率),人口1人当たりの森林面積,近年における森林面積の減少率を表13・3に示した.現在,森林は地面の約1/4を占めるが,アフリカと南米におけるその面積の減少率は0.5%/年ほどであり,両地域の毎年の減少面積は $(7.1+8.6) \times 10^8 \text{ ha} \times 0.5\%/\text{年} \approx 8 \times 10^6 \text{ ha}$ となる.すなわち,日本の森林面積の約1/3が毎年失われている.

人類はその活動の歴史のなかで,農耕地や放牧地のため森林や草原を開拓し,木材や燃料にするため森林を伐採してきた(その一方で植林も行っているが).古代に文明の栄えた土地の多くで森林が衰退しているのは,気候変動以外に人類による森林の収奪の影響が大きいことを示している.森林の衰退は土壌浸食,土石流,山崩れ,洪水などをひきおこし環境悪化をもたらす.

森林面積の減少と対比させるため,表13・4に世界の**木材生産量**を掲げた.その生産量は,近年では毎年約1.5%の割合で増加している.これ以上の森林減少を防止し,かつ必要な生産を確保するための植林などの対応が迫られている.

表 13・3 世界の森林

	森林面積 $[10^8 \text{ ha}]$	森林率 [%]	人口1人当たりの森林面積 [ha/人]	1990〜1995 平均減少率 [%/年]
世　界	34.5	27	0.6	0.30
アフリカ	5.2	18	0.7	0.70
北・中米	5.1	25	1.2	0.10
南米	8.7	49	2.6	0.50
アジア	4.7	15	0.1	0.70
旧ソ連*	7.4	33	2.6	—
欧州	1.4	7	0.2	0.30
オセアニア	0.9	11	0.4	0.10

日本の森林面積は約 24×10^6 ha,森林率は約67%,1人当たりの森林面積は0.20 ha/人.
*旧ソ連の数値は1992-1993.　　　　　　　　　(World Resources (1998-1999))

表 13・4　世界の木材生産量

〔単位：$\times 10^9$ m^2〕

	1981	1991	1996
針葉樹	1.17	1.28	1.13
広葉樹	1.66	1.98	2.15
合　計	2.83	3.26	3.38

日本の木材使用量(木材用)は約 50×10^6 m^2．日本の紙消費量は約 200 kg/人（総計 25×10^6 t）．ただし，リサイクルは約 50% を占める．
(FAO Year Book of Forest Products (1996))

13・6　熱帯林の減少

　地球システムにおける森林のもつ重要性については 13・5 節で述べた．特に**熱帯雨林**の面積はひろく，光合成の能力が高く，かつ多種類の生物種の生存の場所でもあり，その役割は重要と考えられている．図 13・6 に，世界の熱帯雨林と季節林の分布を示した．熱帯雨林は，地球の最多降水量のゾーン（ITCZ に対応）に分布している．その両側は乾季・雨季をもつ熱帯に生存する季節林の地域がひろがっている（6 章 6・2 節参照）．1980 年および 1990 年における各地域の熱帯林の面積と，その減少率を表 13・5 に掲げた．熱帯林の面積は全森林面積（表 13・3）の約 53% を占める．その減少率は約 0.8%/年ときわめて大きい．

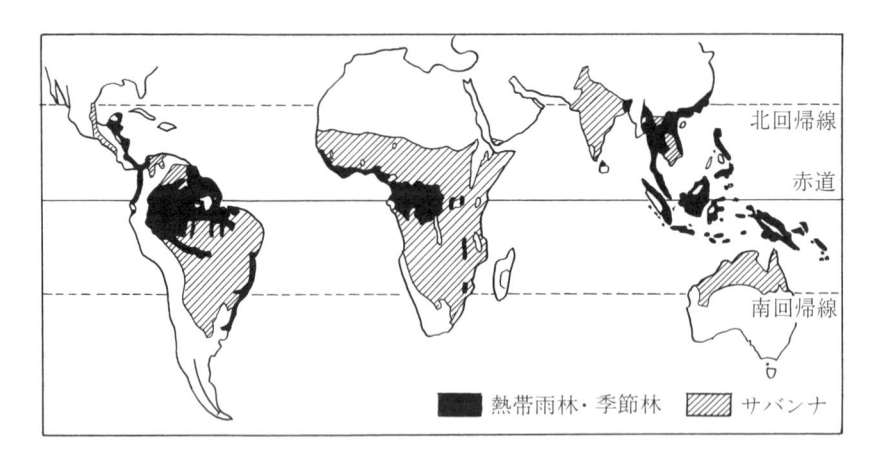

図 13・6　熱帯林の分布
(茅陽一監修：環境年表 '97/'98, オーム社, 1997)

13・6 熱帯林の減少

表 13・5　熱帯林の面積

〔単位：10^8 ha〕

	1990	2000	年間変化率〔%〕
熱帯アメリカ	9.6	9.1	−0.5
熱帯アジア	3.5	3.2	−0.8
熱帯アフリカ	6.9	6.3	−0.8
合　計	19.9	18.7	−0.7

日本の森林面積は約 $24×10^6$ ha，日本の総面積は約 $38×10^6$ ha．　　　　　　　　　　（FAO Foresty Paper, 2001）

　熱帯林の豊かな生物相は，熱帯林の自己復元力が強いという印象を与えるが，それは事実ではない．熱帯林がひとたび伐採され，あるいは過度の焼畑農業や放牧地として破壊されると，強い降水のため土壌浸食が進み，その再生は困難となる．

　熱帯林破壊の背景にある社会的要因は，13・3節の砂漠化の要因（図13・3）とほとんど共通している．なお，熱帯林の主要輸入国であった日本が，熱帯林保全の観点から国際的な批判をうけたのは，1980年代のことである．

　熱帯林保全に関しては，FAO（国連食糧農業機関）などの国際機関によって，世界的な対処がなされてきた．1981年にFAOの「熱帯林資源評価報告」は，熱帯林減少の実態を明らかにした（1991年二次報告）．1983年には「国際熱帯木材協定」が採択され，1985年にはFAOが「熱帯林行動計画」を策定してい

コラム 13c　砂嵐・ダストストームと黄砂

　砂漠などの乾燥地域では強風によって砂塵や土ほこり（ダスト）が吹き上げられる．砂嵐（サンドストーム）は比較的大粒の砂塵（0.08〜1 mm）を吹き上る強風であるが，一般に砂嵐は地上〜4 m以下の低層にとどまる．ダストストームは，細かな土ほこりを吹き上る強風であり，ダストは上空に達する．

　アジア大陸の乾燥した黄土地域では春季，黄砂が強風によって巻き上られ，西風によって日本列島，さらに太平洋にまで運ばれて来る．黄砂が多い場合は視程が低下し交通障害をひきおこし，日常生活にも不便・不快をもたらす．エーロゾルの一種である黄砂は，大気放射過程や雲物理過程を通して地球環境問題と関係する．近年の黄砂発現の増大は，アジア内陸部の乾燥化に関連していると考えられている．これらの問題について，黄砂の国際的総合的研究が進められている．

る．さらには1987年にFAO，世界銀行などによって「熱帯林問題に関するベラジオ会議」が開催され，1992年の「地球サミット」では「**森林原則声明**」が採択されている．この声明では「森林問題は環境と開発のすべてに関連して検討されるべき問題であり，森林機能の保全と持続可能な開発のために各国の責任がある」ことを明らかにしている．この原則にしたがって，多くの国，国際機関の努力がなされているが，現実にはなお熱帯林の減少が続いている．

14章 災害と社会

"活動している地球"ではさまざまな現象がおき，時には大きな変動により自然災害がひきおこされる．

人為的災害としては事故が含まれるが，人為的原因による環境悪化のもたらす被害は，人為的災害である．この章では災害をさまざまな観点から議論する．

14・1 災害の定義

日本語辞典をみると，「**災害**」とは「地震・台風・洪水・津波・噴火・旱魃(ひでり)・大火災・伝染病などによってひきおこされる不時の災い，また，それによる被害」と説明されている．

「災害」に対応する英語は"disaster"である．英英辞典では，"any happening that causes great harm or damage, serious or sudden misfortune"とされていて，特に地震・台風などの原因は記されていない．つまり"disaster"は突然の大変な災難のことであり，日本語の「災害」の語感とは少し違う．

英文の表現では，"natural disaster"や"man made disaster"の表現がでてくる．前者が「自然災害」に，後者が「事故」，「人災」に近い意味をもつ．

災害対応は国の行政にかかわる事柄であるので，法規でも定義されている．**災害対策基本法**（1962年施行）において「災害は，暴風，豪雨，豪雪，洪水，高潮，地震，津波，噴火その他の異常な自然現象又は大規模な火事若しくは爆発その他の及ぼす被害の程度においてこれらに類する政令で定める原因により生ずる被害をいう．」と定められている．

この法律による定義は，先述の社会的通念とほぼ一致しているし，自然災害と人為的災害を含んでいる．

以上述べた観点から，災害の具体的な内容を図14・1にまとめた．この図では，まず要因によって**自然災害**と**人為的災害**に二分し，さらにそれぞれを急激に作用する災害と長期間にわたる災害に分けて考えている．しかし，これはあくまで概念であり，これらの混合あるいは複合した形態の災害が多い．たとえば伝染病は生物的自然現象であるが，その流行には上下水道の管理の不備など人為的な要素も非常に強い．

```
                    ┌ 急激な災害……洪水，強風，噴火，地震，
       ┌ 自然災害  │                 津波，土砂，山崩れ      ┐ 自然災害の
       │(natural disaster)│ 長期にわたる…冷害，干ばつ，河水枯渇 ┘    激増化
       │          └ 災害
災害 ─┤
       │          ┌ 長期にわたる ダイオキシン汚染，砂漠化，森林破壊
       │          │ 災害         環境有害紫外線の増加（オゾン層
       │ 人為的災害│              環境による），放射能汚染，地球温
       │(man made disaster)│      暖化（二酸化炭素増加）
       │          │
       └          └ 急激な災害……火災，航空機事故，
                                  事故による高濃度の有害物質流出
```

```
被害の激増化  災害の防止・軽減
              ┌─────────────────────────┐
              │ 災害対策のインフラストラクチャー（基本設備）の充実 │ ┐
              ├─────────────────────────┤ ├ 社会的要因
              │ 災害対策のインフラストラクチャーの不備          │ ┘
              └─────────────────────────┘
```

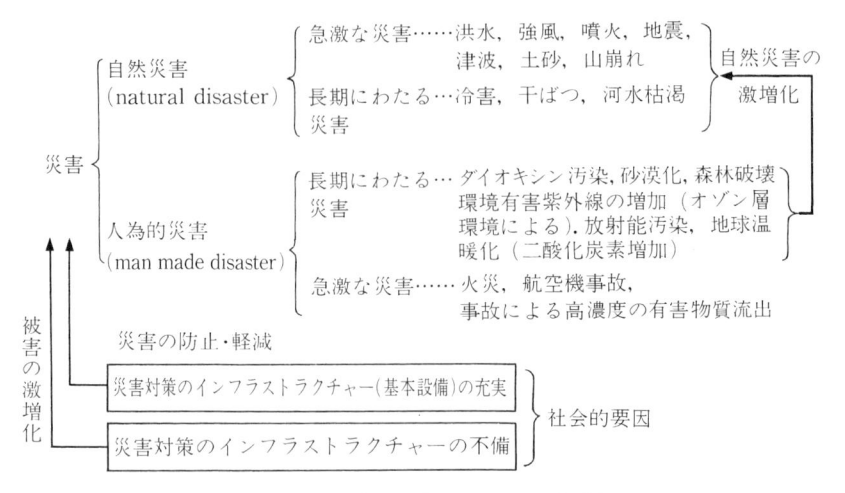

図 14・1 災害の要因についての概念図

14・2 災害と人類

　では，自然災害はまったく自然そのものが原因で人類とは無関係におこるものであろうか？　極端な例であるが，人類が出現する以前の地質時代の地球環境の激変は，人類の災害にはなりえないのは当然である．同様に，無人の地でおきた噴火も急激な災害にはならない（地球環境には影響があっても）．

　ほぼ同じ強さの熱帯低気圧が襲来したのに，前回に比べて今回のみ大きな被害が生じたケースがある．それは，災害上の要注意地域にまで居住地域が拡大したり，災害対策のインフラストラクチャー（基本設備）が劣化したためである．逆に，十分な対策がとられたため，前回に比べて今回は大幅に被害が軽減される例も多い．このように，自然災害であっても，人類あるいは社会と深く関係している．すなわち，自然災害と人災とは必ずしも明瞭には分離しがたい．

　図 14・1 に示したように，多くの環境問題は人為的災害として位置づけられる．砂漠化・森林破壊・土壌浸食・大気汚染・酸性雨などの被害はその実例である．さらに有機水銀汚染などの有害化学物質による被害は，事故でもあるが，それはかならずしも不可抗力の事故ではなく，責任ある管理体制の不備から生じたものである．また産業廃棄物の問題などは，明らかに法令・法規を意図的に無視した犯罪行為によってもたらされたものである．

　次に自然災害と環境問題の関係を議論しよう．前章までの各所で示した人類

活動の拡大に伴う地球環境の変化，たとえば森林の減少や河川への土砂の流入，山間地への農地や居住区の拡大などは，大雨に対する環境の対応力の脆弱化をまねく．過度の地下水や天然ガスのくみ上げによる地盤沈下，地球温暖化による海面上昇，サンゴ礁の破壊などは沿岸や島嶼の高潮や津波被害の拡大をまねく．人為的原因の砂漠化は，干ばつの被害をさらに悲惨なものとする．この事例からわかるように，環境悪化と自然災害の激化は密接に関係している．

14・3 人　　災

● 人災の社会的要因

　図14・1に示したように，典型的な人災として事故があげられる．航空機事故，海難，爆発，火災，有害物質の流出，薬害などはその具体例である．表14・1に重大な事故事例とその背景となった事情・要因を記した．

　事故が発生すると，人（個人）的な過失（エラー）の責任が追及されがちであるが，その背後には組織的な，あるいは，社会的要因が存在している．これについて考察したい．それらは，

(1)　人的エラーをカバーするチェック機能・バックアップ機能の不備

　人の作ったシステムのエラー，人の操作ミスは，必然的・確率的に発生する．これに対処するのがチェック機能・バックアップ機能である．充分なチェック機能・バックアップ機能を整備するには，それなりの投資が必要である．目先の効率・利潤の追求が優先されると充分な対応が取られなくなる．大きな事故・人災の背後にはこのような社会的背景が存在している．

(2)　過度の効率追求から生じる無理

　あらゆる機器，設備はその能力限界内でのみ正常に機能する．平常時における経済的効率を優先する立場から，非常時にも対応できる余力のある設備・オペレーションが回避されがちで，これも大事故の遠因になっている．

(3)　知識・情報の不足

　人の知識・経験は有限であり，不完全である．しかも，社会情勢も科学技術も急速に変化しているが，それに追従する新しい知識・情報は充分に把握されていない．多くの人災は，最新の知識・情報の収集がおくれ，対応策の更新が遅れたために発生している．

(4)　システム，設備の巨大化に対応が追従できていない

　事故対応策も進歩しているが，それにもまして，システムや設備が複雑化・

表 14・1 重大な事故の実例

	事故災害事例	状況,原因説明
海難事故	タイタニック号沈没 1912年4月14日	大西洋において氷山と衝突沈没.死者〜1500人,乗客の総員に足らない救命ボート
	洞爺丸転覆 1954年9月	台風の強風,波浪による転覆.死者〜1100人,荒天下の出航が問題.
航空機事故	コメット墜落事故 1953年5月2日,1954年1月10日,1954年4月8日	はじめてのジェット旅客機コメットの3回の墜落事故.高空を飛行するジェット機の金属疲労.
	JAL御巣鷹山墜落事故 1985年8月11日	小事故の後の隔壁修理の不備.管理不備.死者〜500人.
海洋石油流出	アモコ・カジス号原油流出 1978年	フランスのブルターニュ沖 原油〜22万トン流出.
	エクソン・バルディース号原油流出 1988年	アラスカ原油〜4万トン流出.
	メキシコ湾原油流出 2010年	BP社の海底油田からの流出.原油〜80万トン流出.管理不備.
化学物質流出	水俣病 1956〜60年	工場廃液からの水銀流出.有機水銀中毒(患者〜2000人以上)
	新潟水俣病 1965年	同上(患者〜700人).水俣病の教訓が生かされなかった.
	ボパール(インド)有害ガス流出 1984年12月	米国ユニオン・カーバイト社のインド子会社(殺虫剤工場)より流出.死者(5000〜2万人).負傷者〜50万人.コスト削減による不備.
放射性物質流出	スリーマイル原発事故 1979年3月28日	米国における原子炉事故.操作ミスによる冷却水の停止によるメルトダウン.
	チェルノブイリ原発事故 1986年4月26日	ウクライナにおける原子炉重大事故.現在も影響が続いている.
	福島原発事故 2011年3月11日	大地震・大津波により,電力供給が断絶.炉心の冷却不能に.現在も影響が続いている.
食品事故	カネミ油事件 1968年	食用油(ライスオイル)の工程で配管ミスにより加熱媒体のPCB(毒物)が混入.死者〜18人,患者〜1500人.
	森永ミルク事件 1955年	添加剤にヒ素混入.製造過程管理不充分.死者〜130人.
薬剤事故	血液肝炎事件 1964〜1687年	ミドリ十字社の製品による薬剤肝炎.多数の患者を出した.国の対応の遅れが非難された.
	薬剤エイズ事件 1980〜1990年	加熱製剤化が遅れて感染.ミドリ十字関係者は業務上過失致死罪で有罪.厚生省係官も一部有罪.

巨大化しており,事故などの非常時に制御不能に陥った事例がある.

(5) 犯罪的人災

目先の利潤追求のための法規違反,契約違反による人災も少なくない.この

ような行為は犯罪である．

● 社会的人災

人類社会の根源的欠陥に起因する人災もある．その2，3の事例をあげる；
(1) 戦乱・紛争

戦乱・紛争は最大の社会的災害である．20世紀の最悪の人災としての第一次，第二次世界大戦を経験したにもかかわらず，その後も多くの地域で戦乱・紛争が続き多数の人命と多くの財貨が失われている．その原因は，覇権争奪，資源争奪，民族紛争，宗教紛争等であるが，勝者・敗者ともに得るものはない．人類だけの問題を解決できないのは，人類の性質の根源に根差した問題なのであろう．

(2) 交通事故

交通事故は個人的災難とされているが，その犠牲者の数（約4 000人）は通常年の自然災害の犠牲者を上回る．数年前には1万人を超えた犠牲者は，最近の交通違反取締の強化，特に飲酒運転の罰則強化により半減した．これまで交通事故の多くは飲酒運転を容認する社会的悪習が生んだ災害である．

(3) 自殺

年間3万人を超える自殺者の数は交通事故死者の数よりはるかに多い．過度の競争社会におけるストレス，経済的格差，社会的セーフティーネットの不備など社会の変化に追従できない対応の遅れが招いた社会的災害である．

● 人災としての環境問題

人類の活動の拡大に伴って発生し拡大している地球環境問題も人災の一つである．それらを表14・2にまとめた．各項目については本書の各章で詳しく議論してある．

これらの問題の背後にあるのは，
(1) 地球環境に関する知識・情報の不足，無理解
(2) 過度の経済的効率と利潤の追求から生じた対応限界からの越脱
(3) 地球の限界を超えた人類活動の拡大

が挙げられる．これらの背景的要因が事故の要因と共通している事実に注目して欲しい．

表 14・2 地球環境問題の例示

地球環境問題	説　明
大　気　汚　染	工業地帯，自動車からの排気物(SO_x, NO_x, 浮遊微粒子)による汚染
酸　　性　　雨	酸性物質の沈着，酸性雨による地面，湖沼などの被害
海　洋・河　川　汚　染	化学物質，窒素，リン，重金属，石油関連物質による汚染
化学物質による汚染	有機塩素化合物，重金属などによる大気と水の汚染
放射性物質による汚染	放射性物質による大気，水，地表，植物の汚染
気　候　温　暖　化	化石燃料の使用による CO_2 濃度の増加による
オ　ゾ　ン　層　破　壊	ハロゲン化炭化水素による極地方を中心とするオゾン層オゾンの破壊
砂　　漠　　化	土地の生産性の劣化
森　林　破　壊	森林の破壊
生　物　種　絶　滅	生物種の絶滅（生物多様性がおびやかされる）
資　源　枯　渇	地下資源，土地生産性，水，食料などすべての資源の枯渇

14・4　日本の気象災害

● 地震・津波災害

　すでに2章2・4節（固体地球の変動）で地震・津波の基本的説明を行った．ここでは，過去の典型的事例を示し，どのような頻度で，どのような災害が生じているかを実感して頂きたい．表14・3は明治期以降に発生した多くの犠牲者を出した地震・津波の例である．この中には，マグニチュード8-9に達する「海溝型」の巨大地震や，内陸の「直下型」地震の例が含まれている．

　なお巨大地震については，古記録，地質学的調査によって1000年以上の過去についても調べられている．684年（天武13年）以降から江戸時代にかけて約20例の巨大地震が記録されている．近代的な地震観測がなされたのは約100年間に過ぎないから，地震災害対応には，古い記録を参考にしなければならない．日本で地震が多い理由は2章2・4節で説明した．世界各地にもいくつかの地震帯があり巨大地震が発生している．

14・4 日本の気象災害

表 14・3 明治以降,日本で100人以上の死者・行方不明者が出た地震・津波

発生年月日	マグニチュード	地域(名称)	死者・行方不明者〔人〕	津波の有無
1872年(明治5) 3月14日	7.1	浜田地震	死者 804	
1882年(明治24) 10月28日	8.0	濃尾地震	死者 7 273	
1894年(明治27) 10月22日	7.0	庄内地震	死者 726	
1896年(明治29) 6月15日	8.5	明治三陸地震	死者 22 072	○
1896年(明治29) 8月31日	7.2	陸羽地震	死者 209	
1923年(大正12) 9月1日	7.9	関東地震 (関東大震災)	死者 99 331 行方不明 43 476	○
1925年(大正14) 5月23日	6.8	北但馬地震	死者 428	
1927年(昭和2) 3月7日	7.3	北丹後地震	死者 2 925	
1930年(昭和5) 11月26日	7.3	北伊豆地震	死者 272	
1933年(昭和8) 3月3日	8.1	昭和三陸地震	死者 1 522 行方不明 1 542	○
1943年(昭和18) 9月10日	7.2	鳥取地震	死者 1 083	
1944年(昭和19) 12月7日	7.9	東南海地震	死者 998	○
1945年(昭和20) 1月13日	6.8	三河地震	死者 1 961	
1946年(昭和21) 12月21日	8.0	南海道地震	死者 1 330 行方不明 113	○
1948年(昭和23) 6月28日	7.1	福井地震	死者 3 769	
1960年(昭和35) 5月23日	9.5	チリ地震津波	死者 122 行方不明 20	○
1983年(昭和58) 5月26日	7.7	日本海中部地震	死者 104	○
1993年(平成5) 7月12日	7.8	北海道南西沖地震	死者 202 行方不明 28	
1995年(平成7) 1月17日	7.2	兵庫県南部地震 (阪神・淡路大震災)	死者 6 430 行方不明 3	
2011年(平成23) 3月11日	9.2	東日本地震 (東日本大震災)	死者 ~15 000 行方不明 ~5 000	○

火山噴火災害

2章2・4節で述べたように，地震帯と火山帯の位置はほぼ一致している．日本列島では火山活動も活発である．表14・4に近年多くの犠牲者を出した噴火の例を掲げた．さらに10万年の過去に遡って調べれば，日本列島では巨大噴火が

表 14・4　日本で20人以上の犠牲者を伴った噴火（1701年以降）

噴火年月日	火山名	死者・行方不明者〔人〕	記事
1741年（寛保元）8月18日	渡島大島	1475	津波
1779年（安永8）11月8〜9日	桜島	150余	噴石・溶岩流など，「安永大噴火」
1783年（天明3）8月5日	浅間山	1151	火砕流・火山泥流および吾妻川・利根川の洪水
1785年（天明5）4月18日	青ヶ島	130〜140	当時の島民は327人，以後50余年無人島となる
1792年（寛政4）5月21日	雲仙岳	約15000	山崩れと津波，「島原大変肥後迷惑」
1822年（文政5）3月12日	有珠山	50	火砕流
1856年（安政3）9月25日	北海道駒ヶ岳	20余	落下軽石，火砕流（軽石流）
1888年（明治21）7月15日	磐梯山	461	岩屑流，村落埋没
1900年（明治33）7月17日	安達太良山	72	火口の硫黄採掘所全壊
1902年（明治35）8月7日	伊豆鳥島	125	全島民が死亡
1914年（大正3）1月12日	桜島	58	噴石・溶岩流・地震，「大正大噴火」
1926年（大正15）5月24日	十勝岳	144	火山泥流
1952年（昭和27）9月24日	ベヨネース列岩	31	海底噴火，観測船第5海洋丸遭難により全員殉職
1991年（平成3）6月3日	雲仙岳	死者 40　不明 3	火砕流，「平成3年（1991年）雲仙岳噴火」
2014年（平成26）9月27日	御岳山	57	噴石落下

（気象庁編：日本活火山総覧（第2版）（平成18年））による
〈註〉1707年（宝永4年）富士山噴火（噴出物〜8億 m³ に達する）

何回か発生している．世界各地では数千―数万の死者を生じた巨大噴火が発生している．

14・5　日本の気象災害

大気の運動と気象現象については 3 章 3・4 節および 3・5 節で基本的な説明を行った．大気中では，さまざまな気象擾乱（循環システム）が発生し，場合によっては気象災害をひきおこす．その具体的事例をいくつか説明しよう．

● 台　　風

熱帯低気圧が発達し，最大風速が 17 m/s を越すと「台風」と分類される．台風に伴う強風，豪雨，強風によって引き起こされる高潮（風津波ともよばれる）が大災害をひきおこす．表 14・5 に 20-21 世紀に起きた台風災害を例示した．幸い 1960 年以降，200 名を超える犠牲者がでていない．これは治山・治水事業の進捗や，予報精度の向上，減災活動の強化などの賜物である．しかし，今後，今までの経験を超えた災害がおきる危険は絶無ではない．なお海外では，発達した熱帯低気圧はハリケーン，サイクロンと呼ばれ大きな災害をひきおこす．

● 梅雨前線豪雨

日本列島では，温帯低気圧，前線に伴って豪雨が発生することがある．特に梅雨前線が豪雨をひきおこす例が多い．表 14・6 は近年に発生した梅雨前線豪雨の事例である．また，台風と前線が共存し，お互いに影響しあって特に大量の降水をもたらすこともある．豪雨は，洪水・河川氾濫や土砂災害をひきおこす．

● 豪　　雪

冬季には大雪がおきる．日本列島の大雪には大別して 2 種類のタイプがある．第一のタイプは日本列島の南岸沿いに北東進する低気圧に伴って発生し，太平洋沿岸に降雪をもたらす．降雪量はあまり多くないが都市域では交通障害をひきおこし，また着雪で送電線等を破損させる．第二のタイプは冬季季節風の状況下で日本海沿岸部に起きる豪雪である．表 14・7 に顕著な日本海沿岸地帯の豪雪例を掲げる．

表 14・5 多数の死者・行方不明者をもたらした日本の台風事例

年月日	台風名称	死者・行方不明者〔人〕	主な被害地域
1910年（明治43）8月6〜15日		1 379	中部，関東，東北
1917年（大正6）9月30日〜10月2日		1 324	東日本
1921年（大正10）9月25〜26日		691	関西，東海
1934年（昭和9）9月20〜22日	室戸台風	3 036	全国，特に大阪
1942年（昭和17）8月27〜28日		1 158	西日本，山口
1943年（昭和18）9月20日		970	西日本
1945年（昭和20）9月17〜18日	枕崎台風	3 756	西日本
1947年（昭和22）9月14〜15日	カスリーン台風	1 930	東日本
1948年（昭和23）9月16〜17日	アイオン台風	838	近畿〜東北
1950年（昭和25）9月2〜4日	ジェーン台風	508	関西〜東日本
1951年（昭和26）10月13〜15日	ルース台風	943	九州，四国
1954年（昭和29）9月24〜27日	洞爺丸台風	1 761	全国（特に函館港外の海峡）
1958年（昭和33）9月26〜28日	狩野川台風	1 269	狩野川流域
1959年（昭和34）9月20〜27日	伊勢湾台風	5 101	全国（特に名古屋市）
1976年（昭和51）9月8〜14日	台風17号（と前線）	169	全国
2011年（平成23）8月31日〜9月4日	台風12号	104	特に紀伊半島

14・5 日本の気象災害

表 14・6 多くの死者・行方不明者を出した梅雨前線豪雨の事例

年月日	名 称	死者・行方不明者〔人〕	主な被害地域
1935年（昭和10）8月21〜25日		201	東北
1938年（昭和13）6月28日〜7月5日		925	西日本，神戸
1951年（昭和26）7月7〜17日		306	西日本，鹿児島，京都
1953年（昭和28）6月23〜30日		1 013	九州
1953年（昭和28）7月17〜18日		1 124	和歌山県
1953年（昭和28）8月14〜15日		429	京都府
1957年（昭和32）7月25〜28日	諫早豪雨	992	長崎県
1961年（昭和36）6月24日		357	全国
1962年（昭和37）7月1〜9日		227	西日本
1964年（昭和39）7月17〜19日	39・7豪雨	127	山陰〜北陸
1967年（昭和42）7月8〜10日	42・7豪雨	365	九州〜関東
1967年（昭和42）8月26〜29日	羽越豪雨	113	新潟，山形
1972年（昭和47）7月3〜13日	47・7豪雨	410	全国
1982年（昭和57）7月25〜26日	長崎豪雨	337	長崎
1983年（昭和58）7月20〜27日	58・7豪雨	117	山陰地方
1993年（平成5）7月31日〜8月7日	5・8豪雨	79	西日本，九州

表 14・7 大きな被害をもたらした豪雪の事例

発現年月	人命被害〔人〕	最深積雪深〔cm〕
1918 年（大正 7）1 月	?	三俣 640，小千谷 251
1927 年（昭和 2）1〜2 月	197	中土 742，赤倉 405，小千谷 325
1936 年（昭和 11）1 月	158	栃尾又 708，小出 397
1945 年（昭和 20）1 月	?	森宮野原 785，十日町 425
1963 年（昭和 38）1 月	231	只見 333，長岡 318
1980 年 12 月〜1981 年 1 月	96	奥只見 525，十日町 377
1984 年 1〜2 月	153	十日町 367，湯沢 352
2005 年 12 月〜2006 年 1 月	151	津南 416，湯沢 358

● **その他の気象災害**

　北米大陸等では，トルネード（竜巻）が多発して毎年多数の犠牲者がでている．幸い日本の竜巻は比較的弱く，多数の犠牲者の出た事例はまだない．2012 年 5 月 6 日茨城県・栃木県でかなり強い竜巻が発生し，多くの建物が大きな被害を受けたが，人的被害は少数にとどまった．

　また，特殊の大規模な大気の流れの状況下で，旱魃（日照り），長雨，異常低温，異常高温が続き社会生活に大きな損害を与えることもある．

14・6　災害の防止と軽減・緩和

　数千年にわたる長い歴史の中で，自然の力を知った人類は災害の防止と軽減に多くの努力を続けてきた．このような災害対応（策）を日本語では一般に「**防災**」とよぶ．しかし，この日本語の英語への直訳は誤解を招く．英語表現では災害対策を "disaster prevention" と "mitigation of disaster" との二つの概念を分けて考える．

　前者は災害に対しての予防的対策であり，さまざまな土木工事（河川堤防，治水ダム，防潮堤の建造など）危険地域での居住区の制限など，災害（被害）をあらかじめ防御する対応策を意味する．後者は予防的対応策では防げなかった場合の被災時における被害軽減のための対策であり，「**減災**」とよばれる．現象予測，速報による迅速な避難，避難経路・避難場所の確保，救援活動の強化，情報の収集・伝達体制の整備などがこれに含まれる．この二つの概念を表 14・8

表 14·8 災害対応（策）における防災対応と減災対応の概念

災害対応（策）	防災対応	河川堤防，防潮堤，治水ダム，砂防ダム等の建設，耐震構造物の建設，安全地域への居住区の移転．
	減災対応	避難所の準備，避難路の確保，非常食品・飲料水・資材の備蓄，救護活動，消火活動，非常時通信手段の確保，予測情報，災害速報の伝達，ハザードマップ（被害想定図）の準備．

にまとめた．両者が必要であり，また両方の中間にまたがる対応策もある．

「減災」対応を的確・迅速に行うためには，正確・タイムリーな現象予測情報が望まれる．気象現象の予測精度はかなり向上しているが，まれにしか発現しない特異現象（再来期間の長い現象）については，常に充分な予測精度があるとはいいがたい．地震についてはまだ実用的な予測は可能ではない．また観測に基づく現象速報も大災害の時には観測機器・伝送システムの障害のためタイムリーな情報伝達が可能とは限らない．したがって，非常時においては，情報待ち，指示待ちの姿勢では災害に対処できないおそれがある．非常時には各個人の判断も必要であり，大切でもある．

完全無欠な「防災」対策をとることが理想的であるが，現実には，経済性，環境保全の観点から，国土全体を高い防潮堤で囲むことや，すべての河川堤防をかさ上げすることは現実的でない．致命的部分は充分に対策を講じて，他の部分には可能な防止対応に留め，万一の場合には減災対応に頼る必要がある．大切なことは「防災」と「減災」の両方を区別して認識し，かつ両方の対応策を重視することである．

14·7 災害の想定と対応限界の設定

災害の予防のためにも，軽減のためにも，わたしたちは発現するであろう現象の激しさと頻度を想定しなければならない．一般にある事象の強さ（量）についての発生頻度を調べると，図 14·2 のような頻度曲線（正規分布）がえられる．たとえば年雨量は図 14·2 によく似た頻度曲線がえられる．なお，すべての物理量の発現頻度が正規分布で表現できるわけではない．たとえば，年最大日降水量の頻度分布は正規分布以外の分布関数（ガンベル分布）で表現される．この場合でも，まれにしか発生しないケースの発生確率，再来期間は数学的に得られる．

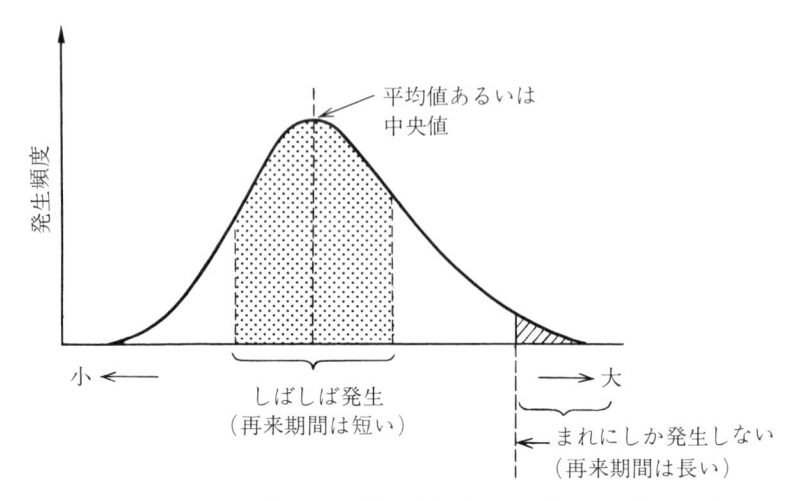

図 14・2 ある現象の強さ（物理量で表現した）とその発生頻度

　図14・2の例では，平均値または中央値近くの数値の発現頻度がもっとも高く，量の大きなケースの頻度は小さい．別な表現をすれば，平均値や中央値に近い量の出現は，ありふれた普通の現象としてしばしばあらわれるのに対し，極端なケースはまれにしか発現しない．

　このような考え方から想定する現象が，平均的（統計的）には何年に1回発現するかを知ることができる．この想定した現象の平均値な発現の間隔(期間)を**再来期間**（retern period）とよぶ．いうまでもないが，これはあくまでも現象の発現がランダム（でたらめ：規則性なしに確率的に出現すること）である

コラム 14a　激しい自然現象も自然変動の一部

　激しい現象，たとえば大地震，大噴火，台風，豪雨などは人類にとって災難ではあるけれども，それらは本来，「生きている地球」のリズムの一部分である．もし，地震も火山もなく，台風や低気圧もない地球ならば，それはすでに「死んだ惑星」にほかならない．

　マントル対流，プレートの移動による地殻のひずみのエネルギーが限界を超えて破壊運動をおこし，エネルギーを放出する現象が地震である．熱帯の不安定な気層の中で多数の積雲が発達し，そのエネルギーが一つの渦巻として発達したのが台風である．

14・7 災害の想定と対応限界の設定

ことを前提とした確率的な再来期間であって、周期性を意味するものではない．

なお、地震活動や火山活動は、かなり明確な準周期性を示す例が少なくない．しかし、一般にその周期は 100～1 000 年と非常に長く、周期性も不規則であり、周期性のみから正確にその発現を予測することは困難である．したがって、地震や火山災害についてどのような激しさの現象を想定するかは、難しい問題となっている．また一般に、人の一世代 (50～100 年) に 1 回も発現しないと人々の記憶からなくなり、対策がおろそかになりがちである．

災害への対策は、どの程度の再来期間を想定して行うべきものであろうか？いうまでもないが再来期間を長くとることは、より激しい現象を想定することであり、より多くの費用の投入を必要とすることを意味する．どのような現象、どのような再来期間を想定して対応するかは、社会を構成するすべての市民、国家を構成するすべての国民の合意にたってなされるべきことである．そのためには、すべての機関すべての国民が正しい知識と正しい情報にもとづく判断をしなければならない．

図 14・3 は災害 (の激しさの程度) の想定と取りうる対応範囲の想定の関連を示す模式図である．

まれな現象 (再現期間の長い現象) を考えればその想定される激しさは大きくなる．しかも、まれな現象であるほど再来期間の推定は不正確になる (した

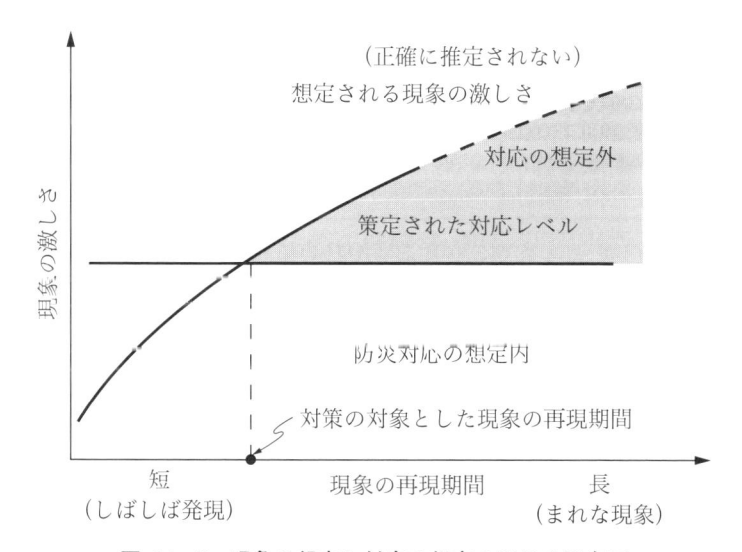

図 14・3 現象の想定と対応の想定の関係の概念図

がって破線で示してある).

　この想定される自然現象のすべてに「防災対応」を執ることは現実的でないことはすでに述べた．したがって，現実的な対策の範囲を決めざるを得ない．もちろん対応策を大きくとれば大きな経費を要し，自然環境に大きな負荷をかけることになる．実際には，災害発生の確率，経費，効果，環境負荷等を考慮して現実的に可能な対応策を講じることになる．

　現実的な対応策を設定したのだから，必然的に「対応策の想定外」，「対応限界外」があることになる．「対応の想定外」，「対応限界外」がおきる場合には「減害対策」で被害を緩和しなければならない．

　大切なことは，国民的合意の上で対応限界を設定し，その限界を知ることである．この際，「現象の想定範囲」と「対応策の設定範囲」が異なることを認識しておかねばならない．

　ここまでの議論では，自然現象の確率的発生率（それは再現期間でも表現される）を問題にした．くり返すが，まれな現象では発生確率（再現期間）の推定が困難であることを忘れてはならない．さらに，社会的状況の変化が災害の様相・規模・質を変化させることを忘れてはならない．たとえば，さまざまな化学物質，放射性物質の大量の存在，巨大な建造物の存在，巨大都市への人口の集中など，過去の災害では経験したことのない状態が存在し，しかも，刻々と変化しているのである．

　さらに，地球環境の劣化に伴って，自然の基本的状態が変化すれば，従来の観測データから得られた経験的・統計的情報の根拠も不確実になるであろう．その一方，科学・技術の進歩により，これまでよりも経済的，効果的な災害対応策をとることも可能になっている．

　上述のさまざまな事柄を考慮して，常に可能で現実的な「防災」と「減災」の対応を行わねばならない．

15章 エネルギー問題と地球環境

人類の急激な生産・消費の拡大がさまざまな地球環境問題をひきおこしている．特に化石燃料の消費による二酸化炭素（CO_2）の放出が地球温暖化をひきおこしている（11章）．化石燃料は，いずれは枯渇するはずであり，"有限の資源"の問題としてとらえることも必要である．この章では，多くの視点からエネルギーと地球環境の問題を議論する．

15・1 エネルギーの物理単位

日常生活でなじみ深いエネルギーは"熱エネルギー"である．水1グラム（g）の温度を1℃だけ増加させる熱エネルギーの量を1**カロリー**（cal）と定義する．1000カロリーを1 kcal（キロカロリー）または1大カロリー（Cal）という．食品・栄養の分野ではCalが用いられている．

ある物体に力を加え移動させることを"**仕事**"という．仕事をするためにはエネルギーが必要である．1 kgの質量に1 m·s^{-2}の加速度を生じさせる"力"を1**ニュートン**（N: netun）とよび，1 Nの力で1 m移動させる仕事量を1**ジュール**（J: joule）と定める．すなわち 1 J＝1 N·m＝1 kg·m^2·s^{-2} である．物理学・工学の分野ではエネルギーの基本単位としてジュール（J）が使用される．

さて水に熱エネルギーを加え沸騰させると蒸気が発生する．この蒸気で蒸気エンジンや蒸気タービンを動かすことができる．これは熱エネルギーが仕事のエネルギーに変化したことを意味する．また木片をすり合せると発熱するが，これは仕事が熱エネルギーに変化したのである．

熱エネルギーと仕事（量）との関係はJoule（ジュール，1818-1889）によってはじめて定量的実験によって確定された．1 cal＝4.186 J≈4.2 J である．

単位時間についてなされる仕事（量）を"**仕事率**"とよぶ．仕事率の単位は，1**ワット**（W·watt）であり，1 W＝1 J·s^{-1} である．電力などはワットで表現される．Wは蒸気機関の発明者 Watt（1736-1819）に由来する．

15・2 エネルギーの形態とエネルギー保存則

物理学や化学のテキストでは，さまざまなエネルギーについて詳細な説明がなされている．この節では，私たちの日常生活になじみ深いエネルギーの形態

(註) かつては動力の単位として**馬力**（horsepower, HP）が使われていた．1 HP≈750 Wである．

について簡単な説明を加えておく．それらは，熱エネルギー，放射エネルギー，運動エネルギー，位置エネルギー，電気エネルギー，化学反応エネルギー，内部エネルギーなどである．

　異なる温度をもつ2個の物体を接触させると高温の物体の温度は下がり，低温の物体の温度は上がる．これは高温の物体から低温の物体へ**熱エネルギー**が流れるからである．

　すべての物体は，その表面温度（絶対温度）の4乗に比例した強さの放射エネルギーを放出する．太陽から放射される太陽光のエネルギーやヒーターから放射される赤外線のエネルギーは**放射エネルギー**の実例である．

　物体に力が作用し，仕事がなされた結果として物体の速度が増加し運動エネルギーも増加する．運動エネルギー＝（質量×速度の2乗）/2 である．

　地球上では，すべての物体に重力加速度が作用している．高さ z_1 から z_2 に物体が落下すれば運動エネルギーが増加するのは，z_1 にある物体が z_2 にある物体よりも大きな**重力エネルギー**をもっているからであり，この高低差から生じるエネルギーを**位置エネルギー**とよぶ．

　電気エネルギーは電流のもつエネルギーであり，**化学反応エネルギー**は，燃焼などの化学反応によって生じるエネルギーである．**内部エネルギー**は物体の温度や相（固体・液体・気体）によって定まるエネルギーである．また**化学反応熱**は，反応前後における分子の**化学的エネルギー**の差から生じる．

コラム 15a　位置エネルギーと運動エネルギー

　もっともなじみ深い質点の運動として，質量 m である質点の重力による落下を考える．運動方程式は $dw/dt = -g$ であるから，$w = -\int g\, dt = -gt$, $z_2 = \int w\, dt = -(1/2)gt^2 + z_1$ である．この間に重力のした仕事は $-mg \cdot -(1/2)gt^2 = (1/2)mg^2t^2 = (1/2)mw^2$ である．すなわち，この仕事によって運動エネルギー $(1/2)mw^2$ が生じたわけであり，それは位置のエネルギーの減少，$-mg(z_1-z_2) = -(1/2)mg^2t^2$ によってまかなわれた．この場合，(位置エネルギー)＋(運動エネルギー) は変化しない（一定に保たれる）．

```
---------------- z₁
重力
加速度     高低差
 -g        (z₁-z₂)
   質量 m
---------------- z₂ = z₁ - (1/2)gt²
```

15・2 エネルギーの形態とエネルギー保存則

このようにエネルギーの形態はさまざまに変化するけれども，その総和は一定である．これを"**エネルギー保存の法則**"とよぶ．"**質量保存の法則**"とともにもっとも基本的な物理法則である．

ここでは実生活に関係する具体例を図 15・1 および図 15・2 に示そう．図 15・1 の概念図では，太陽放射によって温められた水面・地面から蒸発した水蒸気が上昇し，凝結して雲となり，さらに降水となり地表に落下する．その降水をダムにため水力発電を行う．高所（ダム）から水が落下する時，位置エネルギーが水の運動エネルギーに変化し，それが水力タービンの回転エネルギーに変化し，発電機を回転することにより，電気エネルギーに変換される．この時，摩擦などで一部のが失われるが，それは最終的には大気中の熱エネルギーとなり，赤外放射として地球外に放出される．

図 15・2 では地質時代の太陽放射による光合成で生産された炭素化合物が化石燃料となった物質を燃焼させ，反応熱を発生させ，水を加熱して水蒸気を発生させ，その圧力によって蒸気タービンを回転させ，その力で発電機を回転させて電気エネルギーに変換させる．

このように，"**エネルギー生産**"とは，利用に適する形態にエネルギーを変換させることを意味する．けっして無からエネルギーを生産するのではない．

次に**エネルギー消費**を考えよう．図 15・1 および図 15・2 で発電機によって得られた電気エネルギーは，電力として送電線を経由してユーザに送られ，照明，

コラム 15b　反応熱（燃焼熱）

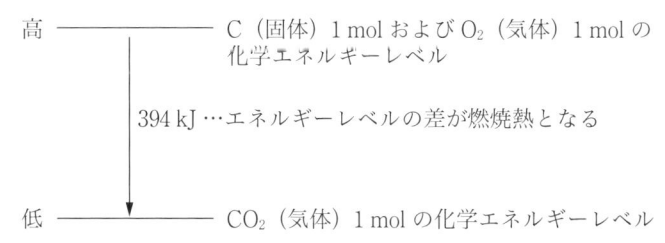

もっともなじみ深い反応熱の例として炭素 C の燃焼熱を説明する．付図の概念図に示したように C 1 mol と O_2 1 mol の化学エネルギーレベルは CO_2 1 mol の化学エネルギーよりも高く，その差 394 kJ が反応熱（燃焼熱）として発生する．なお体積変化があれば，膨張の仕事に燃焼熱の一部が使われる．それぞれの物質の質量は化学反応がおさても不変である．

高 ——————— C（固体）1 mol および O_2（気体）1 mol の
　　　　　　　　　化学エネルギーレベル

　　　　　　　394 kJ …エネルギーレベルの差が燃焼熱となる

低 ——————— CO_2（気体）1 mol の化学エネルギーレベル

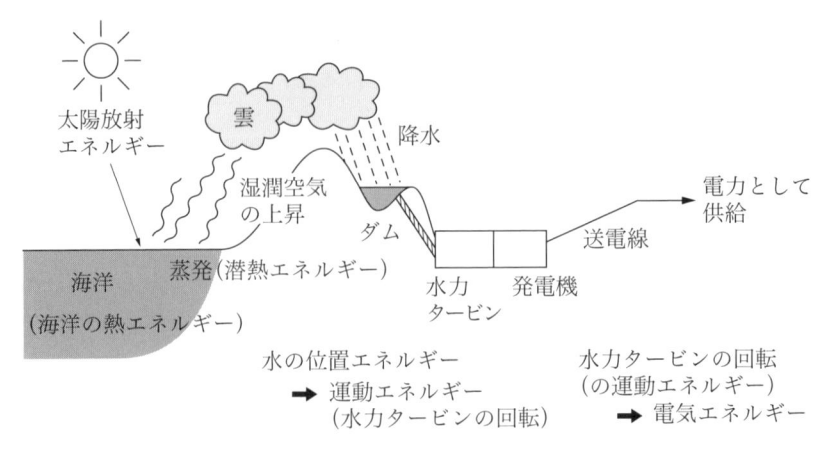

図 15・1 水力発電におけるエネルギー形態の変化の概念図

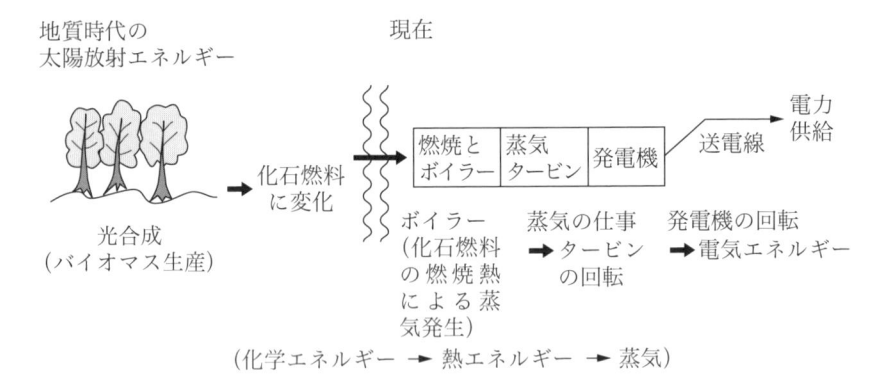

図 15・2 化石燃料による火力発電におけるエネルギー形態の変化の概念図

暖房や動力に使用される．照明では電気エネルギーは放射（光）エネルギーや熱エネルギー（照明器具では熱エネルギーも生じる）に変化し，最終的には大気中に放出される．暖房の場合では電気エネルギーが，放射（赤外）エネルギーや熱エネルギーに変換され，最終的には大気中に放出される．動力として使われる場合として電車を考えれば，電気エネルギーが運動エネルギーに変換されるが，最終的には，摩擦熱として大気中に放出される．

以上の三つの過程でも，大気中に放出された熱エネルギーは最後には大気放射として地球系外へ放出される．すなわち，エネルギーは保存されているが，消散したエネルギーは自然界のプロセスでは再回収することはできない．この

ような事実（現象）を"**不可逆現象**"とよぶ．

15・3 エントロピー増大の法則

15・2節で述べた"不可逆現象"のもっとも明瞭な例を図15・3に示す．高温 T_1 の物体Aと低温 T_2 の物体Bを接触させれば，熱エネルギーはかならず高温の物体Aから低温の物体Bにむかって流れ，その逆は自然のプロセスでは発現しない（$T_1 > T_2$，いずれも絶対温度であらわす）．流出した熱エネルギーを $-\delta Q$ であらわすと流入したエネルギーは δQ である．そして

$$\frac{-\delta Q}{T_1} + \frac{\delta Q}{T_2} = \frac{(T_1 - T_2)}{T_1 T_2} \delta Q > 0 \tag{15・1}$$

である．式（15・1）は，不可逆現象の一つの表現である．これを一般化した表現として

$$\sum (\delta Q / T) > 0 \tag{15・2}$$

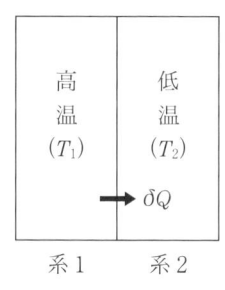

系1（T_1）と系2（T_2）を接触させれば，系1から系2に熱エネルギー δQ が熱伝導で伝わる．
系1が熱エネルギー δQ を失い，系2が δQ をえるのでエネルギーは保存される．しかし，

$$-\frac{\delta Q}{T_1} + \frac{\delta Q}{T_2} = \frac{(T_1 - T_2) \delta Q}{T_1 \cdot T_2} > 0$$

である．これはエントロピー増大を意味する．自然界では，この逆の過程はおこらない．

高温（T_1） 低温（T_2） δQ
系1 系2

図 15・3 エントロピー増大の法則の概念的説明

《註1》上述のことについての補足説明．
　自然界では熱エネルギーはかならず高温の物質から低温の物質へと流れる．しかし人工的な機器を使用し，エネルギーを投入すれば，逆向きに熱エネルギーを移すことができる．たとえば冷凍機で低温の部屋をさらに冷やし，その熱を戸外の大気に排出することができる．この場合でも，冷凍機で使用されるエネルギーを含めて考えれば，エントロピーは増大しており全体としては不可逆過程である．
《註2》社会的用語としての不可逆・可逆．
　15・3節で議論した"可逆"，"不可逆"の定義は，物理学上の用語であり，日常の環境問題で使われる"可逆"，"不可逆"の意味とは異なる概念である．
　たとえば，有害化学物質の拡散（拡散は物理学的な不可逆現象）で汚染された土壌や湖水を，人工的な手段によって浄化することは可能である．この場合には人工的なエネルギーが投入され，それを含めて考えれば不可逆である．しかし，環境問題としては人工的に復元可能である．
　物理学的な"可逆性"，"不可逆性"と，"**環境の回復可能性**"，"**回復不可能性**"とを誤解し，混乱してはならない．

を"エントロピー（entropy）増大の法則"とよぶ．ここで Σ は系全体についての合計を示す．**"エントロピー増大の法則"**は**"熱力学第2法則"**ともよばれ，物理学のもっとも重要な法則の一つである．この法則は，別の表現をすれば，**"時間の不可逆性"**を意味する．つまり自然界の変化は時間と共にエントロピーを増大させる方向にのみ進み，したがって時間が後もどりすることはない．

15・4　永久機関とカルノーの熱機関

熱力学第1法則は"エネルギー保存の法則"であり，「エネルギーを消費しないで仕事をする**"第1種永久機関"**はあり得ない」ことを意味する．近世以前の科学史では，錬金術（非貴金属から金をつくる術）とならんで"永久機関"を考案する試みがなされた．これらの試みは失敗したが，その試みのなかから化学や物理学の進歩がもたらされた．

では熱源さえあれば，そのエネルギー全部を仕事にかえることは可能であろうか？　たとえば，地球上には大量の海水があり，その温度は絶対零度よりははるかに高温である．このほとんど無限のエネルギーを使って仕事にかえる機関を**"第2種永久機関"**とよぶ．これは熱力学第1法則には矛盾しない機関であり，科学史上では，その実現が試みられている．しかし，これも実際にはあり得ない機関であることが確かめられた．

実際には「一つの熱源だけを使って，熱エネルギー全部を仕事にかえることはできない．温度の異なる二つの熱源を使えば，高温の熱源から低温の熱源へ熱エネルギーを流し，その一部を仕事に変えることはできる」のである．

この証明は，カルノー（Carnot，1796-1832）による**"カルノーの熱機関"**とよばれる思考実験によってなされた（この証明の説明は省略する．熱力学の書物を参照されたい）．すなわち，仕事をさせるには，高温の熱源と相対的に低温の冷源が必要である．このことは，実際のエネルギー生産に関するもっとも基本的な条件である．

15・5　原子力エネルギー

近年，原子力エネルギーが利用されている．この節では原子力エネルギーについて概要を説明する．

15・2節では，化学反応から生じる化学反応熱（燃焼熱など）について説明し，コラム15bでもその実例を示した．化学反応においては，原子の化学結合の状

態が変化し，反応の前後の物質の化学エネルギーレベルの差に相当する熱エネルギーが反応熱として放出される．そして各元素（原子）の質量は化学反応過程では不変であり，質量保存とエネルギー保存のそれぞれが成立している．

これに対し，原子核反応の場合には，ある原子がほかの原子に変化し，その反応にさいして，総（合計）質量がわずかに変化する．この**質量欠損** Δm に伴って，

$$\Delta E = \Delta m C^2 \tag{15・3}$$

の熱エネルギーが放出される．ここで C は光速度（$=3.0\times10^8$ m・s^{-1}）である．式（15・3）はアインシュタイン（Einstein, 1879-1955）の**相対性理論**からえられたものである．式（15・3）は質量とエネルギーを含めた保存則である点において，古典的な保存則を一般的に拡張したものである．光速度 C は極めて大きく，質量欠損から式（15・3）によって放出されるエネルギー（すなわち原子力エネルギー）は化学反応熱に比べて桁ちがいに大きい．

原子力を生じる反応には"核融合反応"と"核分裂反応"の二つの反応がある．"**核融合反応** (nuclear fusion)"は原子核どうしが融合してほかの原子核となる反応である．自然界においては恒星（太陽など）の超高温・超高密度の条件下で，水素（H）の核融合反応によりヘリウム（He）に変化し，大量のエネルギーを放出している．核融合反応による原子力エネルギーは近未来において新しいエネルギーとして期待されているが，現在は実用的技術になっていない．近い将来における実用化の可能性も示されていない．

現在，実用的な原子力エネルギーとして利用されているのは"**核分裂反応** (nuclear fission reaction)"である．核分裂の一般的な説明については物理学のテキストを参照していただくことにして，ここでは，その一例について簡単に説明しておく．図15・4はウランの核分裂の一例についての概念図である．ウラン ^{235}U に中性子 ^{1}n が衝突すると不安定なウランの同位体 ^{236}U に変化し，それがバリウムの同位体 ^{141}Ba とクリプトンの同位体 ^{90}Kr に分裂し，3箇の中性子 ^{1}n，γ 線と質量欠損（核分裂反応に伴う質の減少）に伴うエネルギーを発生する．

この反応によって生じた中性子が，ほかのウランに衝突すれば，同様な反応がひきつづいて進行する．これを**核分裂の連鎖反応**とよぶ．この連鎖反応をコントロールすれば安定した原子力エネルギーを出力することができる．これが**原子炉**の原理的な説明である．

1 kg の ^{235}U が全部分裂すれば $\sim 8\times10^{13}$ J の熱エネルギーを発生する（これ

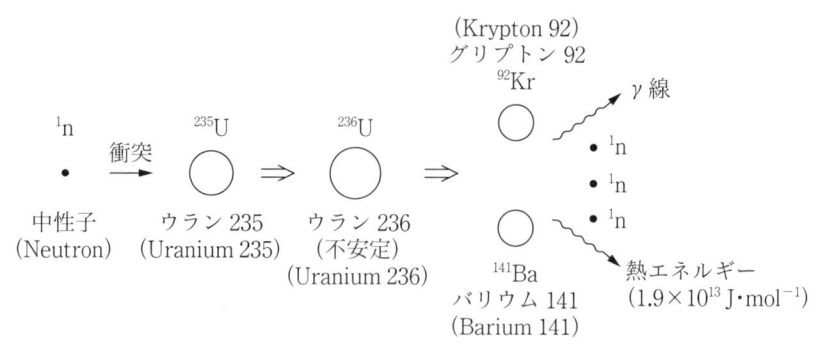

```
¹n  衝突  ²³⁵U  ⇒  ²³⁶U  ⇒       (Krypton 92)
                                  クリプトン 92
                                    ⁹²Kr
                                     ○        ⤳ γ 線
 ·                ○        ○                    · ¹n
中性子           ウラン235  ウラン236              · ¹n
(Neutron)       (Uranium 235) (不安定)            · ¹n
                            (Uranium 236)
                                     ○        ⤳ 熱エネルギー
                                   ¹⁴¹Ba         $(1.9×10^{13}\,\text{J·mol}^{-1})$
                                 バリウム 141
                                (Barium 141)
```

ウラン 235 の核分裂によってどのような物質が生じるかは衝突する中性子のエネルギーによって異なる．したがってこの図は一例を示すものである．

図 15・4 ウラン 235 の核分裂の概念図

は石炭 7000 t の燃焼熱に相当する)．なお，天然ウランの～99.3% は ^{238}U であり ^{235}U は全体の～0.7% しか存在しない．^{235}U の核分裂連鎖反応をひきおこすためには，ある一定量（～15 kg）以上の ^{235}U が必要である．

前述したように原子力エネルギーを安全に利用するためには，核分裂連鎖反応を制御しなければならない．必要に応じて，あるいは事故の際に，連鎖反応を中断して安全に原子炉を停止しなければならない．核分裂の過程で生ずる，幾種類もの放射性物質と放射線を炉外に排出させないことも必要である．多くの技術的対策がほどこされ，安全性が確保されていると信じられ，「安全神話」

コラム 15c　核燃料としてのプルトニウム

核分裂をおこさないウラン 238（^{238}U）は天然のウランの～99.3% を占める．高速の中性子（^{1}n）が ^{238}U に衝突すると，電子を放出してネプツニウム 239（^{239}Np）となり，さらに電子を放出して，プルトニウム 239（^{239}Pu）に変化する．

この ^{239}Pu に中性子が衝突すると，核分裂をおこし，中性子とエネルギーを放出する．^{239}Pu は～5 kg あれば核分裂連鎖反応をおこす．この点において原子炉で生成される ^{239}Pu は有用な核燃料となりうる．

核分裂によって発生する高速の中性子を利用して ^{238}U を効率よく ^{239}Pu に変換させる原子炉を高速増殖炉とよぶ．

しかし ^{239}Pu は核兵器に転用される恐れがあり，また ^{239}Pu を核燃料として使う場合の技術的な困難さもあり，その取扱いは慎重になされなければならない．

が広まっていた．しかし現実に**スリーマイル原発事故**(1979)，**チェルノブイリ原発事故**(1986)がおこり，さらに大地震・大津波に関連して**福島原発事故**(2011)が発生し，その安全性が不完全であったことが露呈した．また放射性廃棄物の処理の困難性も改めて認識されることとなった．今後，原子力エネルギー利用のあり方について，充分な情報開示，議論，検証を経た上での国家的・国民的合意が必要である．

15・6　世界と日本のエネルギー消費

すでに図7・2に示したように，世界のエネルギー消費量はすさまじい増加を続けている．この節ではエネルギー消費の状況を概観する．

エネルギーの物理単位としてはJ（ジュール）やcal（カロリー）が使用されるが，社会・経済の分野では，"石油1t（相当のエネルギー）"がエネルギー単位として使用されることが多い．表15・1には，何種類かの化石燃料の発熱量を示す．なお，欧米では1ton（=10^3 kg）や1 m^3（=kl）のほかに，石油の計量にガロンやバーレルも使用する（表15・1参照）．

世界のエネルギー消費量と，その構成比を表15・2に示した．10年間に，石油換算で〜15億tの増加が続いている．構成比で見ると，ガスおよび原子力エネルギーの割合が増加し，石油・石炭の割合が減少している．

表15・3は地域別に見たエネルギー消費の割合である．2000年には，人口が3億人にも満たないアメリカとカナダが世界の〜1/4のエネルギーを消費し，アメリカを含む先進工業国（総人口〜10億人）が世界のエネルギーの〜60%を使用し，多くの人口をもつ開発途上国は〜40%を使用しているに過ぎない．

しかし1970〜2000年の30年間に先進工業国の使用比率は〜75%から〜60%に減少し，開発途上国のそれは〜25%から〜40%に増大している．これは，大きな人口をもつ開発途上国の経済的発展によるものであり，この傾向はさらに加速されている．

表15・4は日本におけるエネルギー消費量とその構成比を示す．日本の工業化に伴ってエネルギー消費量が爆発的に増大している．20世紀前半では，石炭と水力が主要エネルギー源であったが，1970年ころから石油が〜70%を占めるにいたった．その後は，ガスおよび原子力エネルギーが増加し石油の占める割合は〜50%となっている．なお，日本は総消費エネルギーの80%以上を海外から輸入している．

表 15・1 化石燃料などの発熱量と石油の体積表示

石油（原油）	42×10^9 J/ton （～9 000 kcal/l）
石　　　炭	28×10^9 J/ton （5 000～8 000 kcal/kg）
亜　　　炭	14×10^9 J/ton （3 000～4 500 kcal/kg）
天 然 ガ ス	36×10^9 J/1 000 m³ （7 000～10 000 kcal/m³）

（註）原油の比重は 0.8～1.0，ガソリンの比重は～0.7 である．

　　1 ガロン （gallon）≈3.9 l
　　1 バーレル （barrel）=42 ガロン ≈159 l

表 15・2 世界のエネルギー消費量〔単位：石油1億 t〕と構成比〔%〕

	エネルギー消費量	石油	石炭	ガス	原子力	水力	その他
1970	56	44	26	16	1	2	12
1980	73	43	25	17	3	2	11
1990	87	36	25	19	6	3	11
2000	101	36	23	21	7	3	11

（茅陽一監修：環境年表　'04/'05，オーム社，2003）

表 15・3 世界のエネルギー消費量〔単位：石油1億 t〕と地域別消費量比率〔%〕

	エネルギー消費量	アメリカ・カナダ	西欧	日本・オセアニア	旧ソ連・東欧	開発途上国
1970	56	31	20	6	19	24
1980	73	28	18	6	21	28
1990	87	25	16	6	19	34
2000	101	26	15	7	12	41

（茅陽一監修：環境年表　'04/'05，オーム社，2003）

（註）2007 年世界消費量 117×1 億 t

表 15・4 日本のエネルギー消費量〔単位：石油 100 万 t〕と構成比〔%〕

	エネルギー消費量	石油	石炭	ガス	水力	原子力
1900	11	4	45		52	
1950	41	7	60		33	
1970	297	70	21	1	7	
1980	380	65	18	6	7	5
1990	466	57	17	11	6	10
2000	535	50	18	14	5	13

（茅陽一監修：環境年表　'04/'05，オーム社，2003）

表15・5は，日本およびOECD(Organization for Economic Cooperation and Developnent：経済協力開発機構）加盟国における最終消費エネルギーの内容分類である．OECDでは産業・運輸・民生がそれぞれ～1/3を占めるのに対し，日本では産業が～1/2を，運輸と民生がそれぞれ～1/4を占めている．

表15・6は日本の家庭生活におけるエネルギー消費の用途別比率とエネルギー構成比を示す．この数値は日本の平均値であり，その比率は地域によって異なる．北日本ほど暖房の比率が高く，南ほど冷房の比率が高い．西欧・北米では暖房の比率が大きい．

表15・5ではエネルギーの消費用途を産業・運輸・民生の3分野に分類した．しかしこの用途分類の区分はかならずしも明確なものではない．たとえば，わたくしたちの食生活を考えてみよう．調理や冷蔵庫による食材の保存は家庭内で行われるが，産地からの商業的流通過程でも食材の輸送，保存や販売にエネルギーが消費される．食材の生産にもエネルギーが使われるし，そのための機材（農業機械，漁船，加工機械）の生産，運輸のための機材（航空機，船舶，列車，自動車）の生産にもエネルギーが使われる．したがって，産業・運輸の

表15・5　日本およびOECDにおける最終エネルギー消費の内容〔％〕

	日本（2001年）	OECD（2000年）
産　業	47	30
運　輸	25	34
民　生	27	33

(註)　計100％にならないのは，非産業エネルギーがあるからである．
(註)　OECDには欧州，米国，カナダ，日本などが加入し，OECD加盟国のエネルギー消費は世界合計の～50％となっている．

（茅陽一監修：環境年表　'04/'05，オーム社，2003）

表15・6　1998年における日本の家庭生活におけるエネルギー消費〔％〕

用途別		エネルギー源別	
動力・照明	32	電　力	36
調　理	8	都市ガス	25
給　湯	31	LPG	14
暖　房	27	灯　油	25
冷　房	3	その他（石炭・太陽）	1

（茅陽一編：エネルギーの百科事典，丸善，2001）
などによるが，資料によって差異がある．

分野でのエネルギー消費も各個人のエネルギー消費と深くかかわっている．

15・7 化石燃料の生産と資源残存量

表15・7に世界各地域における原油，天然ガスおよび石炭の生産量(単位は石油1000万t相当)を示した．原油の最大の生産地域は中東であり，多くの消費国に輸出されている．天然ガスの産出は北米と旧ソ連に多く，石炭の産出量は北米とアジアに多い．

表15・8は化石エネルギー資源の埋蔵量の表である．現時点での推定では原油

表15・7 2001年における地域別の原油・天然ガス・石炭の生産〔単位：石油1000万t〕

	原油	天然ガス	石炭
北　　　米	66	69	63
欧　　　州	32	26	23
旧　ソ　連	42	61	21
中　　　東	108	21	
アフリカ	37	11	13
中　南　米	35	9	4
アジア	38	25	101
世　　　界	359	222	225

(茅陽一監修：環境年表 '04/'05，オーム社，2003)

表15・8 化石エネルギー資源の埋蔵量

	石　油	天然ガス	石　炭	オイルサンド オイルシェル	化石燃料合計
確認可採埋蔵量	14×10^{11} t	13×10^{11} t	55×10^{11} t	11×10^{11} t	93×10^{11} t
年生産量(2000)	36×10^9 t	21×10^9 t	27×10^9 t	(不正確)	84×10^9 t
可採年数	〜40	〜60	〜200	〜500	〜100
地域分布					
アジア ・オセアニア	5	7	31	1	20
欧　州	2	3	11	0	7
旧ソ連	6	37	23	0	20
中　東	65	35	1	24	18
アフリカ	7	8	7	1	0
中南米	12	5	2	0	4
北　米	3	4	26	74	25

(茅陽一監修：環境年表 '04/'05，オーム社，2003)

の残存量は〜40年分，その大きな部分は中東にある．天然ガスの残存量は〜60年分で中東と旧ソ連域に多い．石炭の残存量は〜200年分で，アジア，北米，旧ソ連域に多い．しかし残存量の見積はむずかしい．これまでも，つぎつぎと新鉱床が発見され，また価格が高くなるとこれまでは利用されなかった資源が，経済的にひきあえば利用されるようになるからである．たとえば，**シェルガス**，**オイルシェル**（石油を含む頁岩），**オイルサンド**も資源となる．

とはいえ，化石エネルギー資源は有限であり，いつかは使用しつくされる日が来るにちがいない．省エネルギーは環境問題（たとえば気候温暖化）対応としても必要だが，さらに有限の資源をながく使用するためにも必要である．

日本ではエネルギー資源の産出量も残存量も非常に少ない"資源小国"であり，この点からも省エネルギーが大切である．

15・8　原子力エネルギーの現状とウラン残存量

地球温暖化対策の一つとして二酸化炭素を放出しない原子力エネルギーの利用が進められてきた．さらには残存量に限りのある化石燃料を補う点でも原子力エネルギーは大切であり，1980年以降，先進工業国では原子力の利用が増加している（表15・2，表15・4参照）．表15・9は2010年における世界の原子力発電の基数と出力の表である．

もちろん，地球上のウランも無限にあるわけではない．現在の価格で採算のあうウランの残存量は〜250万t，現在の需要量は〜6万t/年であるので，〜40年分の残存量があることになる．将来ウラン価格が上昇すれば，利用可能な資源は増加するであろう．表15・10に示すように，ウランもまた特定の地域で残

コラム 15d　フードマイレージ

食料の輸送を考えよう．食料の重量×輸送距離の総合計を**フードマイレージ**とよぶ．日本の食料輸入量は〜6000万t(2001年)で世界最大の食料輸入国であり，フードマイレージも〜9000億t・kmで世界で突出している．日本が全世界から多様な食料を大量に輸入しているからである．

同様なマイレージはほかの物質についても計算される．どの物質についても大きな数値が得られる．面積が狭く，資源も少なく，人口の多い工業国である日本は必然的に大量の物資を輸入し，そのために大量のエネルギーを消費している特異な国である．

表 15・9　稼働中および稼働可能な世界の原子力発電所（2016 年）

世界合計	450
国名(10基以上)	基　数
アメリカ	99
フランス	58
日　本	43
中　国	36
ロシア	36
韓　国	25
インド	22
カナダ	19
イギリス	15
ウクライナ	15
スウェーデン	10

(註1)　世界の原子力発電量
　　　　3億9200万 kW（総発電量の11％）
(註2)　建設中・計画中の原子力発電所
　　　　世界計　66基（中国　20基）

（国際原子力機構報告 2016 による）
(註)　日本の原子発電所は東日本大震災後，安全確認のため待機中

表 15・10　世界と各国の既知ウラン資源量

世　　界	252万 t	需用実績～6万 t/年
オーストラリア	61	
カザフスタン	43	
カナダ	31	
南アフリカ	23	
ブラジル	16	
ナミビア	14	
ロシア	13	
アメリカ	10	

（茅陽一監修：環境年表 '04/'05，オーム社，2003）

存量が多い．

　有限の資源を有効利用するために，プルトニウムの利用（コラム 15c 参照）も考えられているがいくつかの問題がある．

　なお，原子力には放射性廃棄物処理の問題がある．また福島原子力発電所事故により安全性に大きな疑問が生じている．このため，海外の一部では，原子炉運転の中止，増・新設の中止などの動きが見られる．これからも原子力エネ

ルギーを利用するならば，安全性を確実な水準にひき上げねばならない．

15・9　新エネルギー

　化石燃料の大量使用は二酸化炭素を放出させ気候温暖化をひきおこすため，その使用は制限される．また化石燃料もウランも有限な資源であり，遠からず枯渇するであろう．したがって，人類は新しいエネルギーを探さなければならない．社会的な用語としての**新エネルギー**は，概念的には次の3種類に分類される；
(1)　従来未使用の新しいエネルギー資源
(2)　従来と異なるエネルギー変換（生産）技術
(3)　更新可能 (renewable) エネルギー

　第1項目の実例としては，**メタンハイドロレート**があげられる．これは低温の海底に存在するメタン化合物であり，経済的になりたつ採掘技術が開発されれば重要なエネルギー資源のひとつになると期待されている．シェルガス，オイルシェルやオイルサンドも経済的になりたつ処理技術が開発され重要なエネルギー資源となってきた．しかし同時にその開発があらたな環境破壊を招くことが心配されている．

　第2項目の実例としては，**水素電池**（発電）があげられる．水素を燃焼させるかわりに，水素電池で直接電力に変換させることにより，エネルギー生産の効率を高める点において新エネルギー（生産方法）として考えられる．

　第3項目には，水力・風力・太陽エネルギーの利用があげられる．これらはすべて太陽エネルギーによるものであり，太陽の存在する限り更新可能なエネルギーである．また地熱発電，海洋の温度差を利用する発電（15・4節のカルノーの熱機関参照），潮汐発電は，実用的には**更新可能エネルギー**と考えられる．

　さらに**バイオマスエネルギー**も太陽の存在する限り更新可能なエネルギーである．バイオマスからえられるアルコールはガソリンにかわって自動車のエンジンに利用される．しかし，アルコール増産は穀物価格の上昇をひきおこしている．2009年における日本のバイオマスエネルギー利用は石油換算で約450万 t に達した．これは総消費エネルギー量の約 0.8% に相当する．

　これまでも，**水力発電**は広く活用されてきたが，先進国ではほぼ開発しつくされており，土砂によるダムの堆積の問題がおきている．開発途上国ではまだ開発の可能性が大きいが，ダム建設の自然環境への問題がおきている．

現在では，**風力発電**の伸びが著しい．1基2 000 kWを超す大型の風力発電機も実用化されている．日本では300万kWの目標がかかげられている．将来，火力発電・原子力発電のコストが増加すれば，さらに風力発電のシアーが増加するであろう．

またより効率的な**太陽電池**が開発されれば**太陽発電**もシアーを増加させるであろう．特に広大な乾燥地帯（安定した長時間の日照がある）では大きなエネルギー源となりうる．表15·11および表15·12に世界風力と太陽光発電設備容量を示す．

以上述べたように，現在，新しい技術が開発され新しいエネルギー生産が進んでおり，一部では人類の科学・技術的能力によって地球環境問題も，エネルギー資源の枯渇の問題も克服できるとの楽観的な見とおしもある．しかしながら，人類の技術を過信して，このままの勢いでエネルギー消費をして良いとは思われない．

なお，日本では，石油への依存から脱却をはかるため，「非化石エネルギーの開発及び導入の促進に関する法律」，「エネルギー供給事業者による非化石エネルギー源の利用及び化石エネルギー原料の有効の利用の促進に関する法律（エネルギー供給構造高度化法）」，「新エネルギー利用等の促進に関する特別処置法（新エネ法）」などが施行されている．

表 15·11　風力発電設備容量 (2010年)

世界　19 400万 kW

国　名	比率〔％〕
中　　　　国	22
米　　　　国	21
ド　イ　ツ	14
ス　ペ　イ　ン	10
イ　　ン　　ド	7
イ　タ　リ　ア	3
フ　ラ　ン　ス	3
イ　ギ　リ　ス	3
カ　ナ　ダ	2
デ　ン　マ　ー　ク	2
ポ　ル　ト　ガ　ル	2
日　　　　本	1

表 15·12　太陽光発電設備容量 (2009年)

世界　2 040万 kW

国　名	比率〔％〕
ド　イ　ツ	48
ス　ペ　イ　ン	17
日　　　　本	13
米　　　　国	8
イ　タ　リ　ア	6
韓　　　　国	2
フ　ラ　ン　ス	2
オ　ー　ス　ト　ラ　リ　ア	1

15・10 省エネルギー

　気候温暖化防止のためには化石燃料の消費を制限しなければならない．また有限の資源をできるだけ将来に残すためにもエネルギーの消費をひかえなければならない．その一方では世界の経済活動を維持発展させたいという人々の要求も満さねばならない．

　この二つの要件を満たすためには，まずエネルギーの効率的な生産・消費による**省エネルギー**が重要である．このためには，発電機の効率化，送電線のロスの改善，自動車や航空機のエンジンの改良，車体や機体の軽量化，**コージェネレーター**（発電しつつ，排熱を熱源として利用する装置）など大きな努力がはらわれてきた．特に日本では過去2回の"オイルショック（石油価格の高騰）"を乗り越える省エネルギー技術の開発がなされた．これらの技術は，今後開発途上国にも技術転移が行われ，世界の省エネルギーに寄与するであろう．

　市民生活においても，冷暖房機器，冷蔵庫，TVなどの効率化がなされ，家屋の断熱材の使用による冷暖房の効率化も進んでいる．白熱電灯から蛍光灯へさらにLEDへの転換も省エネルギーに寄与している．待機電源を切る，こまめに照明や冷暖房のスイッチを切るなどの細かな節電も，日本全体では効果をあげるであろう．

　このような省エネルギーの努力の積み重ねがある一方では，経済バブルの崩壊後でも構造的なエネルギーの無駄な大量消費が続いているのも事実である．経済力にまかせて，必要以上の物資を大量に輸入したり，過剰とも思われる巨大な商業施設や公共建造物がつぎつぎとつくられているのは大変なげかわしいことであり，これこそ今すぐに是正すべきことである．

15・11　化石燃料と地球環境

　化石燃料の使用がおよぼす地球環境問題については，すでに8章（大気の汚染），9章（酸性雨と環境問題）および11章（地球温暖化問題）で学んだ．この節では，化石燃料の使用（燃焼）に伴って排出される物質について補足する．

　化石燃料の使用が直接的にもたらす環境問題は，大気汚染と酸性雨である．現在，地球上で排出されるイオウ酸化物と窒素酸化物の総量は，それぞれ2000万t/年に達する（表9・1）．

化石燃料から放出される二酸化炭素（CO_2）により，CO_2大気中濃度が増加している．CO_2の温室効果の増大が地球温暖化をひきおこしている（11章）．さまざまな統計データでは，CO_2排出量またはそれに相当する炭素（C）排出量を扱っているので，まずその換算を説明しておく．酸素原子（O）と炭素原子（C）の原子量は，それぞれ16および12であるから，CO_2の44 kg は C の12 kg を含む．すなわち，CO_2 1 t は C 0.273 t にあたる．また，C 1 t は CO_2 ~3.67 t に相当する．

2000年における世界のCO_2排出総量は~230億t（総炭素排出量は~63億t）であった．先進工業国の排出量は~55%をしめていた．国民1人1年あたりの炭素排出量は，アメリカの~5.4 t/人・年がとび抜けて大きく，ほかの先進工業国では，2.5~2.0 t/人・年であった．これに対し，中国，インドおよび開発途上国の排出量は，0.6~0.1 t/人・年の水準にとどまっていた．

その後の10年間に世界のCO_2排出量は大きく変化した．2011年の報告によると2009年の世界のCO_2総排出量は294億t（C 80億t）に達した．各国の排出量比率と一人当たりの年間C排出量を表15・13に示した．2000年と比較し，先進工業国の排出量比率は減少し，中国・インド等の排出量比率が増加している．

先進工業国のCO_2排出削減努力に加えて発展の著しい人口大国の削減努力なしには世界のCO_2総排出量の増加を減速させることはできない．

表 15・13　2009年における世界炭素排出量に対する各国排出量の比率，および年間1人当たりの排出量

国名	2009年排出量比率〔%〕	2009年1人当たり排出量 Ct/(人・年)	2000年排出量比率（%）
世界	100	1.2	
中国	23.7	1.4	12.1
米国	17.9	4.6	24.4
インド	5.5	0.4	4.7
ロシア	5.3	2.9	6.2
日本	3.8	2.3	5.2
ドイツ	2.6	2.5	3.4
イラン	1.8	2.0	—
カナダ	1.8	4.2	1.9
韓国	1.8	2.9	1.9

2030年におけるCO_2総排出量は~380億tに達し，先進工業国以外の国々の排出量は総排出量の~60%を占めると予測されている．

16章 地球環境保全の取組み

本書全体の結びの章として，地球環境保全の取組みの現状と目標をまとめた．特に「持続可能な開発」の具体例の一つとしてリサイクル問題を論ずる．最後に，国際協力，企業，個人の地球環境保全への役割と責任についてのべる．

16・1 地球環境保全の国際的協力

これまでの各章のトピックスに関するいくつかの国際協力や取決めについて説明してきた．それらの問題と対応を表16・1にまとめた．本節ではさらに総合的な観点から，**地球環境保全**の基本的な考えをまとめておこう．

地球環境問題に大きく貢献したのは，1972年に開催された国連人間環境会議であり，ここで「**人間環境宣言**」がなされた．この会議を経て，1972年の国連第27回総会で「**国連環境計画**」(UNEP) が設立されている．

その20年後にあたる1992年にリオデジャネイロで開催された「**環境と開発に関する国連会議**」(UNCED：**地球サミット**ともいわれる)では，「**気候変動枠組条約**」，「**生物多様性条約**」，「**環境と開発に関するリオ宣言**」，「**アジェンダ21**」および「**森林原則声明**」などが採択されている．

これら一連の国際的取組みの基本的な考え方は，次のようにまとめられる．

① 人類生存の重視
② 持続可能な開発 (sustainable development：将来世代のニーズを満たす能力を損なうことなく現世代のニーズを満たす)
③ 各国共通の，しかし差異のある責任 (common but differentiated responsibility)
④ 国連憲章および国際法の原則にもとづく協力と責任
⑤ 予防原則 (重大・不可逆的変化のおそれのある環境問題について，その原因の不確実性を理由に対応の先送りをしない)
⑥ 環境倫理の確立
⑦ 汚染者負担原則 (汚染の原因をつくった者が回復費用を負担)

などである．いずれも重要な理念であり方針である．

これらの国際的取決めを実行するため，関係各国の国内法や規則の制定が必要であり，国としての対応が大切なのは当然であるが，その実行はすべての人々

表 16・1　地球環境問題への国際的対応

分類	年	内容
全般的対応	1972	国連人間環境会議，「人間環境宣言」
	1972	国連環境計画（UNEP）
	1992	環境と開発に関する国連会議（UNCED：地球サミット）「環境と開発に関するリオデジャネイロ宣言」
	1997	国連環境特別総会
気候温暖化	1985	気候変動に関する科学的知見整理のための国際会議
	1988	気候変動に関する政府間パネル（IPCC）設立
	1992	気候変動に関する枠組条約（採択）以後，数回の気候変動枠組条約締約国会議（COP）
	1997	COP 3　京都議定書採択
	2015	COP 21　パリ議定書採択
	2021	COP 26　グラスゴー議定書採択
オゾン層破壊	1985	オゾン層保護のためのウィーン条約
	1987	オゾン層を保護するモントリオール議定書（以後，何回かモントリオール議定書改正）
酸性雨大気汚染	1979	長距離越境大気汚染条約（ウィーン条約）
	1985	ヘルシンキ議定書（SO_x 規制）
	1988	ソフィア議定書（NO_x 規制）
	1994	オスロ議定書（SO_x のさらなる規制）
熱帯林の減少	1986	国際熱帯木材機関（ITTO）
	1990	ITTO 勧告
	1992	森林原則声明（リオ地球サミット）
	1994	国際熱帯木材協定
砂漠化	1977	国連砂漠化防止会議「砂漠化防止行動計画」
	1992	地球サミット「砂漠化防止条約策定」合意
	1994	砂漠化対処条約　採択
生物保護	1975	ラムサール条約（特に水鳥の生息地として国際的に重要な湿地に関する条約）
	1975	ワシントン条約（絶滅のおそれのある野生動植物の種の国際取引に関する条約）
	1979	移動性野生動物保護条約（ボン条約）
	1993	生物多様性保全条約
環境問題	1992	環境と開発のためのリオ宣言，アジェンダ 21
海洋汚染	1954	石油による海洋汚染防止のための国際条約（OILPOL 条約）
	1975	ロンドン・ダンピング条約（廃棄物その他の投棄による海洋汚染の防止に関する条約）
	1978	マルポール 73/78 条約（1973 年の船舶による汚染防止のための国際条約に関する 1978 年の議定書（MALPOL 73/78 条約）

	1990	OPRC条約（油濁事故対策協力条約）
	1992	IMO海洋環境保護委員会（大型タンカー二重船体構造の義務化）
	1994	国連海洋法条約（海洋法に関する国連条約）発効
有害廃棄物	1992	バーゼル条約（有害廃棄物の国境を越える移動およびその処分の規制に関するバーゼル条約）
	1997	揮発性有機化合物の排出規制とその越境移動に関するジュネーブ議定書
	1998	重金属類に関するオーフス議定書（採択）
	1998	ロッテルダム条約（特定有害化学物質・農薬の国際取引に関する事前通報・同意条約）（採択）
	2001	ストックホルム条約（残留性有機汚染物質規制条約）（採択）
	2004	ロッテルダム条約（特定有害化学物質・農業の国際取引に関する事前通報同意条約）（発効）
	2006	欧州有害化学物質規制

(註) 条約の発効に伴って，条約の条項を実行するための国内法規が制定される．日本でも条約に対応する多くの環境関連の法律が定められ，あるいは改定がなされている．

と組織に課せられた責任である．

16・2　持続可能な生産とリサイクル

16・1節では「**持続可能な開発**」(sustainable development) は，「次世代のニーズも満たし，現在のニーズも満たす開発（発展）」と定義した．もちろん，この世代間の公平の原則なくしては各国が環境保全には協力しかねるし，公平の原則は望ましいことには違いない．では，具体的にはどのようにして，それが実現できるだろうか？

人類が出現するまでは，地球上の生物活動はすべて持続可能な生産によってまかなわれてきた．地球系外から与えられる唯一のエネルギーは太陽放射であり，ほかのすべての原料は地球システムの内部に求めている．植物などの光合成によってえられた有機生産物は，最終的には分解され旧に復し，そのサイクル（循環）が途切れなく続き，持続可能な生産と生物活動が続いてきた．もし，このような生産過程が人工的に達成できれば，それが完全な持続可能な生産システムである．

図16・1はこの理想的な「持続可能な生産」の概念図である．このシステムでは，系外からは太陽放射エネルギーのみをうけとる．生産の原料（素材）を工場で処理加工して製品をつくりだす．それは人類によって使われ，使用済み製

16章 地球環境保全の取組み

```
         素材    ┌──────┐    製品      ← 系外からのエネルギー
    ─────────→  │ 工 場 │ ─────────         投入．太陽放射のみ．
         ↑      └──────┘         │
         │      ┌──────┐         ↓
    ←───────── │ 逆工場 │ ←─────────
       再生素材 └──────┘  使用済み製品，廃棄物
```

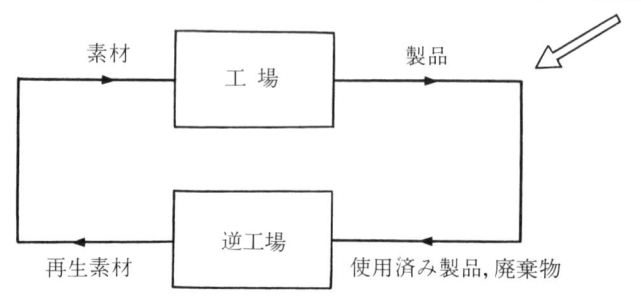

図 16・1 持続可能な生産と，閉じた物質環境系の概念図

品と廃棄物となる．それらを「逆工場」で処理して再生素材を生産する．その再生素材は次に工場で使用される．すなわち，完全に持続可能な生産とは「**閉じた物質循環系（システム）**」のことである．人工的には完全な実現は不可能に思われるこの物質循環システムは，人類を除くすべての生物システムによって，何十億年にもわたって維持されてきた．この意味では，一見効率的に思われる産業革命以降の人工の生産システムは効率が非常に低いシステムである．

現在，世界的に**資源のリサイクル**が努力されているが，それは図16・1に示した「完全な循環システム」に少しでも近づこうとする努力なのである．図16・2には実際の日本における産業廃棄物の処理フローを示した．この図によれば，全排出量の45% が再生産利用に供されている．ただし，現在では「工場」，「逆工場」において，太陽エネルギー以外のエネルギーを大量に消費している点に

コラム 16a 「持続可能な発展」の限界

ここで，「持続可能な開発」，「持続可能な発展」について，さらに考えを深めておきたい．現在の世界では，地域により大きな経済的格差がある．その状況下で省エネルギーを進めるには大きな不公平感があり，「持続可能な発展」の概念の導入が必要となった．これは大切な思想であるが，その実体は明確ではない．さまざまな科学知識・技術が活用されるであろうが，「持続可能な発展・開発」の本当に可能な限界は議論されていない．現実的に可能な発展の限界が正しく評価・認識されないまま，「持続可能」の楽観的・甘言的スローガンをかかげて問題の解決の先送りをしているおそれがある．

おいて「持続可能の生産」からはほど遠い．

また，図16・2では水や二酸化炭素として循環する物質については記載してい

コラム 16b　イースター島モデル

有限の資源の枯渇に関連して "**イースター島モデル**" が論じられている．イースター（ラパヌイ島）は，チリ西方の南東太平洋（〜27°S，109°W）の孤島（面積〜160 km²）である．紀元5〜6世紀，小数のポリネシア人がこの島に到着した．古い土壌中の花粉の分析から，当時は島は樹木におおわれていたと推定される．彼らはサツマイモ，タロイモ，バナナやニワトリを持ちこみ定住生活をいとなみ，約1000年の間に人口は数千人以上に増加した．彼等は宗教的な理由から，巨大な石造のモアイ像をつぎつぎと制作し，その運搬のため森林を伐採しつづけた．その結果，森林はほとんど消失し島の自然環境は急速に劣化し，食料不足から部族間の争いがはじまり，生活水準はさらに低下し，人口は急激に減少した．

この事実は有限の資源（自然環境）のもとでの人間活動の変遷（へんせん）を示す一つのモデルとして受けとめられている．

もちろん，地球はこの孤島よりはるかに大きく，現在の人類はより進んだ科学知識と技術力を持っているから，過去のイースター島の歴史をそのままくり返すとは限らないであろう．しかし，有限の地球を考えれば，このようなモデルがまったく絵空事とは思われない．利潤第一，消費万能，覇権主義などの「信仰」にしたがって，巨大な資源の無駄使いをしている現在の人類は，イースター島の人たちの過去の生活に類似しているように思われる．

コラム 16c　「閉じた物質循環システム」と「質量保存の法則」

16・2節では，人類以外の生物系では「閉じた物質循環システム」が達成されているとのべた．人類の近代の生産過程では，さまざまな資源を消費しており，生産過程では「循環システム」は成立していない．

しかし，この事実と物理法則「質量保存の法則」とを混同しないでほしい．地球全体でみれば（ロケットで地球圏外にもちださないかぎり），たとえば石油（炭化水素）を消費すれば，それは炭素（二酸化炭素）と水に変化して地球にとどまる．鉄鉱石から抽出した鉄は，最後には鉄サビとしてやはり地球にとどまる．これが「質量の保存」である．

これに対して「生産における閉じた物質循環」は，物質が実際の「生産資材」として生産・消費のサイクルの中で，循環するか否かを問題としている．

図16・2 日本における産業廃棄物の処理フロー（2000年）

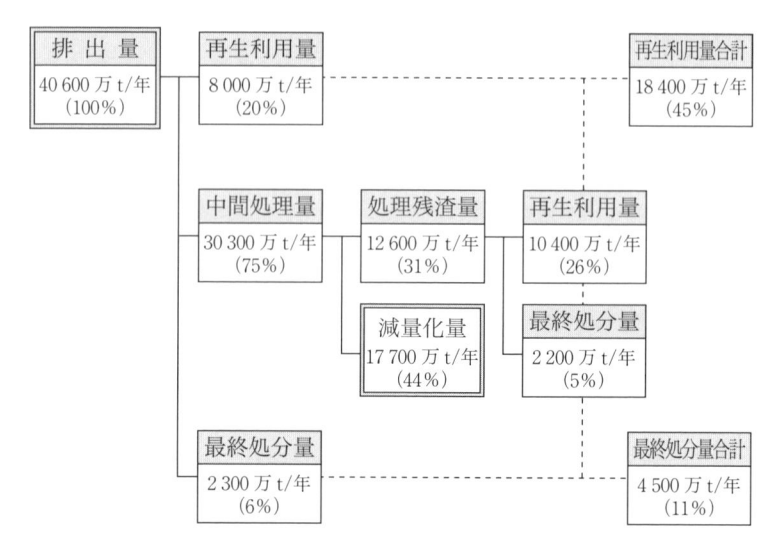

```
排出量                再生利用量                              再生利用量合計
40 600 万 t/年  →    8 000 万 t/年  ------------------→    18 400 万 t/年
(100%)              (20%)                                  (45%)

                    中間処理量        処理残渣量      再生利用量
                    30 300 万 t/年 → 12 600 万 t/年 → 10 400 万 t/年
                    (75%)           (31%)           (26%)

                                     減量化量        最終処分量
                                     17 700 万 t/年  2 200 万 t/年
                                     (44%)          (5%)

                    最終処分量                              最終処分量合計
                    2 300 万 t/年  ------------------→    4 500 万 t/年
                    (6%)                                   (11%)
```

図 16・2　日本における産業廃棄物の処理フロー（2000年）
（環境庁：産業廃棄物の排出および処理状況（平成12年））

ない．さらに処理過程で，意図しない「有害物質の排出」が行われている．

　現在は廃棄物それ自身も複雑化しており，その「逆工場」における処理過程も複雑である．図16・3に一つの実例として，**廃車のリサイクルシステム**の流れ図を示した．

　日本は北欧・ドイツと並んで，資源のリサイクルに関して国際的にみて高水準である．現時点におけるいくつかの物質についての**資源回収率**を表16・2に示す．なお回収率＝再生資源量／総消費量である．

　しかし資源回収率（**リサイクル率**）のみを重要視するのは誤りである．不必

表 16・2　日本の再生資源回収率とごみ発電量

	回収率	統計年度
スチール缶	89%	2008
アルミ缶	87%	2008
ペットボトル	50%	2008
古　　　紙	66%	2003
グラス原料	90%	2003
ご み 発 電	410 万 km	2010

（日本の統計2011）および（エネルギー白書2011）による

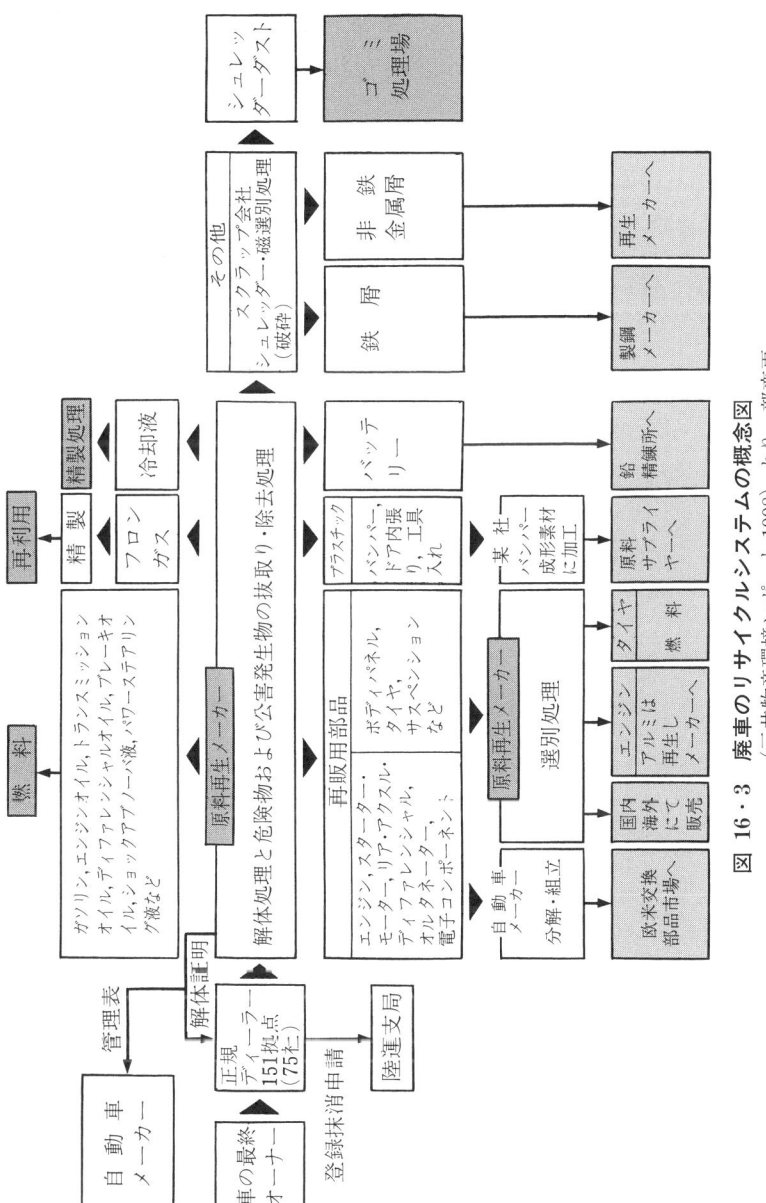

図 16・3 廃車のリサイクルシステムの概念図
(三井物産環境レポート 1998) より一部変更

要な大量生産・消費をし，リサイクルにエネルギーを投入するのは，まさに無意味である．

　社会でリサイクルをさらに進め，かつ有害廃棄物の排出量を減少させるためには，各個人や企業体の環境倫理の確立に頼るだけではなく，それを加速，促進するための法規の制定が必要となる．日本では「**循環型社会形成促進基本法**」(2000年)が制定されている．さらに個別の対象に対しては，「**食品リサイクル法**」，「**容器包装リサイクル法**」など多くの法規が制定されている．

16・3　事業体・自治体と環境保全

　これまでも多くの事業体や自治体が，環境保全のための努力を続けてきた．しかし新しい問題が次々と顕在化し，環境保全の対応はまだまだ不十分の状態にある．残念なことに，日本の産業界を代表するような企業の事業所で，有害物質の高濃度汚染をひきおこした事例がしばしば報道されている．しかもその汚染を長期間にわたり放置し，公表しないケースも少なくない．意識的な隠蔽とは思いたくないが，環境問題意識が組織のなかまで浸透していないのであろう．また環境保全の管理体制も不備なのであろう．このような事例からも，環境問題の管理システムの必要性が認識される．

　1992年の「環境と開発に関する国連会議」(UNCED：地球サミットともいわれる)と関連して開催された「**持続可能な開発のための経済人会議**」は国際標準化機構(ISO)に対して「**企業活動の環境側面にかかわる管理国際規格**」の検討を要請した．この要請に対しつくられた国際規格が ISO 14000 シリーズである．(これまでの国際規格として，品質管理に関する ISO 9000 シリーズはよく知られている．)

　このうち ISO 14001 は環境マネジメントシステムについての規格であるが，ようするに「各企業体のなかでの環境保全にかかわる業務を管理するためのシステム」の規格であり

　　① 企業体での環境管理システム構築・実行・定着
　　② 第三者機関による審査・認証

などの内容を含んでいる．このシステムの概念を図 16・4 に示す．このシステムの導入は，企業体そして社会全体にはどのような効果をもたらすのであろうか？　まず各企業体については，

16・3 事業体・自治体と環境保全

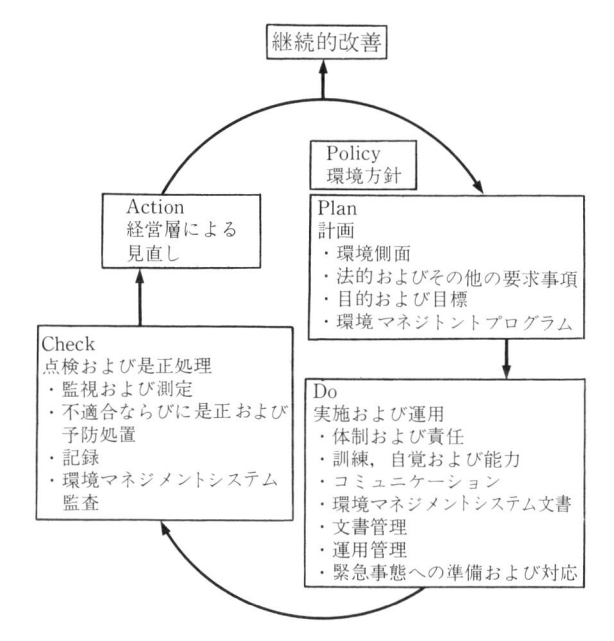

図 16・4 環境マネジメントシステムの構成
(吉沢正：ISO 14001 入門 環境マネジメントシステムの実際, 日本規格協会, 1996)

① 企業の意識改善
② 環境パスポート(環境保全に努めているという認証：将来は貿易や取引きに認証が求められるであろう)
③ グリーン調達(②と同じ意味で各種調達参入で認証が求められるであろう)
④ 社会的信用

などである．かなり利益誘導的ではあるが，現実の社会は，哲学や倫理のみで動くわけではなく，環境保全のためにはこのようなインセンティブを通しての自主規制も必要であろう．結果として環境保全と持続する生産が一歩でも前進すれば，社会全体の利益につながるからである．なお，環境保全の義務は企業のみならず，すべての公的機関，自治体，研究機関や大学にも課せられている．

残念なことに，ISO 14001 の認証を得ているにもかかわらず，環境問題をひきおこす企業があるのは，企業風土に構造的な問題があるためだと思われる．良心的な取組みが少しずつでも効果をあげ，環境保全が進むことを願いたい．

16・4　地球環境保全にかかわる社会の構成員の責任

　本書では主として自然科学の立場から地球環境を考察してきた．しかし本書の後半で述べたように，地球環境問題が人類の過度の生産・消費活動から生じているから，地球環境問題を社会的問題として掘り下げる必要がある．

　地球環境問題が人類活動の拡大に伴って深刻化したことは繰り返し述べたが，地球環境悪化の被害は万人に公平に降りかかるわけではない．その被害は，「**環境弱者**」に集中して降りかかりがちである．この事実は水俣有機水銀汚染事件，豊島産業廃棄物事件，重化学コンビナート大気汚染事件，有害廃棄物越境輸送事件等の事例から明らかであろう．この観点から見れば，地球環境問題は「**環境人権問題**」である．生命・健康を脅かされず平安な生活を享受する事は基本的人権であり，国・社会が保障すべきものである．現実には，人口比から見て少数の環境被害者に対しての国・社会の対応はあまりに遅く，かつ手薄い．急速に悪化する環境問題についての対応は常に遅れ，改善は後手となる．対応すべき立法も遅れ，具体的な行政対応はさらに遅れ，司法の判断も加害者に甘い．特に，法人に対する罰則は抑止力にならぬほど緩い．

　基本的には**環境倫理**の確立が必要であるが，それは未だ社会に深く根付いてはいない．環境倫理の確立の背景としては，まず地球環境への畏敬が基本であ

コラム 16d　モラルと法規

　ここで，倫理（モラル）と法規について考えてみたい．どの社会でも守るべき行動基準の暗黙の了解があり，それを尊守することもモラルの一部であった．そのような規範のよってきたる根源の意義を探るのも倫理学の一つの目的である．社会が複雑になるにつれ，暗黙の了解だけでは不充分となり，それを明文化した法規が定められ，それを遵守することもモラルだとされている．法規にしたがい，同時に，それ以上に責任を問われないのは法治国家では当然のことである．近年あらゆる法規の内容が詳細になっていることの副作用として「法規に記されていないことならなにを行ってもよい」とする風潮がひろがってしまった．それどころか，法規の網の目をくぐることを是認する風潮さえも見られる．多くの地球環境問題はこのような行動からもたらされている．本来は，法規の文言にしたがうだけにとどまらず，その求める（目標とする）所を理解し，遵守する真のモラルが求められる．

ろう.本書の前半で述べたように46億年におよぶ地球環境成立の歴史と絶妙な諸過程のバランスの天恵を噛み締めて欲しい.同時に環境人権の立場から,我が身を環境被害者の身に置き換え,その深刻さを理解して,問題解決に参加して欲しい.上記の二つの理解なくしては,環境倫理の確立は有り得ないと考える.そして,社会全体で,GNP拡大,利潤追求,消費欲求充足のみを至上と考える価値観を改めねばならない.

各章で概観したように,現在地球環境の悪化は憂慮すべき段階にある.その解決のためには,社会的な責任と力をもつ国際機関,国,自治体や企業体が組織的に動かなければならない.それと同時にすべての人々が実際にライフスタイルを変え,環境保全の政策を支持し,実行しなければ環境悪化を防止できないことを強調したい.

そのためにも,政策立案者を含むすべての人々が地球環境問題を正確に理解することが必要であり,正しい知見を社会に示すのは環境科学者とメディアの社会的責任である.事実,これまでにも長期間にわたる着実な研究が,地球環境の形成とその変化の実体を明らかにし,その対応方法を示してきた.

その一方で一部の関係者やメディアが,センセーショナルな発言によりいたずらに社会的不安をあおったりする傾向もみられる.センセーショナルな発言

コラム 16e 限られた知識

近代の急激な科学的知識と技術の進歩にもかかわらず,人類の知識は非常に限られたものである.

有機塩素系殺虫剤のDDT(1939年にスイスの化学者ミュラーが合成した殺虫剤)は強力で,蚊,シラミ,ノミなどが媒介する伝染病から,何百万人の人命を救った.ミュラーは,この功績によって1948年にノーベル賞をうけている.日本でも第二次世界大戦の直後の混乱期に,この薬剤によって大きな恩恵をうけている.しかし,やがて当初は予想されなかった人体に対する毒性が知られるにおよんで,1971年以降は先進国では使用が禁止された.

多くの化学物質,たとえばCFC(日本ではフロン),ガソリン添加剤の四エチル鉛など大きな経済的利益を人類にもたらすと思われた製品が,やがて問題が発見されて規制されるに至る.これほどまでに人知は有限なのである.環境保全と危険の回避に大切なのは,有限の知識を自覚して謙虚に実態をみて,新しい知見を求め,それにしたがって,素直に,速やかに行動の軌道修正を行うことである.

は，問題の重要性を社会に訴える点において有効だが，必ず不必要な反動をよび正しい科学的情報の信用をおとすため，結果的にはマイナスの効果となってしまう．

また，問題とされる原因の「不確実性」のみを声高に主張して，「対応の先送り」に努める「関係者」もみられるのは残念である．『沈黙の春』（レイチェル・カーソン，1962）の出版に際しても科学的でない批判・非難がなされたのは，その一つの実例である．国際協力における「**予防原則**」，すなわち「重大・不可逆的変化のおそれのある環境問題について，その原因の不確実性を理由に対応の先送りをしない」ことを想起してほしい．

● 結　語

本書の最後に，著者の懸念を記したい．

さまざまな学問，法規，政策，科学，技術の進歩は多くの問題を改善・解決してきたように思われる．しかし，「単体」問題としては改善されたとしても，それらが社会全体の問題解決に役立つとは限らない．たとえば，バイオマスエネルギーの利用はリニューアルエネルギーとしては有益だが，食糧供給との競合・生産拡大に伴う森林伐採等の問題を生じている．遺伝子操作が可能になったが，生命に関する倫理に混乱が生じている．全体像の見通しに欠ける部分的な技術的進歩や「対症療法」的な対策が社会の混乱をひろげている．

さらに，これまで人類の発展を促してきた個人的な欲求の世界的積算が巨大化して，人類の自己制御の枠外にまでひろがったことも心配される．

情報化社会では，多くの情報が飛び交っているが，その多くは恣意的・断片的・煽情的で，わたしたちは物事の本質や全体像を知ることが困難である．客観的かつ総合的な情報に基づく適切な判断に欠けたままでの「情緒的な多数決による政治・政策の選択・決定」も事態を紛糾させている．

近年の，さまざまな戦乱，紛争，経済危機，社会問題，環境問題，そのいずれも複雑に絡み合い，容易に解決されそうにない．人類の基本的な性格に踏み込んだ反省が求められる．

本書の読者が，地球環境問題を「単体的事象」としてのみ受け止めず，さらに人類社会のあり方に対して思索を深めて下さるようお願いしたい．

参 考 文 献

(1) R. G. Barry and R. J. Chorley: Atmosphere, Weather and Climate (7 th ed), Routledge (1998)
数式を使わず多くの図表で，気象と気候（気候変動を含む）を幅広く親切に解説してある．教養課程用のテキストである．
(2) D. L. Hartmann: Global Physical Climatology, Academic Press (1994)
数式も使用し，全地球の気候と気候変動の物理的メカニズムを論じている．標準的テキストである．
(3) E. K. Berner and R. A. Berner: Global Environment, Prentice Hall (1996)
水，大気および地球化学の立場から地球環境を論じている．標準的テキストである．
(4) A. M. Jones: Environmental Biology, Routledge (1997)
地球環境の生物学についての標準的テキストである．
(5) R. A. Ristinen and J. J. Kraushaar: Energy and the Environment, Wiley (1999)
エネルギーと環境問題の詳しいテキストであるが，MKS単位系を使っていないので換算が必要である．
(6) 二宮洸三・新田尚・山岸米二郎　共編：図解 気象の大百科，オーム社（1997）
気象の大百科だが，大気に関する環境問題や気候変動も平易に書かれている．教養テキスト，および大項目事典として便利である．
(7) 環境庁地球環境部編：地球環境キーワード事典（3訂版），中央法規（1997）
地球環境問題の社会的・経済的背景や，国際会議・条約など簡潔に解説した教養テキストである．
(8) 茅陽一監修：環境年表'04/'05，オーム社（2003）
簡潔な解説と，地球環境に関する科学的・経済的資料集．図・表多数．資料集として有用である．
(9) 理科年表，丸善（各年発行）
(10) 理科年表（環境編），丸善（各年発行）
(11) 北野康：水の科学（新版），NHKブックス（1995）
水と水に関する地球環境問題の解説書．
(12) 綿抜邦彦：テクノライフ選書 地球——この限界，オーム社（1997）
エネルギーと資源の観点からコンパクトに書かれた地球環境論．
(13) レイチェル・カーソン（青樹築一訳）：沈黙の春，新潮文庫（1974）

自然保護と化学薬品の環境問題を追求した先駆的な書物である(原著は1962年発表).
(14) リン・マルグリス,ドリオン・セーガン(田宮信雄訳):ミクロコスモス(生命と進化),東京化学同人(1992)
生命の進化と地球環境の形成を興味深く解説.
(15) 丸山茂徳・磯崎行雄:生命と地球の歴史,岩波新書(1998)
生命と地球の歴史の最近の学説を興味深く解説.
(16) 石弘之:地球環境報告,岩波新書(1988)
地球環境悪化の現地からのなまなましい報告.社会・経済問題も分析.
(17) 石弘之:酸性雨,岩波新書(1992)
世界各地の酸性雨の実態と,その社会的背景の分析報告.
(18) 石弘之:地球破壊の七つの現場から,朝日選書(1994)
近年深刻な地球環境破壊の七つの事象に関する詳細な現地報告.
(19) 松井孝典:惑星科学入門,講談社学術文庫(1996)
太陽系の起源,地球を含む惑星の形成プロセスなどの最新の解説書.
(20) 酒井伸一郎:ゴミと化学物質,岩波新書(1998)
廃棄物と環境の化学的問題を論じている.
(21) 各省庁,関連団体の年次報告書.
環境白書(環境庁),気象白書(今日の気象業務;気象庁),日本の統計,世界の統計(総務省統計局),エネルギー白書(資源エネルギー庁)など,各年次の新しい情報,資料と説明が示されている.
(22) 二宮洸三:図解 気象の基礎知識,オーム社(2002)
気象についての基礎的テキスト
(23) 津田敏秀,医学者は公害事件で何をしてきたのか,岩波書店(2004)
(24) 茅陽一編:エネルギーの百科事典,丸善(2001)
(25) D. G. Andrews, J. R. Holton snd C. B. Leory, Middle Atmosphere Dynamics, Academic Press (1987) の第10章 The Ozone Layer.
(26) 二宮洸三:防災・災害対応の本質がわかる本,オーム社(2011)
自然災害・人災を含めて,災害と対応を論じている.
(27) ジャレド・ダイアモンド(楡井浩一訳):文明崩壊(上・下巻),草思社文庫(2012;原著2005年刊行)
地球環境と人類の行動の根源を考えるために参考となる.
(28) 藤田慎一:酸性雨から越境大気汚染へ,成山堂(2012)

注記:気象庁・環境省など各省庁のホームページで関連情報が閲覧できます.

付　　録

付表 1　SI 単位系

SI 基本単位

量	単位	単位記号
長さ	メートル (meter)	m
質量	キログラム (kilo gram)	kg
時間	秒 (second)	s
電流	アンペア (ampere)	A
熱力学温度	ケルビン (kelvin)	K
物質量	モル (mole)	mol
光度	カンデラ (candela)	cd

SI 組立単位 (1)

量	単位	単位記号	他のSIの単位による表し方	SI基本単位による表し方
周波数	ヘルツ (hertz)	Hz		$1/s$
力	ニュートン (newton)	N	J/m	$m \cdot kg/s^2$
圧力, 応力	パスカル (pascal)	Pa	N/m^2	$kg/(m \cdot s^2)$
エネルギー, 仕事, 熱量	ジュール (joule)	J	$N \cdot m$	$m^2 \cdot kg/s^2$
仕事率, 電力	ワット (watt)	W	J/s	$m^2 \cdot kg/s^3$

SI 組立単位 (2)

量	単位	単位記号	SI基本単位による表し方
面積	平方メートル	m^2	
体積	立方メートル	m^3	
密度	キログラム/立方メートル	kg/m^3	
速度, 速さ	メートル/秒	m/s	
加速度	メートル/(秒)²	m/s^2	
角速度	ラジアン/秒	rad/s	
熱流密度, 放射照度	ワット/平方メートル	W/m^2	kg/s^3
熱容量, エントロピー	ジュール/ケルビン	J/K	$m^2 \cdot kg/(s^2 \cdot K)$
比熱, 質量エントロピー	ジュール/(キログラム・ケルビン)	$J/(kg \cdot K)$	$m^2/(s^2 \cdot K)$
熱伝導率	ワット/(メートル・ケルビン)	$W/(m \cdot K)$	$m \cdot kg/(s^3 \cdot K)$
波数	1/メートル	m^{-1}	

付表 2　SI 単位以外の単位

量	名　称	換　算　表
長　さ	オングストローム ミクロン 海　里 マイル フィート	$1\text{ Å}=10^{-10}\text{m}=10^{-1}\text{nm}$ $1\mu=10^{-3}\text{mm}=10^{-6}\text{m}=1\mu\text{m}$ $1\text{ 海里}=1.852\text{km}$ $1\text{ マイル}=1.605\text{km}$ $1\text{ ft}=0.305\text{m}$
面　積	アール ヘクタール	$1\text{a(re)}=100\text{m}^2$ $1\text{h(ectare)}=10^4\text{m}^2=(100\text{m})^2$
速　度	ノット	$1\text{ ノット}=1\text{ 海里/時間}=1.852\text{km/h}$ $=0.5144\text{m/s}$
加速度	ガル	$1\text{Gal}=1\text{cm/s}^2=10^{-2}\text{m/s}^2$
力	ダイン	$1\text{dyn(e)}=1\text{g}\cdot\text{cm/s}^2=10^{-5}\text{N}$
圧　力	バール ミリバール	$1\text{b(ar)}=10^6\text{dyn/cm}^2=10^5\text{N/m}^2=10^5\text{Pa}$ $1\text{mb}=10^3\text{dyn/cm}^2=10^2\text{Pa}=1\text{hPa}$
仕事・エネルギー	エルグ	$1\text{erg}=1\text{dyn/cm}^2=10^{-7}\text{J}$
熱　量	カロリー	$1\text{cal}=4.186\text{J}$
質　量	トン	$1\text{t(on)}=10^3\text{kg}$
体　積	リットル	$1l=10^{-3}\text{m}^3=10^3\text{cm}^3=10^3\text{cc}$
温　度	ファーレンハイト温度 セルシウス温度	$T_F(\text{°F})=(9/5)T_C(\text{°C})+32$ $T_C(\text{°C})=T_g(\text{K})-273.15$

付表 3　物質の濃度表示方法

kg/m^3	質量濃度
mol/m^3	モル濃度
%	百分率（パーセント）
‰	千分率（パーミル）
ppm	百万分率（part per million, 10^{-6}）
ppb	十億分率（part per billion, 10^{-9}）
ppt	兆分率（part per trillion, 10^{-12}）

体積比を示す場合は v を，質量比を示す場合は m をつける．たとえば ppmv．

付表 4　SI単位の10進倍数を示す接頭語

倍　数	接 頭 語	記　号
10^{18}	エクサ	E
10^{15}	ペタ	P
10^{12}	テラ	T
10^{9}	ギガ	G
10^{6}	メガ	M
10^{3}	キロ	k
10^{2}	ヘクト	h
10^{1}	デカ	da
10^{-1}	デシ	d
10^{-2}	センチ	c
10^{-3}	ミリ	m
10^{-6}	マイクロ	μ
10^{-9}	ナノ	n
10^{-12}	ピコ	p
10^{-15}	フェムト	f
10^{-18}	アト	a

けたの大きな数字は10のべき乗(10^7や10^{-5}など)で記されるが,特定の数については,付表の接頭語によって表記することが多い.
例：1 000 g＝1 kg
　　100 Pa＝1 hPa
　　1 000 分の 1 m＝1 mm

付表 5 地球にかかわる定数

基礎定数		乾燥空気	
普遍気体定数	8.3143 J/(K·mol)	モル質量	28.961 g/mol
ボルツマン定数	1.38×10^{-23} J/K	気体定数	287 J/(K·kg)
ステファン・ボルツマン定数	5.67×10^{-8} W/(m²·K⁴)	密度(0℃, 1000 hPa)	1.275 kg/m³
プランク定数	6.63×10^{-34} J/s	定圧比熱	1004 J/(K·kg)
光速度	2.998×10^{8} m/s	定容(積)比熱	717 J/(K·kg)
万有引力定数	6.67×10^{-11} N·m²/kg²	定圧比熱/定容比熱	1.4
太 陽		ポアソン定数= 気体定数/定圧比熱	0.286
総放射量	3.92×10^{26} W		
質 量	1.99×10^{30} kg	水	
半 径	6.96×10^{8} m		
地 球		モル質量	18.015 g/mol
		水蒸気の気体定数	461 J/(K·kg)
平均半径	6.37×10^{6} m		
赤道半径	6.378×10^{6} m	0℃における液体密度	1000 kg/m³
極半径	6.357×10^{6} m		
重力加速度	9.80 m/s²	0℃における固体密度	917 kg/m³
質 量	5.983×10^{24} kg		
海洋(海水)の質量	1.4×10^{21} kg	水蒸気の定圧比熱	1844 J/(K·kg)
大気(空気)の質量	5.3×10^{18} kg	水蒸気の定容(積)比熱	1383 J/(K·kg)
自転角速度	7.292×10^{-5} rad/s	0℃における水の比熱	4217 J/(K·kg)
標準海面気圧	1013.25 hPa (1気圧)	水の蒸発の潜熱(0℃)	2.50×10^{6} J/kg
太陽定数	1367 ± 2 W/m²	氷の融解の潜熱(0℃)	3.34×10^{5} J/kg
太陽-地球間平均距離(天文単位)	1.496×10^{11} m	氷の昇華の潜熱(0℃)	2.83×10^{6} J/kg

索　引

● あ 行 ●

アオコ　164
赤　潮　162
アジェンダ21　153, 215
アスベスト　87, 99
亜熱帯　69
亜熱帯高気圧　37, 68
亜熱帯ジェット流　36
雨水のpH　110
亜硫酸ガス　96, 98, 114
アルデヒド　101
安定の状態　7
アンモナイト類　18

イオウ細菌　61
イオウ酸化物　97, 98
イオン　29, 48
異常気候　76
異常気象　76
石　綿　87
イースター島モデル　219
位置エネルギー　196
一次大気　14
一酸化炭素　99
一般廃棄物　83
移動性高気圧　38
移　流　103
隕　石　13
インド洋　47

ウィスコンシン氷期　20, 76
ウォッシュ・アウト　100, 114
雨　季　69, 168
渦　39
渦拡散　104
宇　宙　11
海　47
埋立て　88
ウラン　202
ウルム氷期　20, 76
運動エネルギー　196
雲　粒　44

エクマン層　30, 53
エクマン輸送　52
エクマン流　53
エコロジー　2
エネルギー消費　197, 203
エネルギー消費総量　82
エネルギー生産　197
エネルギー平衡　31
エネルギー保存の法則　84, 197
エルニーニョ現象　40, 78
エーロゾル　150
縁　海　47
塩化カルシウム　48
塩化ナトリウム　48
塩化マグネシウム　48
エントロピー増大の法則　84, 200

オイルサンド　207
オイルシェル　207
欧州有害化学物質規制　90
オウムガイ　18
大　潮　56
オキシダント　101
汚染物質　96
　　──の寿命　101
　　──の輸送　99
オゾン　119
　　──の観測　120
オゾン混合比　121
オゾン全量　122
オゾン層　29, 119
オゾン層保護条約　135
オゾン層保護のためのウィーン条約　135
オゾン層保護法　137
オゾン層を破壊する物質に関するモントリオール議定書　136
オゾン濃度　29
オゾン分圧　119
オゾン分子密度　120
オゾンホール　126, 137
親　潮　54
オーロラ　29
温室効果ガス　143
温室効果気体　145

温帯　69
温帯低気圧　38
温度の逆転層　102

● か 行 ●

ガイア仮説　62
海王星　14
外核　2
海溝　22, 47
会合周期　9
海水　47
海水温度の鉛直分布　49
回復不可能性　199
海面水位の変化　139
海洋エクマン層　53
海洋汚染及び海上災害の防止に関する法律　159
海洋環境保全にかかわる国際条約　162
海洋混合層　48, 51
海洋循環による熱エネルギーの南北交換　55
海洋のpH　49
海洋分布　4
外来生物法　66
海陸風　34, 40, 48, 104
海流　52
　　──の西岸強化　54
　　──の蛇行　55
海嶺　3, 22
化学的エネルギー　196
化学的酸素要求量　160
化学反応エネルギー　196
化学反応熱　196
化学物質排出管理促進法　89
夏季モンスーン　69
拡散　99, 102
核分裂の連鎖反応　201
核分裂反応　201
核融合反応　12, 201
火山活動　3
火山帯　22
火山噴火災害　186
火星　13
化石燃料　5
化石燃料使用　146
河川の水　48
活性塩素　126
活性臭素　126
カルノーの熱機関　200
過冷却　41

カロリー　195
乾季　69, 168
環境　1
　　──の回復可能性　199
環境基本法　93, 106
環境弱者　7, 224
環境人権　8
環境人権問題　7, 224
環境と開発に関する国連会議　215
環境と開発に関するリオ宣言　215
環境保全法　164
環境ホルモン　86
環境倫理　7, 224
乾性沈着　113
乾燥空気　28
乾燥地域　69
乾燥地帯　68
寒帯　69
寒帯前線　38
干潮　56
寒流　54

期　16
紀　16
気圧　28
気圧傾度力　35
気温　67
　　──の季節変化　31
企業活動の環境側面にかかわる管理国際規格　222
気候　67
気候区　69
気候数値モデル　151
気候的環境条件　69
気候変動に関する政府間パネル　153
気候変動枠組条約　153, 215
気象　67
気象災害　187
気象擾乱　4
キシレン　87
季節風　35, 40, 48
起潮力　56
基本流　39
キャノピィ　74
仰角　30
凝結熱　41
京都議定書　154
恐竜　20
魚介類への濃縮　157
極渦　129

極ジェット流	36	降水洗浄	114
極循環	37	降水粒子	44
極成層圏雲	129	降水量	67
極前線	38	恒　星	9
極　氷	4	──の年周視差	11
極　夜	129	合成代謝	60
極夜渦	128, 129	恒星日	10, 35
霧　粒	44	豪　雪	187, 191
銀河系	12	公転周期	9
金　星	13	高度角	30
金属鉱床	16	光　年	11
菌　類	61	紅斑紫外線量	134
		広葉樹林	71
空　気	27	氷	41
──の運動方程式	37	──のコア	145
──の密度	29	国連環境開発会議	153
空中窒素の固定	61	国連環境計画	215
雲	4	国連人間環境会議	153
黒いスモッグ	97	コージェネレーター	211
黒　潮	54	小　潮	57
		湖沼水質保全特別措置法	164
ケイ酸	13	古生代	16, 17
系統樹	59	固体地球	3
ケプラーの法則	10	ゴミ戦争	88
圏界面	29	コリオリの力	4, 36
原核生物	61	混　合	29
嫌気菌	61	混合気体	28
減　災	190	混合層	30, 51
原始大気	14	混合比	120
原子力エネルギー	155, 200		
原子炉	201	●　さ　行　●	
原生生物	61		
顕生累代	17	災　害	179
顕　熱	4, 31	──の想定	191
		災害対策基本法	9, 179
豪　雨	39	再来期間	192
公害対策基本法	105	砂　漠	68, 71, 168
公害問題	105	砂漠化	167
光解離	119, 123	砂漠化防止行動計画	173
光化学スモッグ	101	砂漠化防止条約	173
光化学大気汚染	97	サヘル	173
光化学反応	97	サーモクライン	51
後期旧石器時代	76	産業廃棄物	83
光合成	5, 15, 61	サンゴ礁	162
黄　砂	177	酸性雨	107
コウジカビ	61	酸性霧	110
高周波電磁波	93	酸素呼吸	61
更新可能エネルギー	209	酸素濃度	15
降　水	4, 44	酸素分子の光解離反応	119
──の汚染	100	三葉虫	18
		残留性有害有機汚染物質	89

残留性有機汚染物質に関するストックホルム
　　条約　　89

紫外線　　120, 133
時間の不可逆性　　200
資源回収率　　220
資源のリサイクル　　218
仕　事　　195
仕事率　　195
地　震　　3, 22
　——のマグニチュード　　25
地震計　　24
地震帯　　22
地震津波災害　　184
地震波　　24
自然環境　　1
自然災害　　179
持続可能な開発　　153, 217
持続可能な開発に関する世界首脳会議
　　154
持続可能な開発のための経済人会議　　222
シダ植物　　18
シックハウス　　105
湿潤域　　69
湿性沈着　　114
質量欠損　　201
質量保存の法則　　84, 197
自転角速度　　35
社会的人災　　183
重金属　　157
自由大気　　30, 39
重力エネルギー　　196
ジュール　　195
循環型社会形成推進基本法　　89, 222
循環系　　40
循環システム　　40
衝　　9
省エネルギー　　211
焼　却　　88
状態方程式　　34
小氷期　　20, 76
擾　乱　　40
小惑星　　13
植生分布　　71, 167
触　媒　　125
食品リサイクル法　　222
植物プランクトン　　57
食物連鎖　　86
白いスモッグ　　97
人為的災害　　179

新エネルギー　　209
深海　　51
真核生物　　17
人工熱　　91
人工物質　　85
人災の社会的要因　　181
新生代　　16, 18
震　度　　25
振動規制法　　93
針葉樹林　　71
森林原則声明　　178, 215
森林の役割　　174
森林破壊　　167
人　類　　20, 81

水銀に関する水俣条約　　91
水　圏　　4
水質汚濁防止法　　164
水蒸気　　4, 28, 31, 41
　——の圧力, の凝結　　4, 41
水　星　　13
彗　星　　13
水素イオン指数　　108
水素イオン濃度　　108
水素電池　　209
水道法　　166
水力発電　　197, 209
ステファン-ボルツマン定数　　31, 142
ステファン-ボルツマンの法則　　31, 142
ストロマトライト　　16, 18
砂　嵐　　177
スモッグ　　96
スリーマイル原発事故　　203

世　　16
星　雲　　12
生活環境の保全に関する環境基準　　164
成層圏　　29, 126
成層圏界面　　29
生態学　　2
生物化学的酸素要求量　　160
生物圏　　4, 59
生物種　　59
生物相　　59
生物多様性条約　　65, 215
静力学平衡　　34
世界総人口　　81
世界の年降水量分布　　68
積　雲　　29
積雲対流　　29

赤外放射　4
石炭紀　18
脊椎動物　61
石油系炭化水素　159
積乱雲　29
石灰岩　5
絶対温度　13
接地境界層　29
雪氷域　74
絶滅種　63
切離低気圧　78
セレス　13
全球オゾン観測システム　118
全球大気監視　118
前線　38
全窒素量　160
潜熱　31, 41
全リン量　160

騒音　93
騒音規制法　93
草原　68, 71
造山運動　3, 20
相対性理論　201
相変化　41
総排出量　98
ソーダ工業　107
ゾーナル平均　121
ソフィア議定書　117
疎林　71

●た 行●

代　16
第1種永久機関　200
第2種永久機関　200
対応限界外　194
対応の想定外　194
ダイオキシン　87
大気汚染　95
大気汚染訴訟　106
大気汚染防止法　105
大気環境　39
大気境界層　30, 74
大気圏　4
大気質の悪化　106
大気循環　40
大気浄化法　96
大気大循環　4, 37
大気透明度　91
大気と海洋の相互作用　78

大気の鉛直構造　28, 119
大気の組成　27
大気バックグラウンド汚染観測　118
大気乱流　39
第三紀　20
大西洋　47
代替フロン　136
台風　39, 187
太平洋　47
太陽　12
　──の組成　12
大洋　47
太陽系　12
太陽定数　31, 142
太陽電池　210
太陽発電　210
太陽日　10
太陽放射　30, 142
太陽放射エネルギー　142
　──のスペクトラム　132
第四紀　20
大陸移動　3
大陸分布　4
対流圏　29
対流圏界面　29
高い煙突　107
多細胞生物　17
田沢湖の酸性化　113
ダストストーム　177
脱ガス　15
脱出速度　14
脱硫装置　97, 107
縦波　2, 21
タール・ボール　159
炭酸カルシウム　5, 15
弾性体　21
断層　22
炭素循環　146
炭素税　154
暖流　54

チェルノゼム・プレーリー土　73
チェルノブイリ原発事故　203
地殻　3
地下水　165
地球温暖化　20, 140
地球型惑星　13
地球環境　1
地球環境保全　215
地球サミット　153, 215

地球システム　　1
地球システム科学　　1
地球の核　　2
地球の自転周期　　35
地衡風　　36
地衡流　　36
地中海　　47
窒素酸化物　　97, 98, 114
地動説　　9, 10, 11
中間圏　　29
中規模の乱れ　　39
中生代　　16, 19
長距離越境大気汚染条約　　116
長距離輸送　　108
潮汐　　56
超低周波電磁波　　93
潮流　　57
チョーク層　　5
直達日射量　　91
沈着・落下量　　98

津波　　25
津波災害　　184
ツンドラ　　71

低周波音　　93
低騒音舗装　　93
鉄鉱石　　16
デボン紀　　18
テレコネクション　　80
天蓋　　74
天気　　40
電気エネルギー　　196
天気システム　　40
天球　　9
転向力　　4
電子　　29
天動説　　9
天王星　　14
天文単位　　10
電離　　29
電離層　　29

等圧線　　36
等温層　　102
等高度線　　36
東西平均　　121
特定外来種　　66
特定有害化学物質・農薬の国際取引に関する
　　事前通報同意条約　　89

閉じた物質循環系　　218
土壌　　5, 71
　　——の生成　　72
土壌浸食　　72
土壌水分　　4, 43, 67, 74
土星　　14
土地　　171
土地の劣化　　171
トルネード　　39

●な 行●

内核　　2
内部エネルギー　　196
内分泌かく乱物質　　86
鉛　　99
南東貿易風　　39

二酸化炭素　　4, 15
二酸化炭素濃度　　140
二酸化窒素　　102
西風ジェット流　　36
二次大気　　15
日変化　　31
ニュートン　　195
人間環境宣言　　215

熱エネルギー　　196
　　——の輸送　　32
熱塩循環　　52
熱圏　　29
熱源　　34
熱帯　　69
熱帯雨林　　64, 71, 176
熱帯収束帯　　39, 46
熱帯低気圧　　39
熱対流　　34
熱泡　　29
熱力学第1法則　　34
熱力学第2法則　　200
年平均　　67
年変化　　67

濃度　　98

●は 行●

煤煙　　95
梅雨前線豪雨　　187
バイオマス　　174
バイオマスエネルギー　　155, 209
排気ガス　　95

廃棄物　83
　──の処理および清掃に関する法律　88
廃棄物処理場　88
廃車のリサイクルシステム　220
白亜紀　18
白内障　134
爬虫類　20
発　酵　61
発生源　98
ハドレー循環　37
馬　力　195
ハリケーン　39
波　浪　52
ハロゲン化炭化水素　125
ハロゲン元素　125
パンゲア大陸　20
反射率　142
反応速度　130
万有引力の法則　10

日傘効果　150
被子植物　20
ヒート・アイランド　91
人の健康の保護に関する環境基準　164
皮膚ガン　134
氷　河　4, 46
氷河期　20
氷　冠　46
氷　期　74
標　高　67
標準偏差　77
表　層　49
表面海水温度　49

不安定な状態　6
風成循環　52
風力発電　210
富栄養化　162, 163
フェレル循環　37
不可逆現象　199
不活性塩素化合物　126
福島原発事故　203
フーコーの振子　11
フードマイレージ　207
不法投棄　88
浮遊微粒子状物質　98
プラスチック廃棄物　160
プルトニウム　202
プルーム　22

プレート　3
プレート・テクトニクス　3, 22
ブロッキング現象　40
ブロッキング高気圧　78
フロン　125
フロント　38
分解処理　88
分解代謝　60
分子運動　14
分子拡散　104

平均地上気温の緯度分布　32
ヘルシンキ議定書　117
偏西風帯　77
偏西風の蛇行　77
変動度　168

ポアソン比　21
貿易風　37
防　災　190
放　射　67
放射エネルギー　196
放射強制力　151
放射対流平衡　145
放射バランス　46
飽和水蒸気圧　41
北東貿易風　39
北極前線　38
北極のオゾンホール　144
ホットスポット　22
ポドゾル　73
哺乳類　20, 61
ポーラージェット流　36
ポーラーフロント　38

●ま　行●

マイクロプラスチック　160
マングローブ　162
満　潮　56
マントル　3, 21
マントル対流　3, 22
万年雪　4, 46
水　41
　──の性質　47
水循環　43
水物質　41
水惑星　42

冥王星　14

メキシコ湾流　54
メソスケールの気象擾乱　39
メタンハイドロレート　209

木材生産量　175
木　星　14
木星型惑星　14
モホロビチッチ層　21

● や 行 ●

躍　層　51
夜光雲　29
山谷風　40
ヤング率　21

有害化学物質　90
融解熱　41
有害排気物の越境移動およびその処分の規制
　に関するバーゼル条約　89
有機塩素化合物　159
有機物　5
有限の地球　84
湧昇流　55
輸　送　102

容器包装リサイクル法　222
溶存酸素量　160
横　波　2, 21
予防原則　226

● ら 行 ●

ライン川化学汚染防止条約　164
落葉樹林　71
裸子植物　18
ラトゾル　73
ラニーニャ現象　79
ラムサール条約　65
藍色細菌　16
乱流拡散　28, 104

リオ宣言　153
陸　面　4
リサイクル率　220
リニューアルエネルギー　155
流　出　164
流　星　13

累　代　16

冷源　34
冷帯　69
レイン・アウト　100

ロッテルダム条約　89

● わ 行 ●

惑　星　9, 13
ワシントン条約　65
ワット　195

● 英 字 ●

atm-cm　126
A領域紫外線　133

BAPMoN　118
BOD　160
B領域紫外線　133

COD　160
C領域紫外線　133

DDT　225
DO　160

GAW　118
GO_3OS　118

IPCC　152
ISO14000　222
ITCZ　68

mPa　120

PCB　87
pH　108
PRTR法　90

UVインデックス　142
UV-A　133
UV-B　133
UV-C　133

〈著者略歴〉

二宮 洸三（にのみや こうぞう）

- 1958 年　東京大学理学部物理学科卒業
　　　　　気象庁入庁
- 1962 年　理学博士
- この間，気象研究所予報研究部第1研究室長，気象庁数値予報課長，札幌管区気象台長，気象庁海洋気象部長，予報部長などを歴任
- 1993 年　気象庁長官
- 1997 年　東京大学気候システム研究センター客員教授
- 2000 年　海洋研究開発機構特任上席研究員
- 2012 年　同上退職

- 本書の内容に関する質問は，オーム社ホームページの「サポート」から，「お問合せ」の「書籍に関するお問合せ」をご参照いただくか，または書状にてオーム社編集局宛にお願いします．お受けできる質問は本書で紹介した内容に限らせていただきます．なお，電話での質問にはお答えできませんので，あらかじめご了承ください．
- 万一，落丁・乱丁の場合は，送料当社負担でお取替えいたします．当社販売課宛にお送りください．
- 本書の一部の複写複製を希望される場合は，本書扉裏を参照してください．

JCOPY ＜出版者著作権管理機構 委託出版物＞

気象と地球の環境科学（改訂3版）

1999 年 2 月 25 日	第 1 版第 1 刷発行
2006 年 1 月 25 日	改訂 2 版第 1 刷発行
2012 年 7 月 20 日	改訂 3 版第 1 刷発行
2022 年 2 月 10 日	改訂 3 版第 8 刷発行

著　者　二宮洸三
発行者　村上和夫
発行所　株式会社 オーム社
　　　　郵便番号　101-8460
　　　　東京都千代田区神田錦町3-1
　　　　電　話　03(3233)0641（代表）
　　　　URL　https://www.ohmsha.co.jp/

© 二宮洸三 2012

印刷　中央印刷　製本　協栄製本
ISBN978-4-274-21232-1　Printed in Japan